高等院校老年服务与管理专业规划教材

老年服务与管理概论

主　编　郭　清　黄元龙　汪　胜

ZHEJIANG UNIVERSITY PRESS
浙江大学出版社

《老年服务与管理概论》
作者名单

主　编　郭　清　黄元龙　汪　胜

参　编　（以姓氏笔画为序）

马　颖　安徽医科大学卫生管理学院

李显文　浙江医学高等专科学校

汪　胜　杭州师范大学医学院

张　萌　杭州师范大学医学院

孟凡莉　杭州师范大学医学院

赵新平　复旦大学公共卫生学院

郭　清　杭州师范大学医学院

黄元龙　浙江省民政厅

董海娜　丽水学院医学院

《老年服务与管理概论》
编委会名单

序

"积极应对老龄化,优先发展社会养老服务,培育壮大老龄服务事业和产业",是党中央根据我国国情而作出的战略决策。社会养老服务是一个系统工程,涉及各个方面,其中护理服务人才队伍建设是最重要的基础性环节。我省对此给予高度重视,省政府专门就此出台政策,实施"入职奖补"办法,建立护理队伍培养培训制度,启动护理知识技能进家庭进社区活动等,力图通过几年的努力,到"十二五"末,培养一批护理专业人才,基本实现护理人员持证上岗,全面轮训在岗人员,失能老人家庭照护人员普遍接受一次护理知识技能培训,以此切实提高全省社会养老服务的质量。

为实现这一目标,省民政厅和杭州师范大学开展合作,设立"浙江省老年服务与管理教育培训中心",共同推进养老护理人才教育培训工作。多年来,杭州师范大学利用自己的优势,在养老服务领域做了大量工作,形成了诸多学术成果,培养培训了一大批护理人员,开设了"老年服务与管理"成人大专学历教育。应该说有了很好的教育培训基础,为进一步推动专业教学,强化教育培训工作,积累了丰富的经验。此次,杭州师范大学组织力量,在认真总结已有经验、开展研究的基础上,广泛借鉴国外及港台地区经验,编写了养老照护服务、营养与膳食服务、运动与康复服务、心理健康促进及风险防范等系列教材。

相信该系列教材的出版,将为我省养老服务人才队伍培养发挥较好的作用,从而提高我省养老服务整体水平,促进养老服务行业规范、有序发展,提升老年人的生存质量。同时,也希望系列教材在教学实践中不断修正完善,为我国的养老服务事业作出贡献。

是为序。

浙江省民政厅厅长

前　言

　　社会养老服务是社会公共服务的重要组成部分。2010 年,《中共中央关于制定国民经济和社会发展第十二个五年规划的建议》明确提出要"优先发展社会养老服务"。2013 年 9 月,《国务院关于加快发展养老服务业的若干意见》提出了"到 2020 年,全面建成以居家为基础、社区为依托、机构为支撑的,功能完善、规模适度、覆盖城乡的养老服务体系"的总体目标,明确了发展养老服务业的指导思想、基本原则、发展目标、主要任务、政策措施和组织领导,这是未来加快发展养老服务业的指导性文件。加快发展养老服务业,是积极应对人口老龄化的要求,是推进经济持续健康发展的需要,是解决当前养老服务业突出矛盾和问题的需要,养老服务业面临着新的发展机遇和挑战。养老事业的快速发展对老年服务与管理提出了更高的要求,迫切需要加强老年服务与管理队伍建设,提高老年服务与管理水平。为此,有必要组织编写《老年服务与管理概论》,以满足老年服务与管理相关专业教学与培训的需要。

　　老年服务行业的管理尽管有其特殊性,但其仍然具有管理学的一般规律和共性特点。对于老年服务与管理相关专业的学生来说,掌握管理的基本理论和方法,不仅是构建合理知识结构的需要,也是深入学习老年服务与管理相关专业课程的需要。管理学是一门发展中的科学,在本教材的编写过程中,力求体现如下特色:①根据管理学的发展,并结合老年服务与管理的实践,阐述最基础、最经典的管理理论和方法;②根据老年服务与管理实践编写的管理案例和思考题,既有助于学生对各章理论知识的理解,也有助于提高学生的综合分析能力和应用能力。

　　在本书的编写过程中,我们得到了浙江省民政厅、浙江省卫生计生委、杭州师范大学等单位的大力支持;来自复旦大学、安徽医科大学、丽水学院、浙江医学高等专科学校等兄弟高校的编委们对本书的编写工作付出了大量心血;杭州师范大学汪胜老师对全书进行了统稿,陈雪萍老师对本书的编写与出版做了大量卓有成效的工作。在此,一并对他们的辛勤劳动表示衷心的感谢。此外,教材的编写也得到了杭州师范大学攀登工程人文振兴项目(RWZXPT1302)的支持。

　　由于本教材是将管理学理论与老年服务实践相结合的有益探索,加之我们水平有限,难免存在失误甚至错误之处,恳请各位同行和使用本书的教师与同学们批评指正。

郭　清

目 录
CONTENTS

第一章 绪 论

第一节 老年服务的概念与内容

一、老年服务的概念

老年服务是指为老年人这一特殊群体提供必要的产品与服务,满足其物质生活和精神生活的基本需求。自人类社会开始,就一直存在着老年服务,老年服务是家庭事务和社会事业的重要组成部分。20世纪70年代以后,全世界人口老龄化加速,我国已于1999年进入老龄化社会,成为世界上老年人口最多的国家。

近年来,我国养老服务业快速发展,以居家为基础、社区为依托、机构为支撑的社会养老服务体系初步建立,老年消费市场初步形成,老龄事业发展取得显著成就。但总体上看,养老服务和产品供给不足、市场发育不健全、城乡区域发展不平衡等问题还十分突出。当前,我国已经进入人口老龄化快速发展阶段,2013年年底我国60周岁以上老年人口已达到2亿,2020年将达到2.43亿,2025年将突破3亿。积极应对人口老龄化,加快发展养老服务业,不断满足老年人持续增长的养老服务需求,是全面建成小康社会的一项紧迫任务,有利于保障老年人权益,共享改革发展成果,有利于拉动消费、扩大就业,有利于保障和改善民生,促进社会和谐,推进经济社会持续健康发展。

值得关注的是,我国2亿多老年人的养老观念发生了很大的变化,不再满足于生活的温饱,而是越来越注重生活质量和生命质量,迫切需要发展老年教育、老年文化、老年体育、老年旅游等丰富的老年生活,体现生命价值和生命意义。他们要求提供专门的医疗保健以及完善的老年医疗服务网络,保障身体健康和有病时得到及时的治疗和护理。近十年来,为了适应老龄化社会的经济发展形势,满足老年人的社会需求,国家着手改革社会养老福利制度,积极鼓励、扶持社会组织和个人等社会力量兴办老年护理院、养老院、托老所、老年公寓、老年医疗康复中心、老年文化体育活动场所等设施,多渠道、多形式地发展老年服务事业。

二、老年服务的内容

老年服务包括照护服务、医疗保健和康复服务、教育服务、社会参与服务、文体娱乐服务及其他方面的服务等六方面,现分述如下:

(一)照护服务

一是街道、社区提供长期性和临时性养老(托老)场所,如敬老院、福利院、老年公寓、老人日托站、老人食堂等;二是成立老年人家庭服务中心,上门帮助料理生活;三是资助老年人活动辅助器材;四是进行适当的康复医疗知识教育和咨询,使家庭更好地了解老年人的问题和需求;五是在社会服务业中,增设老年人生活服务点,如老人商店、专柜等,为老年人的日常生活提供方便;六是提供紧急救助服务、精神慰藉服务等。另外,对于入住城镇社会福利院和农村敬老院的五保"三无"对象还有基本生活保障。

(二)医疗保健和康复服务

促进医疗卫生资源进入养老机构、社区和居民家庭。卫生管理部门要支持有条件的养老机构设置医疗机构。医疗机构要积极支持和发展养老服务,有条件的二级以上综合医院应当开设老年病科,增加老年病床数量,做好老年慢性病防治和康复护理。医疗机构、社区卫生服务机构为老年人建立健康档案,建立社区医院与老年人家庭医疗契约服务关系,开展上门诊视、健康查体、保健咨询等服务,加快推进面向养老机构的远程医疗服务试点。医疗机构应当为老年人就医提供优先优惠服务。

对于养老机构内设的医疗机构,符合城镇职工(居民)基本医疗保险和新型农村合作医疗定点条件的,可申请纳入定点范围,入住的参保老年人按规定享受相应待遇。完善医保报销制度,切实解决老年人异地就医结算问题。鼓励老年人投保健康保险、长期护理保险、意外伤害保险等人身保险产品,鼓励和引导商业保险公司开展相关业务。

(三)教育服务

开办各类老年学校、老年大学,为老年人再学习、再教育提供机会和便利条件,提高老年人素质,使其老年生活健康、充实、欢乐,而且自觉关注社会、积极奉献、老有所为。

(四)社会参与服务

为老年人晚年继续参与社会活动提供条件,如加强老年人和青少年以及社会的联系,为关心教育下一代发挥力所能及的作用;在公共场所、桥梁、道路和公共设施的建设中,要有适合老年人特点的服务设施;组织老年人成立老年人技术服务部、科学技术咨询服务部、老年人协会,义务协助和参加街道居委会工作等。

(五)文体娱乐服务

兴办各种文体娱乐设施,组织老年人成立各类协会、研究会,开展各种文体娱乐活动。如建立老年人活动室、活动中心,成立老年书画社、旅游服务部、戏社等。

(六)其他方面的服务

如开办老年婚姻介绍所,帮助老年人再婚和重建家庭,并在就医、乘车、旅游等方面提供优先照顾老年人服务。

三、老年服务的相关学科

老年服务与管理学科的目标是培养具备老年社会工作、老年护理保健、老年服务管理等方面的知识和技能,熟悉老年服务方面的政策法规,能胜任老年服务与管理工作岗位的高级技术应用性专门人才。它的专业核心能力是老年服务与管理的专业技能,其相关学科与主要实践环节是管理学、社会学概论、社会心理学、老年学概论、老年社会工作、老年政策、老年福利机构经营管理、老年病学、老年护理与老年保健、社会调查、课程实训、寒暑假实习、综合实习、毕业实习等,是一个综合研究老年群体及其他附属机构的学科。

第二节　管理概念与管理理论

一、管理的概念

管理从字面上理解,就是管辖、处理的意思。管理作为一个科学概念,不同的人在研究管理时的出发点或角度不同,对管理所下的定义也就不同。

强调工作任务的学者认为,管理就是由一个或多个人来协调其他人的活动,以便收到个人单独活动所不能收到的效果。

强调管理者个人领导艺术的学者认为,管理就是领导。组织活动是否有效,取决于这些领导者个人领导活动的有效性。

强调决策作用的学者认为,管理就是决策。任何一项组织工作的成败归根结底取决于决策的好坏。

上述管理的定义都是从某个侧面反映了管理的不同性质。管理的概念可以综合表述为:管理通常是指在特定环境下,通过计划、组织、控制、激励和领导等活动,协调人力、物力、财力和信息等资源,以期更好地实现组织目标的过程。该表述包含了管理的几层含义:

(1)管理是一项有目标的活动。管理是一项有意识、有目的进行的活动过程,管理的目的是实现组织的目标。世界上既不存在无目标的管理,也不存在无管理的目标。

(2)管理的基本活动包括计划、组织、领导、控制和激励等,即管理的五大基本职能。

(3)管理的基本手段是有效地利用人力、物力、财力和信息等组织资源。

(4)管理的本质是协调。协调就是使个人的努力与集体的预期目标相一致。

(5)管理工作是在一定的环境条件下开展的。

二、管理的基本理论

管理是伴随着人类社会的一种社会实践活动,但作为一门学科,其形成的标志是19世纪末20世纪初泰勒的科学管理理论的产生。管理理论的发展主要包括古典管理理论、中期管理理论和现代管理理论等几个阶段。

(一)古典管理理论

19世纪末20世纪初,社会经济和科学技术都发生了巨大的变化,这些变化对企业管理提出了新的更高的要求。从前凭借企业主个人的习惯、经验、主观判断和主观要求进行的管理已经远远落后于社会化大生产发展的要求。为了适应庞大而复杂的企业组织的要求,必须使企业所有者和管理者分离,要求有经过专门训练的专职管理人员,建立专门的管理机构,采用科学的管理方法。于是,古典管理理论就产生了,主要以泰勒的科学管理理论、法约尔的管理过程理论和韦伯的行政组织理论为代表。

1. 泰勒的科学管理理论

泰勒1856年出身于美国费城的一个律师家庭,他一生致力于"科学管理",主要代表作是《计件工资制》、《工厂管理》和《科学管理原理》。其科学管理理论的主要内容概括为以下八个方面:

（1）科学管理的中心问题是提高效率。泰勒认为，要制定出有科学依据的工人的"合理的日工作量"，就必须进行工时和动作研究。

（2）为了提高劳动生产率，必须为工作挑选"第一流的工人"。泰勒认为，健全的人事管理的基本原则是：使工人的能力同工作相配合，管理当局的责任在于为雇员找到最合适的工作，培训他成为第一流的工人，激励他尽最大的努力来工作。

（3）要使工人掌握标准化的操作方法，使用标准化的工具、机器和材料，并使作业环境标准化，这就是所谓标准化原理。

（4）实行刺激性的计件工资报酬制度。

（5）工人和雇主两方面都必须认识到提高效率对双方都有利，应该相互协作，为共同提高劳动生产率而努力。

（6）把计划职能同执行职能分开，变原来的经验工作法为科学工作法。

（7）实行"职能工长制"。泰勒主张实行"职能管理"，即将管理工作予以细分，使所有的管理者只承担一种管理职能，设置职能工长负责某一方面的工作。

（8）在组织机构的管理控制上实行例外原则。

2. 法约尔的管理过程理论

法约尔1841年出生在法国，他致力于管理过程和管理组织的研究，主要代表作为《一般管理与工业管理》。他的理论概括起来大致包括以下内容：

（1）企业的基本活动与管理的五项职能。法约尔指出，任何企业都存在着六种基本的活动，管理只是其中之一。这六种基本活动是：①技术活动（生产、制造、加工）；②商业活动（购买、销售、交换）；③财务活动（资金来源和使用）；④安全活动（保护人和资财）；⑤核算活动（会计、统计、成本核算）；⑥管理活动（计划、组织、指挥、协调和控制）。在这六种基本活动中，管理活动处于核心地位，一方面企业本身需要管理；另一方面，其他五项属于企业的活动也需要管理。

（2）法约尔的14条管理原则。法约尔根据自己的工作经验，归纳出简明的14条管理原则：①分工；②职权与职责；③纪律；④统一指挥；⑤统一领导；⑥个人利益服从整体利益；⑦个人报酬；⑧集中化；⑨等级链；⑩秩序；⑪公正；⑫保持人员的稳定；⑬首创精神；⑭团结精神。

3. 韦伯的行政组织理论

韦伯1864年出身于德国的一个律师家庭，著有《社会组织与经济组织理论》等。他主张为了实现一个组织目标，要把组织中的全部活动划分为各种基本任务分配给各个成员，使他们有职位、职权并且承担义务，形成指挥（阶层）体系。主张人与人的关系以理性为原则（理性主义），这种理论的行政组织体系能提高工作效率，达到稳定性、精确性、纪律性和可靠性的目的。韦伯提出的高度结构的、正式的、非人格化的理想行政组织体系主要体现在以下方面：

（1）明确的分工。即每个职位的权力和责任都应有明确的规定，人员按职业专业化进行分工。

（2）自上而下的等级系统。组织内的各个职位，按照等级原则进行法定安排，形成自上而下的登记系统。

（3）人员的任用。人员的任用要完全根据职务的要求，通过正式考试和教育训练来实行。

(4)职业管理人员。管理人员有固定的薪金和明文规定的升迁制度。

(5)遵守规则和纪律。管理人员必须严格遵守组织中规定的规则和纪律,以及办事程序。

(6)组织中人员之间的关系。组织中人员之间的关系完全以理性准则为指导,只受职位关系而不受个人情感的影响。

(二)中期管理理论

科学管理理论和方法在20世纪初期对提高企业的劳动生产率起了很大作用,但它较多地强调科学性、精密性、纪律性,对人的因素注意较少,把工人当做是机器的附属品。这种局限性的存在,使一些学者开始从生理学、心理学、社会学等方面去研究企业中有关人的一些问题。因此,专门研究人的因素以达到调动人的积极性目的的学派——人际关系学派应运而生,为后来的行为科学学派奠定了基础。人际关系理论的产生是从梅奥的霍桑试验开始的。根据霍桑试验,梅奥在1933年出版的《工业文明中人的问题》一书中提出了以下观点:

(1)工人是"社会人",而不是单纯追求金钱收入的"经济人"。因此,要调动工人的积极性,除了满足其物质需求外,还必须注重满足工人在社会方面和心理方面的需求。

(2)企业中除了"正式组织"之外,还存在着"非正式组织"。正式组织通行的主要是效率逻辑,非正式组织通行的则是感情逻辑。管理者应当正视非正式组织存在的现实,并处理好正式组织与非正式组织之间的关系。

(3)新型的领导在于通过职工"满足度"的增加,来提高工人的"士气",从而达到提高效率的目的。

在人际关系理论的基础上,第二次世界大战后,行为科学理论逐步形成,主要集中在以下四个方面:

(1)关于人的需要和动机的理论;

(2)关于管理中的"人性"的理论;

(3)关于领导方式的理论;

(4)关于企业中非正式组织以及人与人关系的理论。

(三)现代管理理论

20世纪40年代,管理思想得到了丰富和发展,出现了许多新的管理理论和管理学说,并形成了众多的学派,美国管理学家孔茨称之为"管理理论丛林"。下面简单介绍几个代表性的现代管理理论学派。

1. 社会协作系统学派

社会协作系统学派又称为社会系统学派。该学派认为,人与人的相互关系就是一个社会系统,它是人们在意见、力量、愿望以及思想等方面的一种协作关系。管理人员的作用就是要围绕着物质的、生物的和社会的因素去适应总的协作系统。该学派的特点是将组织看做是一种社会系统,是一种人的相互关系的协作体系,它是社会大系统中的一部分,受到社会环境各方面因素的影响。

该学派的创始人巴纳德认为,社会的各级组织都是一个协作的系统,它们都是社会这个大协作系统的某个部分和方面。这些协作组织是正式组织,都包含三个要素:①信息交流;

②作贡献的意愿;③共同的目的。

该学派还认为,经理人员的作用就是在一个正式组织中充当系统运转的中心,并对组织成员的活动进行协调,指导组织的运转,实现组织的目标。经理人员的主要职能有三个方面:①提供信息交流的体系;②规定组织的目标;③促成个人付出必要的努力。

2. 经验或案例学派

这个学派主张通过分析经验(案例)来研究管理问题。其基本观点是:归根到底,管理是一种实践,其本质不在于"知"而在于"行";其验证不在于逻辑,而在于成果;其唯一权威就是成就。该学派最具代表性的人物是德鲁克,其主要思想体现在以下几个方面:

(1)作为企业主要领导的经理,其工作任务着重于两方面:①造成一个"生产的统一体",有效调动企业各种资源,尤其是人力资源作用的发挥;②经理作出每一项决策或采取某一行动时,一定要把眼前利益与长远利益协调起来。

(2)重视建立合理的组织结构。该学派认为管理组织模式可以概括为五种:①集权的职能性结构;②分权联邦式结构;③矩阵结构;④模拟性分散管理结构;⑤系统结构。

(3)对科学管理和行为科学理论重新评价。该学派认为科学管理和行为科学理论都不能完全适应企业实际需要,只有经验学派将这两者结合起来,才真正实用。

(4)提倡实行目标管理。凡是组织的生存和发展依赖于员工的工作绩效和工作成果的场合,都必须采用目标管理,对主管人员的评价应当根据他对实现组织目标的贡献来进行。

3. 人际关系行为学派

这个学派的依据是,既然管理就是让别人或同别人一起把事情办好,就必须以人与人之间的关系为中心来研究管理问题。注重个人,注重人的行为的动因,把行为的动因看成一种社会心理学现象,其中有些人强调处理人的关系是管理者应该而且能够理解和掌握的一种技巧;有些人把"管理者"笼统地看成"领导者",甚至认为管理就是领导;有些人着重研究人的行为与动机之间的关系,以及有关激励和领导问题。对此提出了一些相关的理论,如马斯洛的"需要层次论"、赫茨伯格的"双因素理论",以及布莱克和穆顿的"管理方格理论"等。

4. 决策理论学派

决策理论学派是以社会系统理论为基础,吸收了行为科学、系统理论、运筹学和计算机等学科的内容而发展起来的一种管理理论,形成于20世纪50年代,其代表人物是西蒙。该学派的理论要点主要包括:

(1)决策贯穿于管理的全过程,管理就是决策。

(2)决策过程包括4个阶段:①搜集情况阶段;②拟定计划阶段;③选定计划阶段;④评价计划阶段。

(3)在决策标准上,用"令人满意"的准则代替"最优化"准则。

(4)一个组织的决策根据其活动是否反复出现,可分为程序化决策和非程序化决策。

(5)一个组织中集权和分权的问题是和决策过程紧密联系的。

5. 权变管理学派

权变管理学派是20世纪70年代在美国形成的一种管理理论,它强调在管理中要根据组织所处的内外部条件随机应变,针对不同的具体条件寻求不同的最合适的管理模式、方案或方法。其代表人物有英国的伯恩斯和斯托克,美国的劳伦斯和洛希等。该学派认为:

(1)过去的管理理论没有把管理和环境妥善地联系起来,其管理观念和技术在理论与实践上相脱节,以致管理不能有效进行。而权变管理理论就是要把环境对管理的作用具体化,并使管理理论与管理实践紧密地联系起来。

(2)权变管理理论就是考虑到有关环境的变数同相应的管理观念和技术之间的关系,使采用的管理观念和技术能有效地达到目标。

(3)环境变量与管理变量之间的函数关系就是权变关系,这是权变管理理论的核心内容。

其他的现代管理理论学派还包括群体行为学派、管理过程学派、系统学派、数理学派、社会技术系统学派等。

第三节　老年服务的发展

一、老龄化与老年服务

(一)我国老年人健康现状

2010 年第六次全国人口普查数据显示,截至 2010 年 11 月 1 日中国的总人口为 13.39 亿,60 岁及以上人口达到 1.776 亿,占总人口的 13.3%,而 65 岁以上人口达到 1.189 亿,占全国总人口的 8.9%。据保守估计,到 2050 年,中国 60 岁及以上的老年人将达到 4.3 亿之多,该数据表明我国老龄化趋势愈加明显。分析 2012 年中国卫生统计年鉴数据,我国城市 60 岁及以上老年人前 5 位死因依次是恶性肿瘤、脑血管病、急性心肌梗死、冠状动脉粥样硬化性心脏病、糖尿病,而这些疾病都是慢性非传染性疾病。

衡量老人的健康应该是多方面的综合分析,包括躯体健康、日常生活能力、心理健康、社会适应能力等。其中,健康的评价指标主要包括两周患病率、慢性病患病率及健康自评情况等。

1. 两周患病率

根据 2008 年国家卫生服务调查的数据显示,我国 65 岁及以上老年人两周患病率为 465.9‰,是 1993 年的 1.9 倍;从就业状况分析我国居民两周患病率离退休老年人所占比例最大为 462.6‰,可以看出老年人是我国两周患病率最高的群体。对于所患疾病方面,目前我国老年人以循环系统疾病为主,从 1993—2008 年,心脑血管疾病从 6.2‰ 上升到 16.5‰,高血压病从 3.9‰ 上升到 31.4‰,糖尿病从 0.8‰ 上升到 6.0‰,由此可见患病人群增长迅速。

2. 慢性病患病率

老年人身体机能不断衰退,是慢性病患病的主要人群。根据 1993 年国家卫生服务调查的数据显示,65 岁以上老年人慢性病患病率为 540.3‰,所患疾病以消化系统疾病为主,占 36.5‰,其次依次为循环系统疾病 31.4‰(其中心脏病 13.1‰、高血压病 11.9‰、脑血管病 4.0‰)、肌肉、骨骼结缔组织疾病 25.5‰,呼吸系统疾病 22.7‰,泌尿生殖系统疾病 8.3‰,内分泌、营养代谢疾病仅占 3.1‰(其中糖尿病占 1.9‰)。随着我国居民生活水平的提高以及居民生活方式和饮食结构的改变,2008 年国家卫生服务调查的数据显示 65 岁以上老年人慢性病患病率升高到 645.4‰,疾病谱也较 1993 年有了较大改变,以循环系统为主,占

85.5‰(其中心脏病 17.6‰、高血压病 54.9‰、脑血管病 9.7‰),是 1993 年的 2.7 倍。其次依次为骨骼结缔组织疾病 31.0‰,消化系统疾病 24.5‰,呼吸系统疾病 14.7‰,内分泌、营养代谢疾病 12.9‰(糖尿病 10.7‰),泌尿生殖系统疾病 9.3‰。同时,老年人往往合并多种慢性疾病,在福建省福州市的抽样调查中,对 12 个社区共 3285 名 60 岁以上老年人进行慢性病患病情况调查,其中患慢性病者 2134 例,为 64.96%;患 1、2 和不低 3 种慢性病者分别占 57.12%、26.24%和 16.64%。

3. 健康自评情况

健康自评是个体从主观的方面对自身健康状况做出的评价,包括过去、现在和将来的健康状况,以及对疾病的抵抗力和对健康的担心程度。因其受年龄、性别、婚姻、文化程度、医疗保险、子女照护、两周患病、慢性病患病等多方面因素的影响,是综合衡量老年人健康状况的指标,逐渐受到人们的关注。吉林大学"我国老年人生活状况及养老公共服务需求研究"课题组研究显示,在 2010 年对齐齐哈尔市的 6 个区县 60 岁及以上老年人进行了抽样调查,共调查老年人 580 名,其健康自评为"不好"的占 9.53%、"一般"的占 34.32%、"好"的占 33.10%、"很好"的占 23.05%。健康自评主要集中在"好"和"一般"上,但"不好"的比例占到了被调查老人的近 10%。孟琴琴等对北京某区 1092 名 60 岁及以上老年人进行健康自评调查,平均得分为 72.49。

(二)我国老年人医疗服务现状

1. 大中型医疗机构

根据 2008 年国家卫生服务调查的数据显示,我国 65 岁及以上老年人两周就诊率为 302.9‰,明显低于两周患病率,这显示了很多老年人在出现身体不适的时候,并没有及时就医。调查也显示 65 岁及以上老年人的住院率为 153.2‰,其中城市为 193.6‰、农村为 129.4‰。同时,随着老年慢性病患病率的升高,老年人的医疗费用也呈增长趋势,医疗消费是老年人生活支出中的重要部分。有学者对江西省老年卫生服务需求及利用情况进行了调查,调查结果显示老年人对医疗卫生服务利用情况不甚理想,医疗服务利用不足,但潜在医疗服务需求大。医疗费用过高、经济困难成为老年人医疗保健服务利用的主要影响因素。

2. 社区卫生服务机构

随着老年人生理机能的日益退化,老年人对各种医疗服务的需求也会增加,尤其是基层医疗服务。根据民政部数据显示,截至 2012 年年底,全国共有各类社区服务机构 20.0 万个,社区服务机构覆盖率达 29.5%;其中社区服务指导中心 809 个,社区服务中心 15497 个,比上年增加 1106 个,社区服务站 87931 个,比上年增加 31775 个,其他社区专项服务设施 9.6 万个,比上年增加 0.6 万个。有关文献对老年人的医疗服务需求进行了调查,结果显示老年人更希望得到的社区医疗服务为上门出诊、家庭病床、健康指导、社区紧急救护、康复训练、家庭定期访视等。老年人是慢性病患病的主要人群,但因为病情复杂、医疗费用高、经济收入有限等原因,使老年人在医疗服务中成为相对弱势的群体。老年人是社区卫生服务的重点人群,因为社区卫生服务能够提供廉价、便利、优质的服务,这也是我国实行卫生改革和大力发展社区卫生服务的原因。社区卫生服务的最终目标是改善并提高人们的健康水平,所以,预防保健应当是社区卫生服务的工作重点。

(三)我国老年人照护服务现状

1.养老机构

我国养老机构从 20 世纪 50 年代前后开始建设,起初一直以敬老院和养老院等公办养老院为主。随着中国老龄化社会的到来,在党和政府高度重视下,各地出台政策措施,加大资金支持力度,同时鼓励民办养老机构的发展,以弥补公办养老机构在数量和质量上的不足,分担政府的养老保障压力。在多项措施并举的前提下,我国的社会养老服务体系建设取得了长足发展。截至 2012 年,全国各类养老服务机构 44304 个,拥有床位 416.5 万张,年末收养老年人 293.6 万人,其中社区留宿和日间照料床位 19.8 万张,以保障三无、五保、高龄、独居、空巢、失能和低收入老人为重点,借助专业化养老服务组织,提供生活照料、家政服务、康复护理、医疗保健等服务的居家养老服务网络初步形成。在养老服务的运作模式、服务内容、操作规范等方面也不断探索创新,积累了有益的经验。

但是,我国社会养老服务体系建设仍然处于起步阶段,还存在着与新形势、新任务、新需求不相适应的问题,主要表现为:缺乏统筹规划,体系建设缺乏整体性和连续性;社区养老服务和养老机构床位严重不足,供需矛盾突出;设施简陋、功能单一,难以提供照料护理、医疗康复、精神慰藉等多方面服务;布局不合理,区域之间、城乡之间发展不平衡;政府投入不足,民间投资规模有限;服务队伍专业化程度不高,行业发展缺乏后劲;国家出台的优惠政策落实不到位;服务规范、行业自律和市场监管有待加强;等等。

2.老年护理机构

我国计划生育的实施使得目前我国大多数家庭面临"421"模式,即 1 对夫妻要面临 4 个老人的养老问题。而目前社会的工作生活节奏加快,竞争激烈,子女并没有过多的时间可以陪伴老人,家庭护理能力逐渐弱化。同时,家庭成员给予老人的照护多为一般性的,而老年人身体机能退化,行动能力减弱,通常同时患有 1~2 种慢性病,需要更多专业性的护理和帮助,这无疑对老年护理提出了更高的要求。

但目前养老护理人员的专业素质有待提高,养老护理行业的管理规范也有待加强。以杭州市为例,有学者对杭州 32 家养老机构进行养老护理人员及护理管理现状调查,结果显示养老机构管理者年龄偏大、学历偏低以及缺乏科学的老年护理管理思维;护理人员配备少、工资低、队伍不稳定;缺乏规范的养老护理员分级管理、老年人分级护理管理、老年人护理风险管理等体系。

3.社区康复机构

目前我国的失能、失智老人逐年增多,给家庭及社会带来沉重负担。发展老年社区康复可以充分利用社区医疗资源,最大限度地提高老年人的健康期望寿命,提高老年人的生活质量。

然而,目前我国社区康复还处于起步阶段,大部分社区缺乏专业的医务工作者和仪器设备,老年人缺乏专业的康复指导和康复设施服务。同时,社区康复大多以徒手或简单的中医康复为主,而康复需要的专门医疗仪器设备则存在收费过高、操作人员缺乏等问题。这使得需要康复的老年人在出院后不能进行充分有效的康复锻炼,从而导致生活能力下降。

所以,加强社区康复人员的培养及专业能力培训,提高社会、政府对社区康复的资金投入及加强政策扶持是发展我国社区康复亟待解决的问题。

4. 社区居家养老服务机构

目前,我国在社区推进日间照料中心建设,以推动社区在社会养老服务体系建设中发挥依托和基础性作用。与此同时,大量从事居民养老的社会组织、民办非企业单位、企业等进入社区,为居家老年人提供家政、生活照料、康复护理、紧急救援、法律维权和精神慰藉等服务。

5. 其他养老服务

国务院于 2013 年 9 月印发《关于加快发展养老服务业的若干意见》(国发〔2013〕35 号),提出了加快发展养老服务业的总体要求、主要任务和政策措施,将为破解养老难题、拓展消费需求、稳定经济增长发挥重要作用。国家在大力发展基本养老保障的同时,也鼓励非政府组织及社会资本进入养老服务领域。根据民政部数据显示,截至 2012 年年底,全国共有老龄事业单位 2583 个,老年法律援助中心 2.2 万个,老年维权协调组织 7.8 万个,老年学校 5.0 万个、在校学习人员 625.3 万人,各类老年活动室 34.6 万个。同时,政府也鼓励民办资本建立养老机构,开发养老度假区、养老地产、养老旅游等。近年来,太仓、昆山、吴江等养老型楼盘升温,形成了环绕上海的"养老房产带"。一些知名保险公司也开始涉足养老养生领域。

(四)我国老年人生活质量现状

老年人生活质量从老年保健医学角度概括为"老年人个体或群体对自己的身体、精神、家庭和社会生活美满程度和对来年生活质量的全面评价"。相关研究表明,影响老年人生活质量的因素有疾病、性别、年龄、婚姻、文化程度、职业、经济等。随着年龄的增加,老年人的生活质量逐渐下降;城市老年人的生活质量要优于农村老年人;老年人的主观幸福感与老年人的健康状况密切相关;老年人更希望获得子女的照顾,与子女一起安享晚年的心理更加强烈。同时,有研究表明与家人(包括配偶及子女)居住的老年人的躯体、心理功能和总体评价均高于独居的老年人;经济收入高及享有医疗保险的老年人生活质量较高,可见社会支持、家庭支持系统在保障老年人生活质量方面具有重要作用。

相关资料显示,我国目前"空巢家庭老年人"有 2340 万之多,并有急速增加的趋势。预计 2030 年空巢家庭的比例将达到 90%,届时我国老年人家庭将"空巢化"。空巢家庭老年人由于情感慰藉、健康医护和生活照料等方面的缺乏,极易出现"空巢综合征",严重地影响空巢家庭老年人的身心健康。

我国 60 岁以上老年人失能率总体呈上升趋势,据预测,我国 60 岁以上老年人口失能、残疾例数将由 2010 年的 3646 万增至 2030 年的 9706 万,并随年龄增长迅速上升,农村比城市更严重,女性高于男性。残障是指严重的失能,日常生活需要他人或社会帮助和照顾。残障老年人的不断增加,必然会给社会、家庭带来医学照料和生活照顾的重大负担。有调查显示,残障率由 40 岁年龄组的 0.5% 增至 80 岁以上年龄组的 12.8%。对于失能老人,有资料显示其生活质量不容乐观,有学者对辽宁省等多家养老院、养老服务中心等进行调查,结果显示失能老人存在明显的社会心理问题,39.6% 的老年人对疾病表示担忧,32.5% 的老年人对出院后的康复表示担忧,25.9% 的老年人担心医疗费用。而目前我国在失能老人的长期照护服务方面存在人员缺失、养老机构供养不足、护理费用收费昂贵、服务内容单一等众多问题。

(五)我国老年人健康教育现状

从 2008 年国家卫生服务调查的文化程度与两周患病率数据显示,文盲、半文盲的两周患病率最高,达 337.7‰。两周患病率随着文化程度的升高而降低,提示健康知识的自我学习能力和健康意识在居民健康水平中起着重要作用。广西有学者对某城区 65 岁以上老年人开展健康教育研究,结果显示在进行 1 年的健康教育后,观察组在超重、肥胖率和健康管理率等方面均优于对照组。

我国自 20 世纪 90 年代中期开展整体护理以来,健康教育成为整体护理的重要内容之一,并在全国各级医院普遍开展。各医院也根据自身情况,制订出相应疾病的标准健康教育计划,对健康教育的普及和推广起到了促进作用。社区护理健康教育起步较晚,没有形成科学有效的系统,而且理论和体制方面不够完善,使社区健康教育仅仅停留在卫生宣教的层面,很难深入。从 2008 年开始,天津市老年健康教育已逐渐展开,但主要是针对高血压、糖尿病等老年常见病,还没有系统、规范地全面实施。近几年,临床护理人员已初步形成了健康教育的观念,但普遍缺少健康教育的专业知识和技能。随着医学模式的转变,在以患者为中心、以人的健康为中心的护理观念的影响下,各级护理人员逐步形成了健康教育观念。但因为医院的护士以及社区护理人员知识结构远远不能满足以患者为中心、以人的健康为中心的新的护理模式的需求,不仅缺少相关专科疾病的预防、保健与康复护理知识,而且缺少健康教育理论知识的学习和专业技能的培训,难以对患者实施完整高效的健康教育。

二、我国老年服务机遇与发展

(一)我国老年服务面临的挑战

老年服务属于现代社会服务业,不是传统的家庭式的照顾老人,老年人的照顾要按照行业标准化操作,服务要有专业团队,机构的管理运营要依据现代企业管理经营的理念。因此,老年服务需要专业化、科学化的管理流程来实现。

现代养老服务行业的兴起,催生了一些新的职业,例如养老护理员、养老院管理经理、老年营养师、老年保健师、老年康复师、老年社会工作师、临终关怀师等。中国这些职业岗位的空缺数量很大,尤其是养老院管理经理人才更是急需。因为养老服务机构在管理经营上面临两个问题:一是老年人经济条件有限,但是需求多、要求高;二是目前中国养老服务机构经营的特征是福利性、微利性。因此,社会上纷纷建起来的养老院、老年公寓、社区老年服务中心需要有了解世界老龄化社会发展规律,能把握发展养老服务事业政策,以及熟悉老年人需要的人去管理、去经营。

我国的人口老龄化不仅给家庭和社会稳定、社会保障带来巨大影响,也给卫生服务体系建设、卫生资源配置、养老服务体系以及体制、机制改革等带来了前所未有的挑战。特别是已患多种慢性疾病的老年人,活动能力和自理能力下降,需要更好的医疗关怀和更好的精神慰藉,这给医疗保障体系提出了更高要求。中国医疗卫生事业在应对老龄化方面面临着许多挑战,主要包括:我国基本医保制度还有待进一步完善;老年护理保险制度还没有建立;老年医疗服务体系还不健全,供给依然不足;为老年人提供专业服务的医护人员短缺;等等。有关资料显示,与中国多达 2 亿老年人口相比,截至 2012 年年底,我国 4.4 万个各类老年服务机构所拥有的床位仅为 416.5 万张。老龄人口的快速增长与养老服务设施发展缓慢形成鲜明对比。此外,人口老龄化还将导致劳动力供给短缺。从 2012 年开始,我国 15～59 岁劳动力绝对值已经开始下降,但是不是拐点恐怕还需要三五年时间的验证。

(二)我国老年服务的发展机遇

尽管人口老龄化会给经济、社会带来一系列挑战,但老龄化也是我国老年服务发展的重大机遇。

老龄化是伴随社会进步、经济发展、科技创新而产生的必然结果。虽然随着年龄增长,老年人体质、体力都会下降,器官也会老化,可能需要更多的社会关注和帮助。但从另一个角度来讲,老年人又具有独特的财富,这种财富就是他们广泛的社会知识和丰富的实践经验,这是整个人类的知识经验的积累,是一笔宝贵的财富。在联合国人口基金会的一篇报告中称,60 岁及 60 岁以上的群体作为照顾者、选民、志愿者、企业员工等,展示出了不可思议的生产力和贡献,一旦有适当的措施确保老龄人口获得医疗保健、固定收入、社会网络和法律保护,那么在全世界范围内,当前和未来的若干代人都会在这些长寿红利中获益。

因此,老龄化对经济的影响并不全部是负面的,也有正面作用:老年群体将来会形成一种特殊的消费需求,比如生活照料、健康康复、文化旅游等。预测显示,到 2020 年,老年人生活照料护理方面的消费会形成上万亿元的市场,这个市场的就业岗位可能在一千万个以上,这实际上对我国产业结构升级也会带来好处。

(三)我国老年服务的发展方向

针对快速老龄化带来的各种挑战,我国政府已采取了一系列积极举措。2013 年 8 月 29 日,国务院常务会议专门研究了促进健康服务业的政策,出台了《国务院关于促进健康服务业发展的若干意见》(国发〔2013〕40 号),明确提出要加快发展健康养老服务,建立健全医疗机构和老年护理院、康复疗养等养老机构的转诊与合作机制,发展社区、农村健康养老服务。

目前中国在社会保障方面,各种养老保障制度和医疗保障制度已经基本实现了对各类人群制度上的全面覆盖;在养老服务方面,国家确立了以居家为基础、以社区为依托、以机构为支撑的养老服务体系发展战略。2013 年 9 月 13 日,国务院正式颁布了《关于加快发展养老服务业的若干意见》(国发〔2013〕35 号)。中国政府在积极推进就业政策乃至产业政策的调整,近年来各地都在进行各种积极和有益的探索。

中国政府为应对人口老龄化所做的最大努力是保持经济的快速增长,使经济增长速度快过老龄化的增长速度,也就是说,经济增长和老龄化赛跑,到目前为止,经济增长还是跑过了老龄化的增长速度。为进一步应对老龄化,一方面,我国要以发展经济为根本,要尽量保持经济发展相对高的速度,可以通过推进新型城镇化和加大创新力度来实现;另一方面,适应人口老龄化的客观形势,大力发展“银发”产业,既满足老年人口消费需求,又拉动相应产业发展,调整产业结构。此外,要进一步完善养老医疗保障的筹资机制,确保养老制度和医疗保险保障制度的可持续性;要适应预期寿命的延长,小步快走,适当地延长退休年龄;要完善生育政策,适当调整计划生育政策;等等。

从医改的角度探讨老龄化的应对之策可以发现,迎接人口老龄化的挑战,提高老年人医疗卫生保障水平,是中国深化医改的重要任务。下一步要持续深入推进医疗卫生体制改革,进一步健全全民医保体系,逐步建立起覆盖全民的基本医疗卫生制度,为老年人享有基本医疗卫生服务奠定基础;充分调动政府和市场两个积极性,建立健全覆盖生命全周期、内涵丰富、结构合理的健康服务业体系;统筹医疗服务资源与养老服务资源,合理布局养老机构与老年病医院、老年护理院、康复疗养机构等医疗卫生资源,形成规模适宜、功能互补、安全便捷的健康养老服务网络;加快培养全科医生队伍,提升康复医学、老年医学等专业教育水平,加快护士、养老护理人员、康复理疗师、健康管理师等人才管理队伍的建设等。

三、老年服务管理有关政策

自 2000 年以来,中国各级政府出台了一系列有关老年服务的政策,这些政策为推动老年服务事业的发展、维护家庭稳定和代际和谐、实现社会发展成果的共享起到了重要作用。

(一)我国老年服务政策的历史演进

中国老年服务政策在 60 多年的发展历程中主要经历了以下三个阶段:

第一阶段,20 世纪 50 年代至 70 年代,这一阶段中国的老年服务政策以倡导非正式照顾为主,辅之以低水平的救助和粗放式的机构养老服务为主要特征。这一特征与当时的中国百废待兴、物资匮乏、老年服务业正待起步有着密切的联系。50 年代初期,民政部门对城市中无家可归、无依无靠、无生活来源的孤寡老人给予救济性安置。与此同时,政府通过《宪法》、《民法》、《婚姻法》和《继承法》等法规,明确规定了子女照料老人的责任和义务。除此之外,国营和集体企事业单位的工会组织定期慰问退休职工、发放救济金、安排人照顾无助的老人。

第二阶段,20 世纪 80 年代至 90 年代,中国老年服务政策以突显市场力量和强化家庭责任为主要特征。社区在社会福利社会化中被推向了前台。由于政府并没有为社区老年服务安排专项财政经费予以保障,而社区的资金、人力又极其有限,这使得社区最终采取了“以服务养服务”的运作模式。这一模式一方面推动了城市家政服务和便民利民服务市场的发展,满足了少数老年人部分养老服务需求;另一方面也推动了邻里互助和社区福利服务的发展。如当时的社区组织曾动员社区内的单位、志愿人员为老年人服务等。在这一阶段,被誉为“老年人宪章”的《中华人民共和国老年人权益保障法》出台。此法旨在“保障老年人合法权益,发展老年事业,弘扬中华民族敬老、养老的美德”,对于老年人合法权益的保护仍以被动保护为主,老年服务的重任仍落在家庭成员身上。

第三阶段,2000 年至今,中国老年服务政策以突显政府和社会责任为主要特征。这一特征与中国人口老龄化加速,老年服务的需求不断增长,尤其是孤寡、残疾、失能、高龄、困难、独居老人的服务需求总量不断增长有着密切的联系。与此同时,中国的家庭照顾功能却在城市化、工业化进程中呈现出弱化趋势。这使得老年服务的需求与供给之间的矛盾日益突显,通过政策与法规来调动和引导社会力量参与老年服务的供给已成为各级政府缓解这一矛盾的重要举措。

为此,中共中央、国务院于 2000 年颁发了《关于加强老龄工作的决定》(中发〔2000〕13号),明确提出“建立以家庭养老为基础、社区养老服务为依托、社会养老为补充的养老机制”。在这一战略规划中,社区养老服务或居家养老服务被列为我国老年服务业发展的重点。为此,十部委和税务局于 2000 年 3 月联合发布了《关于加快实现社会福利社会化的意见》(国办发〔2000〕19 号),2000 年 11 月中共中央办公厅、国务院办公厅转发了《民政部关于在全国推进城市社区建设的意见》(中办发〔2000〕23 号)。2001 年 7 月,国务院制定了《中国老龄事业发展“十五”计划纲要(2001—2005 年)》,提出了加强照料服务的任务与措施。

2003 年 6 月,《中办、国办关于转发劳动和社会保障部等部门〈关于积极推进企业退休人员社会化管理服务工作的意见〉的通知》使得社区成为发展老年服务业的前沿阵地,如何调动更多的社会力量参与社区老年服务成为相关职能部门的工作重点。

为进一步推进养老服务业的发展,十部委又于 2006 年颁发了《关于加快发展养老服务业意见的通知》(国办发〔2006〕6 号)。该文件为中国养老服务业运作机制的调整提出了指导性意见,即"政策引导、政府扶持、社会兴办、市场运作"。2008 年,在民政部门的倡导下,十部委又出台《关于全面推进居家养老服务工作的意见》(全国老龄办〔2008〕4 号)。该文件从政府投入、优惠政策、服务队伍建设、养老服务组织、管理体制等八个方面提出了推进居家养老服务发展的具体要求。这些政策都试图采取公建民营、民办公助、政府补贴、政府购买等多种形式,以调动社会力量参与养老服务业的发展。

2013 年 8 月 16 日,国务院总理李克强主持召开国务院常务会议,研究确定深化改革加快发展养老服务业的任务措施。会议提出,到 2020 年全面建成以居家为基础、社区为依托、机构为支撑的覆盖城乡的多样化养老服务体系,把服务亿万老年人的"夕阳红"事业打造成蓬勃发展的朝阳产业,使之成为调结构、惠民生、促升级的重要力量。根据国务院常务会议精神,2013 年 9 月,国务院印发了《关于加快发展养老服务业的若干意见》(国发〔2013〕35 号),提出了加快发展养老服务业的总体要求、主要任务和政策措施,为破解养老难题、拓展消费需求、稳定经济增长发挥重要作用。该文件首次着重统筹把握了以下四个关系:一是兼顾事业和产业,既对开发老年用品产品、培育养老产业集群提出要求,又对建立健全社会养老服务体系提出要求。既注重发挥市场在资源配置中的基础性作用,大力发展方便可及、价格合理的养老服务和产品,又注重发挥政府主导作用,着力保障经济困难的孤寡、失能、高龄等老年人的服务需求,保障人人享有基本养老服务。二是兼顾当前和长远,既提出了当前一些亟待解决的任务,也明确了到 2020 年发展的阶段性目标,还提出了管长远、管方向的四项原则,努力做到既立足当前,又着眼长远。三是兼顾中央和地方,既对地方各级政府的责任作了规定,也对中央政府的扶持政策作了规定。同时,将地方反复证明是成熟的政策上升为全国普遍性政策,又给各地留下了创新、创造的空间。四是兼顾城镇和农村,坚持城乡统筹的原则,既对完善城镇养老服务业提出了具体举措,也对推进农村养老服务发展作出了明确部署,为破解农村养老服务难题提供了方式和方法。

(二)完善我国老年服务政策的路径选择

中国老年服务政策体系的完善需要全社会的共同努力,这其中增加政府的财政投入、探索有效的政策运行机制、加强老年服务法治化建设等尤为重要。

1. 增加对老年服务业的财政投入

这在中国人口老龄化不断加速,老年服务供需矛盾日趋紧张的时代背景下显得尤其迫切。中国老年服务事业发展的历史表明,只有国家和政府增加对老年服务业的财政投入才能引导更多的社会力量参与其中,才能保障弱势老年人基本的服务需要得到满足,才能实现社会发展成果共享的目标。由此可见,国家和政府对老年服务业的财政投入是老年服务业发展的重要前提和关键因素。

2. 重视老年服务资源分配中的公平与效率

为了落实社会福利社会化的既定发展目标,提高资源分配与使用中的公平和效率,一方面需要各级政府转变重公办、轻民营的"二元养老意识",将重视民营养老力量的观念和意识转化为培育与扶持民间养老组织的具体举措,给予民间养老组织以实质性支持;另一方面需要各级政府优先满足最弱势的老年群体最基本的服务需要,在此基础上兼顾其他老年群体较高层次的需要。

3. 淡化老年服务组织与管理中的行政色彩,增强老年服务参与主体的自主性

为了解决中国老年服务组织与管理中行政化色彩较浓的问题,需要进一步探索向供方补贴或需方补贴的政策,不断总结、完善、推广政府购买民间组织服务的制度。通过这些探索以保障老年人服务需求的表达权、服务过程的监督权和服务效果的评估权;利用好民间组织在养老服务提供中灵活性、自主性强的优势;发挥好社区组织低成本获取居民信息的优势。

4. 加强老年服务制度化与法治化建设

老年服务制度化建设的实质,就是要将老年服务相关主体的权、责、利,通过法律和制度的形式加以规范化和具体化,从而保证老年服务事业可持续发展。为此,需要从战略的高度制定中国老年服务政策体系的中长期发展规划,重视各项政策的组织、实施与管理工作,并将一些成熟的政策上升为法律。

5. 构建老年服务人才成长的制度保障

中国老年服务人才的培养,不仅要着眼于其专业水平的提升、经济待遇的提高,还需要积极营造全社会尊重老年服务人才的舆论氛围,提高其社会地位。

▓▓ 案例分析 ▓▓

××市加快"老有所养"向"老有颐养"转变

××市人口"老"得早,也"老"得快。该市民政局相关数据显示,该市1988年就已进入老龄化社会,截至2013年,全市老年户籍人口占户籍总人口数20%。面对人口老龄化、老年人口高龄化、高龄人口空巢化等日益严峻的形势,不断完善社会养老服务体系,加快实现从"老有所养"向"老有颐养"转变。

"自助套餐"营养又科学,居家老人焕发"第二春"

【人物故事】黄色的小西装、桃红色的丝巾、考究的披肩长发,61岁的金阿姨站在老年大学舞蹈班的排练队伍里特别显眼。10年前,从市工业供销总公司退休后,金阿姨便成为老年大学的忠实学员,如今她身兼民族舞、拉丁舞和交谊舞三班的班长。每天早上6点准时早起,买完菜后凭老年卡免费进亭林园晨练1小时,之后用老年人公交优惠卡走亲戚、游公园,晚饭后去市民文化广场的塑胶跑道上慢跑几圈,这样悠闲自得的生活成了金阿姨固定的生活模式。退休后,养老金连年上涨让她衣食无忧,夫妻和谐、子女孝顺让她心情舒畅,而晚年的大把时光更帮她圆了舞蹈梦。

【纵深】2013年,全市老年户籍人口数为15万,其中像金阿姨一样在家养老的老人有13万余人。虽然是养老"不出门",但由政府服务提供的"自助套餐"让老年人生活"营养十足"。

该市新建城市道路具备无障碍建设条件的和养老机构场所无障碍率达100%,园林绿地和养老机构无障碍改造率达80%以上,并充分利用公园、绿地、广场等公共空间,开辟老年人文化和运动健身场所。目前,全市已建有各级老年学校283所,初步形成了多层次、多形式、多学制、多学科的老年教育体系;各类老年文体团队 515 个,参加老年学校学习的老年人达到 2.9 万多人。

"自然规律我们改变不了,但社会为老年人营造了这么好的大环境,我们依然可以焕发'第二春'。"金阿姨说,老有所学让她真正体会到了老有所乐,现在的她感觉自己越活越年轻。

"大家""小家"都幸福,社区来补子女"空档"

【人物故事】下午 1 点半,柏庐街道日间照料中心工作人员张大姐和往常一样,提着一袋水果从一楼大厅开始逐个分发。休息室里,地板被拖得一尘不染,墙壁上挂着的超大液晶电视正在播放着老人喜爱的节目;隔壁的活动室里,四个老人围成一桌打纸牌;而在三楼的康复运动室里,几个老人正互相交流着运动技巧。

日间照料中心开业后迎来的第一个老人、83 岁的茅老则在电子阅览室里上网,看他的神情,玩得十分开心。每到晚上和双休日,茅老会被两个儿子轮流接回家侍养。"我现在有两个家。"茅老笑着说,"一个是'大家',一个是'小家',但是,两个家的幸福我都没有耽误"。

【纵深】目前,该市已建成 69 个日间照料中心,1400 余位高龄、独居、空巢老人在这里享受着社区养老服务。全市社区养老服务机构坚持规范化推进、项目化管理、站点式服务,通过评估监督,全面提升居家养老服务水平。在这里,老人不仅不用操心洗菜烧饭,而且各种娱乐设施也丰富了老年生活。图书室、健身室、棋牌室、电视房等,让老年人"吃睡学玩"不出门。

星级"一条龙"陪护,养老院里"夕阳争红"

【人物故事】吃过午饭,在银桂山庄养老的 81 岁的崔阿姨和 86 岁的张阿姨这对老姐妹又坐到一起,开始交流起毛线针织法来。屋内的大玻璃窗收进老年人最喜欢的阳光,地板被拖得干干净净,空调、液晶电视、饮水机等家用电器一应俱全,门边宽大的洗浴间内放着各种洗浴用具。

虽然住进了养老院,但她们并不孤独。平日里,崔阿姨和张阿姨还会和其他老人一起在活动室里打打麻将,而舞蹈、歌唱、书画等老人们自发组织的文艺活动更让老人们既当观众,又当主角。敬老院里时时上演"夕阳争红"的美丽景象。"这里其实比家里还要好。"崔阿姨说。

【纵深】该市福利院院长介绍,住在银桂山庄的大多是生活不能自理的高龄老人,食堂每周根据特定菜谱制成的可口饭菜送到老人房里,房间每天有专人打扫,生活起居有专人照料,寂寞空虚时有人陪伴消遣,在提供吃、穿、住、用等酒店级"一条龙"陪护之余,山庄更注重激发老年人学习、生活和娱乐的热情,帮助老人利用好更多被"省"出的时间。

为满足社会集中养老需求,该市加快养老机构建设。目前,全市共有养老机构 14 家(公办 12 家,民办 2 家),已基本形成示范性、福利性、社会化养老机构并存,全护理、半护理、生活能自理的养老方式共有,初级、中档、高档层次健全的养老机构建设格局。

思考题:

1.该市为老年人提供了哪些服务内容?主要分为哪几类?

2.该市老年服务从"老有所养"向"老有颐养"转变带给你的启示有哪些?

(郭 清)

附件一

《国务院关于加快发展养老服务业的若干意见》
（国发〔2013〕35 号）

各省、自治区、直辖市人民政府，国务院各部委、各直属机构：

近年来，我国养老服务业快速发展，以居家为基础、社区为依托、机构为支撑的养老服务体系初步建立，老年消费市场初步形成，老龄事业发展取得显著成就。但总体上看，养老服务和产品供给不足、市场发育不健全、城乡区域发展不平衡等问题还十分突出。当前，我国已经进入人口老龄化快速发展阶段，2012 年底我国 60 周岁以上老年人口已达 1.94 亿，2020 年将达到 2.43 亿，2025 年将突破 3 亿。积极应对人口老龄化，加快发展养老服务业，不断满足老年人持续增长的养老服务需求，是全面建成小康社会的一项紧迫任务，有利于保障老年人权益，共享改革发展成果，有利于拉动消费、扩大就业，有利于保障和改善民生，促进社会和谐，推进经济社会持续健康发展。为加快发展养老服务业，现提出以下意见：

一、总体要求

（一）指导思想。以邓小平理论、"三个代表"重要思想、科学发展观为指导，从国情出发，把不断满足老年人日益增长的养老服务需求作为出发点和落脚点，充分发挥政府作用，通过简政放权，创新体制机制，激发社会活力，充分发挥社会力量的主体作用，健全养老服务体系，满足多样化养老服务需求，努力使养老服务业成为积极应对人口老龄化、保障和改善民生的重要举措，成为扩大内需、增加就业、促进服务业发展、推动经济转型升级的重要力量。

（二）基本原则。深化体制改革。加快转变政府职能，减少行政干预，加大政策支持和引导力度，激发各类服务主体活力，创新服务供给方式，加强监督管理，提高服务质量和效率。

坚持保障基本。以政府为主导，发挥社会力量作用，着力保障特殊困难老年人的养老服务需求，确保人人享有基本养老服务。加大对基层和农村养老服务的投入，充分发挥社区基层组织和服务机构在居家养老服务中的重要作用。支持家庭、个人承担应尽责任。

注重统筹发展。统筹发展居家养老、机构养老和其他多种形式的养老，实行普遍性服务和个性化服务相结合。统筹城市和农村养老资源，促进基本养老服务均衡发展。统筹利用各种资源，促进养老服务与医疗、家政、保险、教育、健身、旅游等相关领域的互动发展。

完善市场机制。充分发挥市场在资源配置中的基础性作用，逐步使社会力量成为发展养老服务业的主体，营造平等参与、公平竞争的市场环境，大力发展养老服务业，提供方便可及、价格合理的各类养老服务和产品，满足养老服务多样化、多层次需求。

（三）发展目标。到 2020 年，全面建成以居家为基础、社区为依托、机构为支撑的，功能完善、规模适度、覆盖城乡的养老服务体系。养老服务产品更加丰富，市场机制不断完善，养老服务业持续健康发展。

——服务体系更加健全。生活照料、医疗护理、精神慰藉、紧急救援等养老服务覆盖所有居家老年人。符合标准的日间照料中心、老年人活动中心等服务设施覆盖所有城市社区，90%以上的乡镇和 60%以上的农村社区建立包括养老服务在内的社区综合服务设施和站点。全国社会养老床位数达到每千名老年人 35～40 张，服务能力大幅增强。

——产业规模显著扩大。以老年生活照料、老年产品用品、老年健康服务、老年体育健身、老年文化娱乐、老年金融服务、老年旅游等为主的养老服务业全面发展，养老服务业增加值在服务业中的比重显著提升，全国机构养老、居家社区生活照料和护理等服务提供 1000 万个以上就业岗位。涌现一批带动力强的龙头企业和大批富有创新活力的中小企业，形成一批养老服务产业集群，培育一批知名品牌。

——发展环境更加优化。养老服务业政策法规体系建立健全，行业标准科学规范，监管机制更加完善，服务质量明显提高。全社会积极应对人口老龄化意识显著增强，支持和参与养老服务的氛围更加浓厚，养老志愿服务广泛开展，敬老、养老、助老的优良传统得到进一步弘扬。

二、主要任务

（一）统筹规划发展城市养老服务设施。加强社区服务设施建设。各地在制定城市总体规划、控制性详细规划时，必须按照人均用地不少于0.1平方米的标准，分区分级规划设置养老服务设施。凡新建城区和新建居住（小）区，要按标准要求配套建设养老服务设施，并与住宅同步规划、同步建设、同步验收、同步交付使用；凡老城区和已建成居住（小）区无养老服务设施或现有设施没有达到规划和建设指标要求的，要限期通过购置、置换、租赁等方式开辟养老服务设施，不得挪作他用。

综合发挥多种设施作用。各地要发挥社区公共服务设施的养老服务功能，加强社区养老服务设施与社区服务中心（服务站）及社区卫生、文化、体育等设施的功能衔接，提高使用率，发挥综合效益。要支持和引导各类社会主体参与社区综合服务设施建设、运营和管理，提供养老服务。各类具有为老年人服务功能的设施都要向老年人开放。

实施社区无障碍环境改造。各地区要按照无障碍设施工程建设相关标准和规范，推动和扶持老年人家庭无障碍设施的改造，加快推进坡道、电梯等与老年人日常生活密切相关的公共设施改造。

（二）大力发展居家养老服务网络。发展居家养老便捷服务。地方政府要支持建立以企业和机构为主体、社区为纽带、满足老年人各种服务需求的居家养老服务网络。要通过制定扶持政策措施，积极培育居家养老服务企业和机构，上门为居家老年人提供助餐、助浴、助洁、助急、助医等定制服务；大力发展家政服务，为居家老年人提供规范化、个性化服务。要支持社区建立健全居家养老服务网点，引入社会组织和家政、物业等企业，兴办或运营老年供餐、社区日间照料、老年活动中心等形式多样的养老服务项目。

发展老年人文体娱乐服务。地方政府要支持社区利用社区公共服务设施和社会场所组织开展适合老年人的群众性文化体育娱乐活动，并发挥群众组织和个人积极性。鼓励专业养老机构利用自身资源优势，培训和指导社区养老服务组织和人员。

发展居家网络信息服务。地方政府要支持企业和机构运用互联网、物联网等技术手段创新居家养老服务模式，发展老年电子商务，建设居家服务网络平台，提供紧急呼叫、家政预约、健康咨询、物品代购、服务缴费等适合老年人的服务项目。

（三）大力加强养老机构建设。支持社会力量举办养老机构。各地要根据城乡规划布局要求，统筹考虑建设各类养老机构。在资本金、场地、人员等方面，进一步降低社会力量举办养老机构的门槛，简化手续、规范程序、公开信息，行政许可和登记机关要核定其经营和活动范围，为社会力量举办养老机构提供便捷服务。鼓励境外资本投资养老服务业。鼓励个人举办家庭化、小型化的养老机构，社会力量举办规模化、连锁化的养老机构。鼓励民间资本对企业厂房、商业设施及其他可利用的社会资源进行整合和改造，用于养老服务。

办好公办保障性养老机构。各地公办养老机构要充分发挥托底作用，重点为"三无"（无劳动能力，无生活来源，无赡养人和扶养人、或者其赡养人和扶养人确无赡养和扶养能力）老人、低收入老人、经济困难的失能半失能老人提供无偿或低收费的供养、护理服务。政府举办的养老机构要实用适用，避免铺张豪华。

开展公办养老机构改制试点。有条件的地方可以积极稳妥地把专门面向社会提供经营性服务的公办养老机构转制成为企业，完善法人治理结构。政府投资兴办的养老床位应逐步通过公建民营等方式管理运营，积极鼓励民间资本通过委托管理等方式，运营公有产权的养老服务设施。要开展服务项目和设施安全标准化建设，不断提高服务水平。

（四）切实加强农村养老服务。健全服务网络。要完善农村养老服务托底的措施，将所有农村"三无"老人全部纳入五保供养范围，适时提高五保供养标准，健全农村五保供养机构功能，使农村五保老人老有所养。在满足农村五保对象集中供养需求的前提下，支持乡镇五保供养机构改善设施条件并向社会开放，提高运营效益，增强护理功能，使之成为区域性养老服务中心。依托行政村、较大自然村，充分利用农家大院等，建设日间照料中心、托老所、老年活动站等互助性养老服务设施。农村党建活动室、卫生室、农家书屋、学校等要支持农村养老服务工作，组织与老年人相关的活动。充分发挥村民自治功能和老年协会作用，督促家庭成员承担赡养责任，组织开展邻里互助、志愿服务，解决周围老年人实际生活困难。

拓宽资金渠道。各地要进一步落实《中华人民共和国老年人权益保障法》有关农村可以将未承包的集体所有的部分土地、山林、水面、滩涂等作为养老基地,收益供老年人养老的要求。鼓励城市资金、资产和资源投向农村养老服务。各级政府用于养老服务的财政性资金应重点向农村倾斜。

建立协作机制。城市公办养老机构要与农村五保供养机构等建立长期稳定的对口支援和合作机制,采取人员培训、技术指导、设备支援等方式,帮助其提高服务能力。建立跨地区养老服务协作机制,鼓励发达地区支援欠发达地区。

(五)繁荣养老服务消费市场。拓展养老服务内容。各地要积极发展养老服务业,引导养老服务企业和机构优先满足老年人基本服务需求,鼓励和引导相关行业积极拓展适合老年人特点的文化娱乐、体育健身、休闲旅游、健康服务、精神慰藉、法律服务等服务,加强残障老年人专业化服务。

开发老年产品用品。相关部门要围绕适合老年人的衣、食、住、行、医、文化娱乐等需要,支持企业积极开发安全有效的康复辅具、食品药品、服装服饰等老年用品用具和服务产品,引导商场、超市、批发市场设立老年用品专区专柜;开发老年住宅、老年公寓等老年生活设施,提高老年人生活质量。引导和规范商业银行、保险公司、证券公司等金融机构开发适合老年人的理财、信贷、保险等产品。

培育养老产业集群。各地和相关行业部门要加强规划引导,在制定相关产业发展规划中,要鼓励发展养老服务中小企业,扶持发展龙头企业,实施品牌战略,提高创新能力,形成一批产业链长、覆盖领域广、经济社会效益显著的产业集群。健全市场规范和行业标准,确保养老服务和产品质量,营造安全、便利、诚信的消费环境。

(六)积极推进医疗卫生与养老服务相结合。推动医养融合发展。各地要促进医疗卫生资源进入养老机构、社区和居民家庭。卫生管理部门要支持有条件的养老机构设置医疗机构。医疗机构要积极支持和发展养老服务,有条件的二级以上综合医院应当开设老年病科,增加老年病床数量,做好老年慢病防治和康复护理。要探索医疗机构与养老机构合作新模式,医疗机构、社区卫生服务机构应当为老年人建立健康档案,建立社区医院与老年人家庭医疗契约服务关系,开展上门诊视、健康查体、保健咨询等服务,加快推进面向养老机构的远程医疗服务试点。医疗机构应当为老年人就医提供优先优惠服务。

健全医疗保险机制。对于养老机构内设的医疗机构,符合城镇职工(居民)基本医疗保险和新型农村合作医疗定点条件的,可申请纳入定点范围,入住的参保老年人按规定享受相应待遇。完善医保报销制度,切实解决老年人异地就医结算问题。鼓励老年人投保健康保险、长期护理保险、意外伤害保险等人身保险产品,鼓励和引导商业保险公司开展相关业务。

三、政策措施

(一)完善投融资政策。要通过完善扶持政策,吸引更多民间资本,培育和扶持养老服务机构和企业发展。各级政府要加大投入,安排财政性资金支持养老服务体系建设。金融机构要加快金融产品和服务方式创新,拓宽信贷抵押担保物范围,积极支持养老服务业的信贷需求。积极利用财政贴息、小额贷款等方式,加大对养老服务业的有效信贷投入。加强养老服务机构信用体系建设,增强对信贷资金和民间资本的吸引力。逐步放宽限制,鼓励和支持保险资金投资养老服务领域。开展老年人住房反向抵押养老保险试点。鼓励养老机构投保责任保险,保险公司承保责任保险。地方政府发行债券应统筹考虑养老服务需求,积极支持养老服务设施建设及无障碍改造。

(二)完善土地供应政策。各地要将各类养老服务设施建设用地纳入城镇土地利用总体规划和年度用地计划,合理安排用地需求,可将闲置的公益性用地调整为养老服务用地。民间资本举办的非营利性养老机构与政府举办的养老机构享有相同的土地使用政策,可以依法使用国有划拨土地或者农民集体所有的土地。对营利性养老机构建设用地,按照国家对经营性用地依法办理有偿用地手续的规定,优先保障供应,并制定支持发展养老服务业的土地政策。严禁养老设施建设用地改变用途、容积率等土地使用条件搞房地产开发。

(三)完善税费优惠政策。落实好国家现行支持养老服务业的税收优惠政策,对养老机构提供的养护服务免征营业税,对非营利性养老机构自用房产、土地免征房产税、城镇土地使用税,对符合条件的非营利性养老机构按规定免征企业所得税。对企事业单位、社会团体和个人向非营利性养老机构的捐赠,符合相关规定的,准予在计算其应纳税所得额时按税法规定比例扣除。各地对非营利性养老机构建设要免征有关行政事业性收费,对营利性养老机构建设要减半征收有关行政事业性收费,对养老机构提供养老服务也要适当减免行政事业性收费,养老机构用电、用水、用气、用热按居民生活类价格执行。境内外资本举办养老机构享有同等的税收等优惠政策。制定和完善支持民间资本投资养老服务业的税收优惠政策。

(四)完善补贴支持政策。各地要加快建立养老服务评估机制,建立健全经济困难的高龄、失能等老年人补贴制度。可根据养老服务的实际需要,推进民办公助,选择通过补助投资、贷款贴息、运营补贴、购买服务等方式,支持社会力量举办养老服务机构,开展养老服务。民政部本级彩票公益金和地方各级政府用于社会福利事业的彩票公益金,要将50%以上的资金用于支持发展养老服务业,并随老年人口的增加逐步提高投入比例。国家根据经济社会发展水平和职工平均工资增长、物价上涨等情况,进一步完善落实基本养老、基本医疗、最低生活保障等政策,适时提高养老保障水平。要制定政府向社会力量购买养老服务的政策措施。

(五)完善人才培养和就业政策。教育、人力资源社会保障、民政部门要支持高等院校和中等职业学校增设养老服务相关专业和课程,扩大人才培养规模,加快培养老年医学、康复、护理、营养、心理和社会工作等方面的专门人才,制定优惠政策,鼓励大专院校对口专业毕业生从事养老服务工作。充分发挥开放大学作用,开展继续教育和远程学历教育。依托院校和养老机构建立养老服务实训基地。加强老年护理人员专业培训,对符合条件的参加养老护理职业培训和职业技能鉴定的从业人员按规定给予相关补贴,在养老机构和社区开发公益性岗位,吸纳农村转移劳动力、城镇就业困难人员等从事养老服务。养老机构应当积极改善养老护理员工作条件,加强劳动保护和职业防护,依法缴纳养老保险费等社会保险费,提高职工工资福利待遇。养老机构应当科学设置专业技术岗位,重点培养和引进医生、护士、康复医师、康复治疗师、社会工作者等具有执业或职业资格的专业技术人员。对在养老机构就业的专业技术人员,执行与医疗机构、福利机构相同的执业资格、注册考核政策。

(六)鼓励公益慈善组织支持养老服务。引导公益慈善组织重点参与养老机构建设、养老产品开发、养老服务提供,使公益慈善组织成为发展养老服务业的重要力量。积极培育发展为老服务公益慈善组织。积极扶持发展各类为老服务志愿组织,开展志愿服务活动。倡导机关干部和企事业单位职工、大中小学生参加养老服务志愿活动。支持老年群众组织开展自我管理、自我服务和服务社会活动。探索建立健康老人参与志愿互助服务的工作机制,建立为老志愿服务登记制度。弘扬敬老、养老、助老的优良传统,支持社会服务窗口行业开展"敬老文明号"创建活动。

四、组织领导

(一)健全工作机制。各地要将发展养老服务业纳入国民经济和社会发展规划,纳入政府重要议事日程,进一步强化工作协调机制,定期分析养老服务业发展情况和存在问题,研究推进养老服务业加快发展的各项政策措施,认真落实养老服务业发展的相关任务要求。民政部门要切实履行监督管理、行业规范、业务指导职责,推动公办养老机构改革发展。发展改革部门要将养老服务业发展纳入经济社会发展规划、专项规划和区域规划,支持养老服务设施建设。财政部门要在现有资金渠道内对养老服务业发展给予财力保障。老龄工作机构要发挥综合协调作用,加强督促指导工作。教育、公安消防、卫生计生、国土、住房城乡建设、人力资源社会保障、商务、税务、金融、质检、工商、食品药品监管等部门要各司其职,及时解决工作中遇到的问题,形成齐抓共管、整体推进的工作格局。

(二)开展综合改革试点。国家选择有特点和代表性的区域进行养老服务业综合改革试点,在财政、金融、用地、税费、人才、技术及服务模式等方面进行探索创新,先行先试,完善体制机制和政策措施,为全国养老服务业发展提供经验。

(三)强化行业监管。民政部门要健全养老服务的准入、退出、监管制度,指导养老机构完善管理规范、改善服务质量,及时查处侵害老年人人身财产权益的违法行为和安全生产责任事故。价格主管部门要探索建立科学合理的养老服务定价机制,依法确定适用政府定价和政府指导价的范围。有关部门要建立完善养

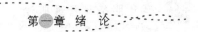

老服务业统计制度。其他各有关部门要依照职责分工对养老服务业实施监督管理。要积极培育和发展养老服务行业协会,发挥行业自律作用。

(四)加强督促检查。各地要加强工作绩效考核,确保责任到位、任务落实。省级人民政府要根据本意见要求,结合实际抓紧制定实施意见。国务院相关部门要根据本部门职责,制定具体政策措施。民政部、发展改革委、财政部等部门要抓紧研究提出促进民间资本参与养老服务业的具体措施和意见。发展改革委、民政部和老龄工作机构要加强对本意见执行情况的监督检查,及时向国务院报告。国务院将适时组织专项督查。

附件二

《浙江省人民政府关于加快发展养老服务业的实施意见》

（浙政发〔2014〕13 号）

各市、县(市、区)人民政府,省政府直属各单位:

为积极应对人口老龄化,加快推进全省养老服务业发展,根据《国务院关于加快发展养老服务业的若干意见》(国发〔2013〕35 号)精神,结合我省实际,提出如下实施意见:

一、总体要求

(一)指导思想。以邓小平理论、"三个代表"重要思想和科学发展观为指导,全面贯彻落实党的十八届三中全会精神,把不断满足老年人日益增长的养老服务需求作为出发点和落脚点,进一步强化政府责任,激发市场活力,确保托底型养老、扩大普惠型养老、支持社会化养老,努力使养老服务业成为积极应对人口老龄化、保障和改善民生的重要举措,成为扩大内需、增加就业、促进服务业发展、推动经济转型升级的重要力量。

(二)基本原则。

1.深化体制改革。加快转变政府职能,加大政策支持和引导力度,推进政府购买服务。充分发挥市场在资源配置中的决定性作用,激发各类服务主体活力,创新服务供给方式,提供多样化、多层次的养老服务。

2.坚持保障基本。着力保障困难老年人的养老服务需求,确保人人享有基本养老服务。加大对基层和农村养老服务的投入,充分发挥社区基层组织和服务机构在居家养老服务中的重要作用。支持家庭、个人承担应尽责任。

3.注重统筹发展。统筹发展居家养老、机构养老和其他多种形式的养老,实行普遍性服务和个性化服务相结合。统筹城市和农村养老,促进基本养老服务均衡发展。统筹利用各种资源,促进养老服务与医疗、家政、保险、教育、健身、旅游等相关领域互动发展。

4.强化规范管理。加强行业监管和行业自律,构建养老服务质量监控体系,健全养老服务评估制度,完善养老服务准入、退出机制,推进养老服务标准化、规范化。

(三)发展目标。

到 2020 年,全面建成以居家为基础、社区为依托、机构为支撑,功能完善、布局合理、规模适度、覆盖城乡的养老服务体系;基本形成"9643"的养老服务总体格局,即 96％的老年人居家接受服务,4％的老年人在养老机构接受服务;不少于 3％的老年人享有养老服务补贴。

1.服务能力大幅增强。全省城乡社区形成 20 分钟左右的居家养老服务圈,各类养老服务覆盖所有居家老年人。全面确立以护理型为重点、助养型为辅助、居养型为补充的养老机构发展模式,每千名老年人拥有社会养老床位达到 50 张,其中机构床位数不少于 40 张,护理型床位占机构床位比例不低于 50％,民办(民营)机构床位占机构床位比例力争达到 70％。省、市、县(市、区)养老服务指导中心、乡镇(街道)养老服务中心、城乡社区居家养老服务照料中心三级管理服务网络进一步健全。高龄津贴制度和护理补贴制度进一步完善。

2.产业规模显著扩大。以老年生活照料、老年产品用品、老年健康服务、老年体育健身、老年文化娱乐、老年金融服务、老年旅游等为主的养老服务业全面发展,养老服务业增加值在服务业中的比重显著提升。培育若干规模较大的养老服务集团和连锁服务机构,形成一批富有活力的中小型养老服务机构。全省机构养老、居家养老生活照料和护理等服务提供 50 万个以上就业岗位。

3.发展环境更加优化。政策法规建立健全,行业标准科学规范,监管机制更加完善,信息技术有效应用,服务质量明显提高。全社会积极应对人口老龄化意识显著增强,支持和参与养老服务的氛围更加浓厚,养老志愿服务广泛开展,敬老、养老、助老的优良传统得到进一步弘扬。

二、主要任务

(一)大力发展居家养老服务。

1.加强居家养老服务设施建设和运营管理。按照资源整合、就近就便、功能配套、方便实用的要求,加快建设城乡社区居家养老服务设施。到2015年,城市社区实现居家养老服务照料中心全覆盖,三分之二的农村社区建有居家养老服务照料中心,其余农村社区建有居家养老服务站。到2017年,基本实现农村社区居家养老服务照料中心全覆盖。照料中心要为有需求的老年人,特别是高龄、空巢、独居、生活困难的老年人,提供集中就餐、托养、健康、休闲和上门照护等服务,并协助做好老年人信息登记、身体状况评估等工作。符合民办非企业单位登记条件的照料中心,应当办理法人登记,其他照料中心可以通过社区服务组织备案方式进行登记管理。

2.发挥各类服务设施的作用。加强社区养老服务设施与社区服务中心(服务站)及社区文化、体育等设施的功能衔接,切实提高社区公共服务设施的使用效益。支持社区利用社区公共服务设施和社会场所组织开展适合老年人的群众性文化体育娱乐活动。各类具有为老年人服务功能的公共设施都要向老年人免费开放。

3.实施社区无障碍环境改造。按照无障碍设施工程建设相关标准和规范,推动和扶持老年人家庭无障碍设施改造,加快推进坡道、电梯、公厕等与老年人日常生活密切相关的公共设施改造。

4.大力发展居家养老服务组织。通过政府补助、购买服务、协调指导、评估认证等方式,鼓励社会力量举办居家养老服务专业机构和企业,上门为居家老年人提供助餐、助浴、助洁、助急、助医等定制服务。积极引导有条件的居家养老服务企业实行规模化、网络化、品牌化经营。支持社区居家养老服务网点引入社会组织和家政、物业等企业,兴办或运营形式多样的养老服务项目。鼓励专业居家养老机构对社区养老服务组织进行业务指导和人员培训。

(二)进一步抓好养老机构建设。

1.办好公办保障性养老机构。公办养老机构要充分发挥托底作用,重点为农村五保、城镇"三无"老人及低收入、经济困难的失能、半失能老人提供无偿或低收费的供养、护理服务。现有社会福利机构和乡镇(街道)敬老院,要完善设施、增强功能、提高服务质量,加快发展为护理型养老机构。尚未建有敬老院的乡镇(街道)原则上都要建设1所以上护理为主的养老机构。福利院、敬老院在满足特困人员集中供养的同时,要积极为有需求的其他老年人、残疾人提供服务,并向周边社区提供居家养老服务项目。政府举办的养老机构要实用适用,避免铺张豪华。

2.支持社会力量举办养老机构。在资本金、场地、人员等方面,进一步降低社会力量举办养老机构的门槛。要简化手续、规范程序、公开信息,为社会力量举办养老机构提供便捷服务。鼓励境外资本投资养老服务业。鼓励个人举办家庭化、小型化的养老机构,社会力量举办规模化、连锁化的养老机构。鼓励民间资本对企业厂房、商业设施及其他可利用的社会资源进行整合和改造,用于养老服务。

3.推进公办养老机构改制工作。积极推进公办民营,原则上今后新建的公办养老机构都要通过公开招投标,以承包、委托运营、合资合作等方式,实行市场化运行。稳妥开展公办机构转制为企业的试点工作。

(三)切实加强农村养老服务。

1.加快服务设施建设。通过改造设施、提升功能,推进已建的农村居家养老服务站、"星光老年之家"转型升级为社区居家养老服务照料中心,农村敬老院转型升级为养老服务中心。鼓励引导有条件的农村,在坚持自愿原则下开展"以宅基地换养老"等探索,通过兴建村老年公寓、幸福院及配套服务设施,实行集中居住式居家养老。

2.建立长效运营机制。加强养老服务设施的规范化管理和运作,健全规章制度,落实运营资金。充分发挥村民自治功能,在督促家庭成员承担赡养责任的基础上,组织开展邻里互助、志愿服务。鼓励农村基层老年人协会参与照料中心的服务与管理。

3.拓宽资金渠道。进一步贯彻落实《中华人民共和国老年人权益保障法》有关规定,可将未承包的集体所有的部分土地、山林、水面、滩涂等作为养老基地,收益供老年人养老。鼓励城市资金、资产和资源投向农村养老服务。各级政府用于养老服务的财政性资金应重点向农村倾斜。鼓励引导民间资本参与农村居家养老服务照料中心的建设和运营。

4.建立协作机制。鼓励发达地区支援欠发达地区养老机构建设。城市公办养老机构要与农村敬老院建立长期稳定的对口支援和合作机制,采取人员培训、技术指导、设备支援等方式,帮助其提高服务能力。

(四)促进医疗卫生与养老服务相结合。

1.推动医养融合发展。医疗机构要积极支持和发展养老服务,有条件的二级以上综合医院应当开设老年病科,增加老年病床数量,做好老年慢病防治和康复护理。鼓励部分二级医院转型为养老护理院,引导乡镇(街道)卫生院等基层医疗卫生机构开设养老护理床位。鼓励兴建老年康复医院,提高老年医疗康复水平。卫生管理部门要支持有条件的养老机构设置医疗机构。100张床位及以上的护理型养老机构应单独设置卫生所(医务室),条件具备的可申请设立医院;100张床位以下的护理型养老机构和助养型养老机构可单独设置卫生所(医务室),也可与周边医院、社区医疗卫生服务机构合作,促进养医结合。加快推进面向养老机构的远程医疗服务试点。医疗机构应当为老年人就医提供优先优惠服务。推进养医结合服务社区化,加强社区居家养老服务照料中心与社区医疗卫生服务中心(站)的合作。社区卫生服务机构应当为老年人建立健康档案,与老年人家庭建立医疗契约服务关系,开展上门诊视、健康查体、保健咨询等服务,使老年人不出社区、不出家门就能够享受到专业的照料、护理、保健等服务。积极探索通过购买服务方式满足老年人的其他特需医疗服务。

2.健全医疗保险机制。对于养老机构内设的医疗机构,符合城镇职工(居民)基本医疗保险和新型农村合作医疗定点条件的,可申请纳入定点范围。医保部门要按照省有关规定简化手续,缩短审批时限,同时完善医保报销制度,切实解决老年人异地就医结算问题。鼓励老年人投保健康保险、长期护理保险、意外伤害保险等人身保险产品,鼓励和引导商业保险公司开展相关业务。

(五)推进养老服务标准化信息化。

1.制订服务标准。加快制订和完善机构养老服务、居家养老服务等相关标准,建立健全养老服务标准体系,不断提升养老服务的规范化和标准化水平。

2.完善收费和定价机制。研究养老机构收费管理和老年产品用品定价机制,建立科学合理的定价方式,确保养老服务和产品质量,营造安全、便利、诚信的消费环境。

3.加强信息管理。建立养老服务信息管理系统,逐步实现对老年人信息的动态管理。以县(市、区)为单位,依托社会公共服务信息平台,建设居家养老服务信息系统,对接老年人服务需求和各类社会主体服务供给,为老年人提供紧急呼叫、家政预约、健康咨询、物品代购、服务缴费等适合老年人的服务项目。有条件的地方要为高龄老人、低收入失能老人免费配置"一键通"等电子呼叫设备。推进养老机构数字化建设。

(六)繁荣养老服务消费市场。

1.拓展养老服务内容。积极引导养老服务企业和机构优先满足老年人基本服务需求,鼓励和引导相关行业积极拓展适合老年人特点的文化娱乐、体育健身、休闲旅游、健康服务、精神慰藉、法律维权等服务。加强对残障老年人专业化服务。

2.开发老年产品用品。围绕适合老年人的衣、食、住、行、医、文化娱乐等需要,支持企业积极开发安全有效的康复辅具、食品药品、服装服饰等老年用品用具和服务产品,引导商场、超市、批发市场设立老年用品专区专柜,鼓励有条件的地区建立老年用品一条街或专业交易市场。支持建立老年用品网络交易平台,发展老年电子商务。鼓励开发老年住宅、老年公寓等老年生活设施。引导和规范商业银行、保险公司、证券公司等金融机构开发适合老年人的理财、信贷、保险等产品。

3.培育养老产业集群。加强规划引导,实施品牌战略,提高创新能力,积极扶持发展龙头企业,特别要发展居家养老服务企业,培育一批带动力强的龙头企业和知名度高的养老服务业品牌,形成一批产业链长、覆盖领域广、经济社会效益显著的产业集群。

三、政策措施

（一）完善投融资政策。

加大信贷支持力度。金融机构要加大对养老服务机构信贷支持力度，拓宽信贷抵押担保物范围，合理利率定价，满足养老服务业的信贷需求。积极利用财政贴息、小额贷款等方式，加大对养老服务业的有效信贷投入。同时，完善配套制约机制和风险防控机制，切实保障养老服务对象的合法权益。

创新金融产品。完善抵押政策，鼓励银行等金融机构开发适合民办养老机构发展需求的金融产品和担保方式。逐步放宽限制，鼓励和支持保险资金投资养老服务领域。根据国家试点方案，开展老年人住房反向抵押养老保险试点。实施养老机构政策性保险制度，降低养老机构运营风险。鼓励商业保险机构参与社会养老经办服务。各地政府发行债券应统筹考虑养老服务需求，积极支持养老服务设施建设及无障碍设施改造。

探索建立老年产业引导基金，培育和扶持社会急需、项目发展前景好的老年产业项目。

（二）完善土地供应政策。

养老服务设施建设用地纳入经济社会发展规划、城乡规划、土地利用总体规划和年度用地计划。以市、县（市、区）为单位，在充分考虑当地老年人口增长速度和机构建设周期性特点的基础上，按照到2020年养老床位占老年人口总数5％以上的要求和养老机构床位年增长10％的基数，规划养老机构设置，预留和落实年度建设用地指标。各市、县（市、区）要单列养老机构（含老年活动设施）用地指标，纳入年度用地计划。对省政府确定的以划拨方式供地的非营利性养老服务设施示范项目，确需新增用地的，省在年度用地计划中重点予以保障。对民间资本参与投资并列入省重大产业项目库的示范项目，按规定给予计划指标奖励。

公办福利性机构和社会力量举办的非营利性养老机构，可以依法使用国有划拨土地或者农民集体所有的土地。对营利性养老机构建设用地，参照成本逼近法或收益还原法进行地价评估后，采取招标拍卖挂牌出让方式供地。闲置的公益性用地可调整为养老服务用地。

（三）完善社区居家养老服务用房政策。

城镇新建住宅项目应按套内建筑面积不低于项目总建筑面积的2‰且最低不少于20平方米的标准配建居家养老服务设施，并与住宅同步规划、同步建设、同步验收、同步交付使用。县（市、区）有关部门、街道办事处要充分考虑方便老年人活动、为老服务的便利性和服务半径等因素设置养老服务用房，按照社区设置进行统筹规划和调配。老城区和已建成居住（小）区无养老服务设施或现有设施没有达到规划和建设指标要求的，要限期通过购置、置换、租赁等方式开辟养老服务设施。

（四）完善税费优惠政策。

落实好国家现行支持养老服务业的税收优惠政策，对养老机构提供的养护服务免征营业税，对各类非营利性养老机构自用房产、土地免征房产税、城镇土地使用税。经批准设立的养老机构内专门为老年人提供生活照顾的场所免征耕地占用税。对认定为非营利组织的养老机构，其取得符合条件的收入作为企业所得税免税收入。对企事业单位、社会团体和个人向非营利性养老机构的捐赠，符合相关规定的，准予在计算其应纳税所得额时按税法规定比例扣除。

对非营利性养老机构建设免征有关行政事业性收费，对营利性养老机构建设减半征收有关行政事业性收费。对养老机构免征水利建设基金，接纳残疾老年人达到一定比例的免征残疾人就业保障金。对养老机构提供养老服务适当减免行政事业性收费。各类养老机构免缴城市基础设施配套费、有线（数字）电视建设费（入网费），减半缴纳有线（数字）电视终端用户收视维护费，用电、用水、燃气按居民生活类价格执行，使用固定电话、宽带互联网费用执行家庭住宅价格；向城市污水集中处理设施排放达标污水、按规定缴纳污水处理费的，不再征收污水排污费。新建养老机构，适当降低车位配置标准。

对经依法成立的养老服务组织和机构，按规定享受国家对中小企业、小型微利企业和家庭服务业等相应的税费优惠政策。凡我省登记失业人员、残疾人、退役士兵以及毕业2年以内的普通高校毕业生创办养老服务机构的，自其在工商部门首次注册登记之日起3年内免收管理类、登记类和证照类等有关行政事业性收费。

中小型居家养老服务企业缴纳城镇土地使用税确有困难的,可按有关规定报经当地地税行政主管部门批准,给予定期减免城镇土地使用税的照顾;因有特殊困难,不能按期缴纳税款的,可依法申请在3个月内延期缴纳;对符合条件的员工制居家养老服务企业在政策有效期内按规定给予免征营业税的支持政策。

对养老服务机构和居家养老服务企业的其他税费支持政策,按照《浙江省人民政府关于深化完善社会养老服务体系建设的意见》(浙政发〔2011〕101号)、《浙江省人民政府办公厅关于加快发展家庭服务业的实施意见》(浙政办发〔2011〕132号)执行。

境内外资本举办养老机构享有同等的税费等优惠政策。

(五)完善财政支持政策。

各地要加大财政性资金支持社会养老服务体系建设的力度。省级社会养老服务体系建设专项资金增加总量。省本级福利彩票公益金和各级政府用于社会福利事业的彩票公益金,要将50%以上用于支持发展养老服务业,并随老年人口的增加逐步提高投入比例。

完善养老服务补贴制度,省政府对城乡最低生活保障家庭中的失能、失智等生活不能自理的老年人给予养老服务补贴。各地要根据补贴对象的实际状况,在省定最低标准基础上适当提高补贴标准,并将经济困难的高龄、失能等老年人纳入补贴范围。

完善居家养老服务照料中心建设补贴制度,省级财政对新建的社区居家养老服务照料中心给予补助。通过落实建设补助、贷款贴息、运营补贴、购买服务等方式,支持民办养老机构建设。建立政府向登记为民办非企业法人的养老机构、社区居家养老服务照料中心、居家养老服务组织购买服务制度,并对其他居家养老服务照料中心运行给予支持。充分利用服务业发展专项资金和引导资金,支持发展居家养老服务业。中小企业发展专项资金要对符合条件的养老服务企业给予积极扶持。

实施入职奖补制度。从2013年起,进入本省福利性、非营利性养老服务机构,从事养老服务、康复护理等工作的高校和中职学校老年服务与管理、家政服务与管理、护理、康复治疗、中医护理、中医康复保健、康复技术等老年服务与管理类专业和方向的毕业生,就业满5年后按相关规定给予一次性奖补。

同时,各地要进一步加大对养老服务信息系统建设的投入。

(六)完善投资权益政策。

依法登记的民办非营利性养老服务机构,明确出资财产属于出资人所有。经营管理较好的,可以从收支结余中提取一定比例用于奖励举办人。投入满5年后,可以转让、继承、赠与。民办非营利性养老服务机构经依法清算后,有资产增值的,经养老服务机构决策机构同意并经审计符合规定的,可对举办人给予一次性奖励,奖励总额不超过资产增值部分的10%。

(七)完善人才培养和就业政策。

支持高校和中职学校、技工院校开设老年服务与管理类专业及相关课程,扩大人才培养规模,加快培养老年医学、康复、护理、营养、心理和社会工作等方面的专门人才。拓展人才培养渠道,创新人才培养模式,推进"3+2"、五年一贯制等中高职一体化人才培养。充分发挥开放大学作用,开展继续教育和远程学历教育。

加强养老护理人员培训。依托大专院校和养老服务机构等,设立养老护理人员培训基地。对符合条件的参加养老护理职业培训和职业技能鉴定的从业人员,按规定给予补贴。进一步加大在职轮训,到2015年,全省养老机构护理人员培训率达到90%以上。到2020年实现所有养老护理人员持证上岗,持有初级及以上职业资格证书人员占比达到50%以上。

引导、鼓励高校和中职学校老年服务与管理类专业毕业生从事养老服务工作。在非营利性养老机构和社区居家养老服务照料中心开发公益性岗位,吸纳农村转移劳动力、城镇就业困难人员从事养老服务。养老机构应当科学设置专业技术岗位,重点培养和引进医生、护士、康复医师、康复治疗师、社会工作者等具有执业或职业资格的专业技术人员。对在养老机构就业的专业技术人员,执行与医疗机构相同的执业资格、注册考核政策。

定期发布养老护理员工资指导价位,建立养老服务岗位就业补贴和养老护理员特殊岗位津贴制度,提高养老护理员工资福利待遇。对养老服务机构和组织中取得职业资格证书并从事养老护理岗位工作的护理人员给予技术等级津贴。养老服务机构和组织应当依法缴纳社会保险,对单位缴纳的部分可给予社保补贴。就业困难人员以灵活就业方式从事居家养老服务的,可按规定享受灵活就业社保补贴。积极改善养老护理员工作条件,加强劳动保护和职业防护。

鼓励公益慈善组织支持养老服务。引导公益慈善组织重点参与养老机构建设、养老产品开发、养老服务提供,使公益慈善组织成为发展养老服务业的重要力量。积极培育发展为老服务公益慈善组织。积极扶持发展各类为老服务志愿组织,开展志愿服务活动。倡导机关干部和企事业单位职工、大中小学生参加养老服务志愿活动。支持老年社会团体和老年群众组织开展自我管理、自我服务和服务社会活动。建立健康老人参与志愿互助服务的工作机制和为老志愿服务登记制度,积极推广"银龄互助"等行动。弘扬敬老、养老、助老的优良传统,支持涉老工作部门、为老服务组织、公共服务窗口开展"敬老文明号"创建活动。

四、组织领导

(一)健全工作机制。

各地要将养老服务业发展作为重要内容,纳入国民经济和社会发展及城市(镇)总体规划,制订养老服务设施建设专项规划和养老服务产业发展规划,引导养老服务业科学发展。要建立完善工作协调机制,充分发挥已经建立的社会养老服务体系建设工作领导小组或联席会议制度的作用,加强政策协调,定期分析问题,研究推进措施。要加强养老服务指导中心建设,确保机构、职责、编制、人员、场地、经费"六到位"。要积极开展养老服务业综合改革试点,在要素保障和服务模式等方面进行探索创新。

(二)明确部门职责。

民政部门要切实履行监督管理、行业规范、业务指导职责。发展改革部门要将养老服务业纳入经济社会发展总体规划、专项规划和区域规划,支持养老服务设施建设。商务部门要将居家养老服务纳入家庭服务业发展专项规划,扶持培育龙头企业,支持信息服务平台建设。财政部门要对养老服务业发展给予财力保障。建设部门要制订城镇居家养老服务设施配建标准,组织编制养老服务设施专项规划,指导养老服务设施有序建设。价格主管部门要建立科学合理的养老服务定价机制,依法确定适用政府定价和政府指导价的范围。统计部门要建立完善养老服务业统计制度。老龄工作机构要发挥综合协调作用,加强督促指导工作。残联等组织要充分发挥自身优势,促进养老服务业的发展。机构编制、教育、公安消防、卫生计生、国土资源、人力社保、税务、金融、质监、工商、安监、食品药品监管等部门要各司其职,按照职责分工做好促进养老服务业发展工作。同时,要积极培育和发展养老服务行业协会,发挥行业自律作用。

(三)加强督促检查。

各地要加强工作绩效考核,确保责任到位、任务落实。各市、县(市、区)政府要根据本实施意见精神,结合实际抓紧制订具体实施办法。省级相关部门要根据本部门职责,制定具体政策措施。省发改委、省民政厅和省老龄办要加强对本意见执行情况的监督检查,及时向省政府报告。省政府将适时组织专项督查。

浙江省人民政府

2014 年 4 月 23 日

第二章　管理学原理与管理职能

第一节　管理原理与原则

一、管理者

管理者是对从事管理活动的人的总称,具体是指那些为实现组织目标而负责对所属资源进行计划、组织、领导和控制的人员。管理者是组织最主要的资源,其工作绩效的好坏直接关系着组织的兴衰成败。

1. 管理者的角色

美国著名管理学家德鲁克在 1955 年提出了"管理者的角色"的概念,他认为,管理是一种无形的力量,这种力量通过各级管理者体现出来。管理者所扮演的角色通常有三种:

(1)管理一个组织,求得组织的生存和发展。这需要管理者明确组织的目标,求得组织的最大效益,以及为社会服务和创造顾客等。

(2)管理管理者。这需要管理者考虑下级的意愿,培养集体合作精神,建立健全组织结构等。

(3)管理人和工作。要求管理者重视处理各级各类人员的相互关系。

20 世纪 60 年代末,加拿大管理学家明茨伯格将管理者扮演的角色归纳为三个方面:人际关系、信息传递和决策制定。

在人际关系方面,管理者作为联络者,需要同组织以外的相关人员相互交往,维护自行发展起来的外部接触和联系网络。作为领导者,需要处理好同下属的关系,对组织成员做好激励和调配工作。

在信息联系方面,管理者主要扮演信息监听者、传播者和发言人的角色,需要注意接收和收集信息,不但要把外部信息传播给所在的组织,并在组织内部传播,而且要把组织的有关信息传递给组织以外的人,如顾客、政府机构、媒体等。

在决策方面,管理者通常要制订方案,从事变革,以及对组织资源进行分配等,这些工作往往需要管理者扮演决策者的角色。

2. 管理者的类型

根据管理者在组织中所处的层次不同,可以把他们分为高层管理者、中层管理者和基层管理者三类。

(1)高层管理者。高层管理者是指对整个组织的管理负有全面责任的人,他们的主要职责是,制定组织的总目标、总战略及其方针、政策,并评价整个组织的业绩。

（2）中层管理者。中层管理者是指处在组织中间层次的管理者,他们的主要职责是贯彻执行高层管理者所制定的重大决策,监督和协调基层管理者的工作。

（3）基层管理者。基层管理者又称一线管理者,他们的主要职责是给下属作业人员分派具体工作,保证各项任务的有效完成。

根据管理者的工作领域不同,可以把管理者分为综合管理者、专业管理者、项目管理者三类。

（1）综合管理者。综合管理者是负责管理整个组织或组织中某一部分工作的管理人员,他们是一个组织或部门的主管,拥有这个组织或部门所必需的权力,有权指挥该组织或部门的全部资源与职能活动,对整个组织或该部门目标的实现负有全部责任。如一个小工厂的厂长,他可能就是一个综合管理者,他要统管该厂包括生产、营销、人事、财务等在内的全部活动。

（2）专业管理者。专业管理者是指专门负责管理组织中某一类活动（或职能）的管理者。他们对组织中本职能或本专业领域的工作目标负责,只在本职能或专业领域内行使职权、指导工作。对于现代组织而言,随着其规模的不断扩大和环境的日益复杂多变,将越来越多地需要专业管理人员。

（3）项目管理者。项目管理者是负责某一个或几个项目运行的管理人员。他们是一类特殊的综合管理者,负责与项目有关的跨部门、跨专业的各类资源管理,并对整个项目业绩负责。

3. 管理者的技能要求

管理者的工作各有重点,这要求管理者具备相应的管理技能。通常而言,一名管理者应该具备的管理技能包括概念技能、技术技能、人际技能三大方面。

（1）概念技能。概念技能是指管理者面对复杂的组织内外环境,通过分析、判断、抽象和概括,迅速抓住问题实质,形成正确的概念,从而做出正确决策的能力。任何管理都会面临一些混乱而复杂的环境,需要管理者看到组织的全貌和整体,并认清各种因素之间的相互联系,这是管理者应具备的概念技能。

（2）技术技能。技术技能是指管理者使用业务领域相关专业知识和方法完成组织任务的能力。管理者需要掌握一定的技术技能,否则难以与所主管的专业工作人员进行有效的沟通,更无法对所辖业务范围内的各项管理工作进行具体的指导。

（3）人际技能。人际技能是指管理者处理人事关系有关的技能或者说是与各类人员打交道的能力。作为管理者,一定会面临着处理与上层管理者、同级管理者或者下属的关系。要使他人积极努力地工作或者取得他人的合作与支持,管理者必须具备一定的关系技能。

二、管理对象

管理对象是管理者为实现管理目标,通过管理行为作用的客体,亦称管理要素。

有学者从社会生产力角度来研究管理对象,提出了"七要素法",即"七 M":①人员（Men）——人事管理、人力开发、组织模式等;②资金（Money）——财务管理、预算和成本控制、成本效益分析等;③方法（Methods）——生产计划、质量管理、作业研究等;④机器（Machines）——工艺装备、生产布局、自动化等;⑤物料（Material）——物料采购、运输、验收、保管等;⑥市场（Market）——市场需求分析、价格和销售策略制定等;⑦士气

(Morale)——领导、公共关系、工作效率等。

也有学者将管理对象概括为观念、目标、组织、人员、信息、资金、技术、物资和环境九大要素。

(1)管理观念,即管理哲学,是指管理者实施管理的指导思想,主要包括价值、经营、人性等方面的观点。管理观念决定管理行为的趋向。

(2)管理目标,是指管理者围绕组织目标进行管理活动所要达到的效果。没有目标的管理是没有意义的。

(3)管理组织,是指为了实现某种目标而按照一定规则和程序所形成的权责角色结构,它包括了组织的层次、管理的幅度以及相互间的权责隶属关系。管理组织是管理赖以展开的基础。

(4)管理人员,是指管理组织中的管理者和被管理者,是管理的最基本要素。人是管理要素中最活跃的要素,他的特殊属性决定了其既可能是管理过程中的积极因素,也可能是管理过程中的消极因素。

(5)管理信息,是指那些以文字、数据、图表、音像等形式描述的,能够反映组织各种业务活动在空间上的分布状况和时间上的变化程度,并能给组织的管理决策和管理目标的实现有参考价值的数据、情报资料。管理的过程实际上就是信息处理的过程。

(6)管理资金,是指管理过程中物的货币表现。资金是管理的手段,也是管理效益的体现。

(7)管理技术,是指管理过程中所应用的管理方法、管理手段、管理程序、管理工具等。管理技术是组织管理效率的重要保证。

(8)管理物资,是指管理中物的要素。如生产企业中的原材料、设备、厂房等,非生产企业中的电脑、打印机等各种装备。

(9)管理环境,是指开展管理活动所涉及的空间要素,包括人、财、物等内部环境和自然环境、社会环境等外部环境。管理的过程和管理的效果都会受到管理环境的影响。

三、管理的基本原理及相应原则

管理原理指的是管理领域中具有普遍意义的基本规律,它是对管理现象的一种抽象和管理实践经验的一种升华。管理原理是管理学的基础,是管理活动的行动指南,它反映的是管理活动的客观规律。正确运用管理的原理,对管理实践将有普遍的理论指导意义。

管理原理的基本特征主要有:①客观性。管理原理反映着管理活动的客观规律,即事物的内在联系和发展趋势,是不以人的意志为转移的。②普遍性。管理原理反映了各种管理活动的共同规律,适用于各行各业的管理活动。③稳定性。管理的原理是相对稳定的,是能够被人们认识和利用的,但并不是一成不变的教条。④系统性。管理原理之间是密切相关、互为制约、互不包含的,各原理从不同的角度反映管理的根本问题,彼此构成了一个完整的有机体系。

(一)系统原理

1. 系统的概念及特征

系统是指由若干相互联系、相互作用的要素所构成的、具有特定功能的有机整体。系统必须符合三个条件:①有两个以上的要素;②诸要素之间存在一定的联系;③要素之间的联系必须产生统一的功能。

系统主要具有三个特征：

（1）系统的整体性。整体性是系统的最基本的特征。一方面，系统具有共同的整体目标，即系统内各构成要素集合为一个整体，共同拥有一致的目标；另一方面，系统的功能不是各要素功能的简单相加，而是大于各个部分功能的总和。

（2）系统的层次性。系统的结构是有层次的，其中低一级的要素是它所属的高一级系统的有机组成部分。例如，医院是卫生系统的一个子系统，但相对于医院科室来看，又是个系统。

（3）系统的相关性。系统的相关性是指系统内各要素之间存在相互制约、相互影响、相互依存的关系。其表现为系统中一个因素的变化必然引起其他因素以至整体系统的变化。系统的相关性和整体性是一致的，没有相关性，系统就不可能形成有机的整体。

2. 系统原理的含义

系统原理是现代管理科学中最基本的原理。它是从管理组织整体的系统性质出发，按照系统特征的要求从整体上把握系统运行的规律，对管理各方面的问题，进行系统分析和系统优化，并依照组织活动的效果和社会环境的变化，及时调整和控制组织系统的运行，最终实现组织目标。

管理的系统原理认为：任何一个组织都可视为一个完整的开放的系统或为某一大系统中的子系统，在认识和处理管理问题时，应遵循系统的观点和方法，以系统论作为管理的指导思想。

3. 与系统原理相适应的管理原则

在管理实践中，管理的系统原理可具体化、规范化为若干相应的管理原则，主要有：

（1）整分合原则：整分合原则是指为了实现高效率管理，在整体规划下明确分工，在分工基础上进行有效的综合，即"整体把握、科学分解、组织综合"。

整体把握就是要从组织系统的整体环境、整体结构和整体功能上去把握和设计组织系统，确定组织系统的整体任务和整体目标。

科学分解就是在整体目标指导下，对组织的目标和任务进行科学分解、合理分工和职责安排，使各项工作规范化、标准化。在任务分解中，重点要处理好分工和协作的关系、分工的精细程度、相应的赋权等问题。

组织综合是指任何管理系统的正常运转，都必须靠组织管理所产生的合力，而这种合力的形成，必须是在分工基础上进行协作，靠强有力的组织综合。

整分合原则要求管理者具备"大事化小"和"综合创造"的能力，即把复杂的问题分解为简单的问题来解决，把已有的要素通过结合方式的改变将其综合成新的系统。

（2）相对封闭原则：相对封闭原则是指在管理系统内部，管理手段、管理过程等构成一个连续封闭的回路，使管理系统内部的各要素、各子系统能够有机衔接，相互促进，保证信息反馈，从而形成有效的管理活动。

在管理实践中，只有使决策、执行、反馈构成整个管理系统的闭环回路，才能保证决策更加符合实际，取得更好的实践效果。在管理系统中，人也应该是相对封闭的，即要能一层管住一层，一层对一层负责，才能形成回路。

但值得注意的是，所有管理的封闭，只能是相对的，一方面，管理系统是社会系统中更大系统的一个子系统,与其他子系统进行一定存量信息、物质、能量的交换,这时又呈现开放性;另一方面,任何管理的"封闭回路"都不是一劳永逸的,它只在特定的时间、特定的条件下有效。因此,有效的管理要求动态地、不断地进行封闭。

(二)人本原理

1. 人本原理的含义

在管理活动中,人不但是从事管理活动的主体,也是管理的重要客体。人是财、物、时间、信息、技术等其他管理要素的主宰,人的积极性、主动性、创造性的调动和发挥,对管理活动的目标、组织任务的制订和完成起着决定性作用。因此,人是管理活动的核心。管理活动的中心任务就在于调动人的积极性,发挥人的能动性,激发人的创造性。

所谓人本原理,就是强调以人为中心的管理思想。它强调人在管理中的核心地位和作用,把人的因素放在首位。人本原理通常包含三层意思:第一,人力资源是各种生产要素组合中的核心资源;第二,在管理的活动中要充分发挥人的主观能动性;第三,要充分尊重人的个性化发展。

2. 与人本原理相适应的管理原则

在管理中要做到"以人为本",充分调动和发挥人的积极性、主动性、创造性,需要遵循以下原则:

(1)能级原则。能,指个体的能力;级,指管理结构中的层级。能级原则是指根据组织目标设置层次分明的组织结构,安排与能级相适应的人去担任管理任务,赋予相应的权力与责任。能级原则就是要达到管理的组织结构与组织成员的能级结构相互适应和协调。

能级原则实际上也是量才用人的原则。在管理活动中,只有将具有不同素质、能力和专长的人进行科学的组合,才能产生最大的效应。管理能级通常包括组织各层次的岗位能级和人才各类型的专业能级。解决好这两个方面的问题,能够大大提高管理的有效性。

(2)行为原则。这一原则是指管理者通过对组织成员的行为进行科学的分析,探寻最有效的管理方法和措施,以求最大限度地调动人们为实现组织整体目标的积极性。管理心理学指出,需要和动机是人的行为产生的基础,人类的行为规律是需要决定动机,动机产生行为,行为指向目标,目标完成,需要得到满足,于是又产生新的需要、动机、行为,以实现新的目标。根据这一行为规律,需要对管理对象中的各级各类人员的基本行为进行科学的分析和有效的管理,才能最大限度地调动其工作积极性和发挥其潜能。

在管理活动中,只有在探寻各方面需求的基础上,尽可能满足各方面的需求,建立强有力的动力源,人的行为才有可能朝着有助于组织整体目标实现的方向发展。通常调动人的积极性的基本途径有物质动力、精神动力、信息动力等几种,但值得一提的是,各类单一的动力并非全能的,也不是组织的唯一动力,并且还可能会有副作用,所以往往需要多种动力的有机结合才能奏效。

(三)动态原理

1. 动态原理的含义

动态原理是指管理者需要明确管理的对象、目标都是在发展变化的,要根据组织内部、外部情况的变化,注意及时调节,保持充分的弹性,有效地实行动态管理。它主要有两方面的含义:一是管理组织系统内部固有的结构、功能运行状态,随着内部各要素及内部其他条件的变化而适时调整、变化的动态规律;二是管理组织作为更大系统的子系统,随着大系统的运动而运动,随着大系统的变化而变化的动态规律。

管理的动态原理体现在管理的主体、管理的对象、管理的手段和方法、管理的目标等都处于动态变化之中,因此有效的管理需要随机制宜,因人、因事、因地而异。动态原理要求管理者不能主观臆断,需要不断更新观念,避免思想僵化和一成不变。

2. 与动态原理相适应的管理原则

动态原理要求管理者以不断变化的管理行为与手段去能动地适应不断变化着的环境与情景,实现主客观之间的动态适应与协调。这在管理实践中主要体现为弹性原则和反馈原则。

(1)弹性原则:弹性原则是指管理活动必须保持适当的弹性,以及时适应客观环境各种可能的变化,达到有效动态管理的目的。

弹性原则在管理实践中强调的是应变性。随着社会经济的发展,管理系统的复杂化,变动也日益加剧。管理组织为了生存与发展,客观上要求加强组织的管理弹性,在计划、组织、决策等各项管理职能的实践中,都应留有可调节的余地,以便在不确定因素发生时,能够灵活机动地进行调整,具有较好的应变适应能力。

在管理实践中,要注意区分两种性质的弹性:一是消极弹性,它以遇事"留一手"为根本特点,不去发挥潜力,如费用预算夸大、计划指标过低、墨守成规维持现状等,这是无所作为的管理;二是积极弹性,它以遇事"多一手"为根本特点,最大限度地开发管理潜力,使整个管理系统更具灵活性,如制订备选方案、注重组织人才储备等。

(2)反馈原则:反馈原则是指把管理行为结果送回决策机构,使管理组织追踪了解环境变化和每一步行动结果,及时掌握动态,同时把行动结果和原定目标进行比较,及时纠偏,以确保组织目标的实现。

要使反馈原则充分发挥有效作用,通常需要满足三个基本要求:①加强信息的接受工作。及时有效地收集和接受组织系统内、外信息,是有效应用反馈原则的基本要求。这需要通过建立高度灵敏的信息接受部门、加强人员培训、配备先进设备等手段来提升信息接受能力。②加强信息的分析、综合工作。原始信息必须深入分析、综合,才能成为反映深层次问题的有价值的参考资料。③加强反馈控制工作。根据信息分析的结果采取相关控制措施,主要包括宣传控制的重要性、确定有效的控制方法、及时发出控制指令等内容。

(四)效益原理

1. 效益原理的含义

效益原理是指组织的各项管理活动都要以实现有效管理、追求高效益为目标。人类所从事的管理活动中,效益通常表现为社会效益、生态效益和经济效益三个方面,但经济效益更直接,可以用具体的经济指标来衡量,而社会效益和生态效益必须借助其他形式来间接衡量。管理过程中需要将三者统一起来,综合考虑。管理的效益原理就是要求树立效益第一的观念,把效益作为管理的根本目的和最终归宿。在管理实践中运用科学的方法,注重效益分析,追求低投入、高产出或低消耗、高绩效。

2. 与效益原理相适应的管理原则

(1)整体结构优化原则:在管理实践中,每一项工作,都应该制订两个以上的方案,并考虑近期和远期、整理和局部、直接和间接的效果进行整体分析比较,因事、因时、因地制宜地做出科学评价,进而考虑各方案所需的人、财、物等要素的条件,最后选择整体结构最优方案。系统的分析和综合是整体结构优化原则的前提和基础。

（2）要素优化原则：组织管理的实施离不开人、财、物、时间、信息、技术等具体要素，要实现组织整体效益的最大化，必须使这些要素的使用达到最优化。要素优化原则要求管理者应用科学手段来达到人尽其才、财尽其利、物尽其用，使组织能够创造更好的社会、生态、经济效益。

第二节　管理的基本职能

管理职能是指管理者实施管理的功能或程序，它是管理本质的外在根本属性及其所应发挥的基本效能。管理任务的实现，需要发挥各项管理职能的作用。而管理者的管理行为，也主要通过管理职能来表现。

管理活动具有哪些最基本的职能？不同的学者观点不一。最早系统地提出管理职能的是法国古典管理学者亨利·法约尔，他认为管理主要有五种职能，分别是计划、组织、指挥、协调和控制。随着管理实践的深入和管理科学的发展，又有学者分别提出了"三职能派"、"四职能派"、"七职能派"等观点，见表2-1。目前管理学界普遍接受的观点是，管理具有四大基本职能：计划职能、组织职能、领导职能和控制职能。这四大职能分别重点回答了一个组织要做什么，怎么做，靠什么做，如何做得更好等基本问题。管理的各项职能不是截然分开的独立活动，它们相互渗透并融为一体，在大循环中套着小循环，形成一个职能活动周而复始的循环过程，如图2-1。

表 2-1　关于管理职能划分的代表性学者及其观点

年份	学者	职能										
		计划	组织	指挥	协调	控制	激励	人事	调集资源	沟通	决策	创新
1916	法约尔	▲	▲	▲	▲	▲						
1925	梅 奥						▲	▲		▲		
1934	戴维斯	▲	▲			▲						
1937	古利克	▲	▲	▲		▲				▲		
1947	布 朗	▲	▲						▲			
1947	布雷克	▲			▲	▲						
1951	纽 曼		▲	▲		▲						
1955	孔茨和奥唐奈	▲	▲	▲		▲		▲				
1964	艾 伦		▲	▲		▲						
1964	梅 西	▲						▲			▲	
1964	米 尔	▲	▲				▲				▲	▲

续表

年份	学者	职能										
		计划	组织	指挥	协调	控制	激励	人事	调集资源	沟通	决策	创新
1966	希克斯	▲	▲			▲	▲			▲		▲
1970	海曼和斯考特	▲	▲			▲		▲				
1972	特里	▲	▲			▲	▲					

▲表示各学者主张的管理职能的划分。

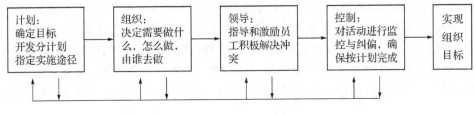

图 2-1　管理的职能

一、计划职能

计划是组织根据环境特点和自身需要,对组织的未来行动作出的预先安排,包括确定组织在一定时期内的目标及实现该目标的方法、步骤和行动方案。"凡事预则立,不预则废",人们从实践中认识到:凡事要订立计划,才能达到预期的目标。计划是最基本的管理职能,是任何一个组织成功的核心,它存在于组织各个层次的管理活动中。

(一)计划职能的特点

计划职能贯穿于管理的各项职能中,具有如下基本特点:

(1)导向性。任何组织活动都是为了达到某种目标。计划制订的重要内容就是设计组织未来活动的方向,从而使今后的行动成为目标活动,避免盲目。

(2)首要性。计划处于管理职能中的首要位置。只有计划工作确定目标以后管理的其他职能才能进行,也是其他各项管理工作的基础。

(3)普遍性。无论何种组织,也无论组织中的管理者处于哪种层次,要想实施有效管理,都需要做好计划工作。

(4)效益性。计划也需要成本,制订计划时需要考虑投入与产出之间的比例,计划必须有益于在总体上提高管理的效益。

(二)计划职能的作用

(1)计划是管理者指挥的依据。管理者在制订计划之后就要依据计划进行指挥,按照计划进行部门设置、任务分工,让组织成员了解组织的目标并按计划协调各自的活动。

(2)计划能够预测未来,降低风险。当计划制订时,管理者需要展望未来,预见变化,考虑内外环境变化给组织带来的冲击,减少组织活动中的种种不确定性,从而降低风险。计划是预期组织内外环境变化并设法消除变化对组织造成不良影响的一种有效手段。

（3）计划能够减少浪费，提高效率。一方面，计划有利于资源的合理分配与使用，从而降低成本；另一方面，计划有助于用最短的时间完成工作，减少迟滞和等待时间，减少盲目性所造成的浪费。

（4）计划为控制设立了目标和标准。由于在计划工作中设立了目标和标准，管理者才能在管理工作中将实际的绩效与目标进行比较，发现已经或可能发生的偏差，采取必要的纠正行动。没有计划就无法对组织活动实施控制。

（三）计划的类型

按计划期限可分为长期计划、中期计划和短期计划。长期计划通常指 5 年以上的计划，它规定了组织在较长时期的目标，往往具有战略性；短期计划，它通常依据中长期计划或当前实际情况，对计划年度的各项活动作出的总体安排，一般指一年以内（或不超过一个营运周期）的计划；中期计划则介于长期计划和短期计划之间，起着承上启下的作用。

按计划范围的广度，可分为战略计划和作业计划。战略计划通常指应用于整个组织的，为组织设立目标和寻求组织在环境中的地位的计划；作业计划是指规定总体目标如何实现细节的计划。一般来说，战略计划周期较长，带有全局性，而作业计划的周期较短，更为具体。

按制订计划的组织层次，可分为高层管理计划、中层管理计划和基层管理计划。高层管理计划是由组织中的高层管理人员制订的，一般以整个组织为目标，着眼于组织整体的、长远的安排，多为战略计划；中层管理计划是由中层管理人员制订的，一般着眼于组织各部门的定位和相互关系的确定，既可以有战略性内容，也可以有作业性内容；基层管理计划是由基层管理人员制订的，着眼于每个岗位、每个员工及每个工作时间单位的工作安排，属于作业性的内容。

此外，按管理职能不同，计划可分为生产计划、财务计划、供应计划、劳资计划、新产品开发计划等；按计划的对象不同，计划可分为综合计划、局部计划、项目计划；按计划的明确程度不同，可分为指令性计划和指导性计划。

（四）计划的编制程序

虽然计划的形式和类型多种多样，但科学地编制计划的程序和步骤却具有普遍性，主要包括以下八个方面：

（1）估量机会。编制计划前，需要管理人员对外界环境中和组织内的机会进行了解，在情景分析的基础上确定可行性目标。作为企业，应了解市场上的各种因素，如竞争状况、顾客需要及企业自身的优劣势等。编制计划需要实事求是地对机会的各种情况进行判断。

（2）确定目标。在估量机会的基础上为整个计划确立目标，即计划的预期成果。目标的选择是计划工作中极为关键的内容，目标的价值、目标的内容及其优先次序、目标的衡量指标都是确立目标时需要重点关注的内容。

（3）确定前提条件。前提条件是指执行计划时的预期环境。这需要在对未来环境分析时作出最大限度贴近现实的预测，包括政府政策预测、市场预测、资源预测、技术预测等。这些作为制订计划重要的假设条件。

（4）确定备选方案。达成目标的途径可以有多种，因此，尽可能挖掘多种方案，才有可能选出最优方案。这需要集思广益，开拓思路，拟定能够达到目标的各种方案。

（5）评价备选方案。在分析各种备选方案的优缺点时，根据计划的目标和前提条件，以及拥有的资源，权衡利弊，对备选方案进行评价。这一过程可能需要运用运筹学、电脑计算技术等手段的帮助。

（6）选择方案。通过对备选方案的评估，从备选方案中选择一种或几种方案的过程。为了保持计划的灵活性，可能在决定采取某个方案的同时，也选取另一种或几种方案进行细化和完善以作为备用方案。

（7）制订派生计划。为了保证计划的落实，还必须为涉及计划的各个部门或分项目制订总计划的派生计划。几乎所有的总计划都需要派生计划的支持和保证。

（8）编制预算。用预算形式使计划数字化。预算是汇总组织各种计划的一种手段，它将资源使用权授予组织各部门，又对资源使用状况进行控制。

二、组织职能

从静态观点看，管理上的组织是为了实现某种既定目标，按照一定规则和程序所建立起来的权责角色结构。从动态观点看，组织是管理的重要职能，是一个组织活动的过程。它通过设计和维持组织内部的结构和相互之间的关系，即按照一定的目的、任务和形式，形成工作秩序，使人们为实现组织目标而协调工作的过程。组织的定义里也体现了组织的几个特征：①组织有特定的共同目标；②组织是实现特定目标的工具；③组织有不同层次的分工合作；④组织是一个有机的整体。

（一）组织的类型

按照组织人数分，组织可分为小型组织、中型组织和大型组织。小型组织是指人数为几人至几十人的组织。人数少，结构也较为简单。中型组织是指人数在几十人至几百人之间的组织。由于人数较多，需要进行层次上的分工。大型组织是指人数在千人以上的组织。由于人数众多，需要进行部门的设置、职权的划分等。

按照组织对成员的控制方式，组织可分为强制组织、规范组织和实用组织。强制组织对成员的控制主要依靠强制手段来进行，如监狱等。规范组织对成员的控制主要以规范权力为主，如政府行政部门。实用组织主要是以物质利益来控制内部成员的行动，如企业。

按组织产生的依据，组织可分为正式组织和非正式组织。正式组织是指为了实现某一共同目标，进行明文规定所形成的权责分配体系。非正式组织是在共同劳动中，部分人为了满足心理上的需要而在一起所形成的一种默契关系。

（二）组织设计的原则

（1）目标统一性原则。组织结构是实现组织目标的手段，组织中所设立的每个部门都必须有助于组织目标的实现，要用组织目标来统一组织各部门的活动。

（2）统一指挥原则。在管理中要实行统一领导，每个下属应当而且只能有一个上级主管，要避免"多头领导"和"政出多门"。

（3）权责对等原则。在组织设计时，既要规定每个层次和部门人员的职责范围，同时也要授予他们完成职责所必需的职权。否则，一方面会使工作者的积极性和主动性受到严重束缚；另一方面可能导致责任无法履行，任务无法完成。

（4）管理幅度适宜原则。任何主管人员能有直接有效管理的下属人员总是有限的，管理幅度过大,会导致监督不力,组织失控;管理幅度过小,会导致主管人员配备过多,管理效率降低。所以,保持合理的管理幅度是组织设计的一条重要原则。

(5)最少层次原则。管理层次过多,主管人员增加,信息传达不畅,会导致管理效率低下。建立一条最短的指挥链,是保证组织结构精干高效的基础。

(6)弹性结构原则。组织的设计比较具有弹性,能够针对内外环境的变化作出适应性的调整。

(三)组织设计的程序

(1)确定组织目标。组织目标是进行组织设计的基本出发点,因此首先应在综合分析外部环境和内部条件的基础上,合理确定组织的目标。

(2)确定和分类业务活动。需要对组织进行的一系列业务活动予以明确和分类,以明确各类活动的范围和工作量,便于业务流程的设计。

(3)确定组织结构。根据组织规模、技术、战略、环境和组织的发展阶段等影响因素,确定组织形式,形成层次化、部门化的结构。

(4)配备职务人员。根据部门的岗位职责、业务工作的性质、对人员素质的要求等,挑选和配备合适人员。

(5)授予职权和职责。对业务工作的具体执行人员,应授予相应的权力,并要承担相应的责任。使权责明确,有利于工作的开展和控制。

(6)将组织联为一体。通过职权关系和信息系统,使组织内部各部分上线左右相联,成为一个整体,协调运转。

(四)组织设计的基本问题

1. 专业化分工与部门化

组织设计的最基本任务就是工作的专业化分工,即把组织的活动分解成最简单、最基本的功能单位。实行专业化分工,可以降低成本,提高生产效率。但高度的专业化又会使职工对工作厌烦,甚至产生不满的情绪,从而降低生产效率。因此,专业化分工必须保持一个合适的"度"。

在专业化分工的基础上,按照一定的标准将组织划分为具有特定功能的管理单位,这就是所谓的部门化。部门划分的目的在于确定组织中各项任务的分配与责任的归属,以求合理的分工。组织设计中划分部门的常用标准有职能部门化、产品部门化、区域部门化、顾客部门化和流程部门化等。

2. 管理幅度与管理层次

管理幅度是指管理人员有效地监督、管辖直接下属的人数。管理层次是指组织中最高主管到具体工作人员之间的层次。一般来说,在组织规模一定的情况下,管理幅度与管理层次的数量成反比关系。管理幅度的大小受管理者本身的工作能力、工作内容、工作条件以及工作环境等诸多因素的影响。

3. 集权与分权

集权是指职权在很大程度上向处于较高管理层次的职位集中,即职权的集中化。分权是指职权在很大程度上分散到处于较低管理层次的职位上,即职权的分散化。组织的集权和分权是一个相对的概念,通常受经营环境条件和业务活动性质、决策的重要性、管理者的素质、组织的历史和领导者的个性等因素的影响。

过度集权会带来一系列的弊端，主要表现在：降低决策的质量；降低组织的适应能力；降低组织成员的工作热情；致使高层管理者陷入日常事务中；等等。

分权通常可以通过两种途径来实现：一是制度分权，即在组织设计时，考虑组织规模和组织活动的特征，在工作分析进而职务和部门设计的基础上，根据各管理岗位工作任务的要求，规定必要的职责和权限；二是授权，即担任一定管理职务的领导者，将部分解决问题、处理新增业务的权力委任给某个或某些下属。

4. 直线与参谋

在组织中，直线职权和参谋职权是两类不同的职权关系。直线职权是指直线人员所拥有的作决策、发布命令等的权力。参谋职权是指参谋所拥有的辅助性职权。

在管理实践中，直线与参谋经常会出现一些矛盾，如直线人员对参谋作用的敌视和忽视，参谋以指挥者的姿态指手画脚，参谋人员过高估计了自己的作用等。

正确处理直线和参谋的关系，充分发挥参谋人员的合理作用，是组织设计和运作中使各方力量协同作用的一项重要内容。为了正确发挥参谋的作用，通常采取的措施有：①明确职权关系；②授予必要的职能权力；③向参谋人员提供必要的条件。

5. 正式组织与非正式组织

正式组织通常有明确的目标、任务、结构、职能，以及由此决定的成员间的责权关系，对个人具有强制性。而非正式组织主要是由于工作性质、社会地位、认识、观点相近，性格、爱好以及感情相投，产生一些被大家接受并遵守的行为规则，使松散、随机的群体成为固定的非正式组织。

非正式组织的存在在一定程度上能够满足员工需要，产生和加强合作精神，甚至能规范成员的行为，起到约束作用，以及成为正式信息通道的补充。但非正式组织也可能扩大抵触情绪，束缚成员的个人发展，以及发展组织的惰性。所以，需要加强对非正式组织的引导和利用，通常采取借助组织文化的力量，做好非正式组织领导人物的工作等措施。

三、领导职能

所谓领导是指管理者运用其权力和管理艺术，指挥、引导、激励和影响组织成员，协调他们的行动，激发他们的积极性和创造性，使他们努力实现组织目标的行动过程。领导是管理的一个重要职能，贯穿于管理工作的各个方面。

(一)领导的作用

领导活动对组织绩效具有决定性影响，它侧重于对组织中人的行为施加影响，发挥领导者对下属的指挥、协调、激励和沟通作用。

1. 指挥作用

由于领导拥有职位所赋予的可以施加于别人的控制力，包括惩罚权、奖赏权、合法权等，借助指示、命令等手段，指导下属履行职责的行为。这需要领导者头脑清醒、胸怀全局、运筹帷幄，能够帮助成员认清所处的环境与形势，指明活动的目标和达到目标的途径。

2. 协调作用

在组织活动中，一定会存在人与人之间、部门与部门之间的冲突及不和谐现象，这需要领导者从组织全局出发，同时结合实际情况，协调各方面的关系和活动，保证各个方面都朝着既定的目标前进。

3. 激励作用

组织是由具有不同需求、欲望和态度的个人所组成,因而个人目标与组织目标难以完全一致。如何把组织目标与个人目标有机结合起来,引导组织成员积极努力地去实现组织目标,这是领导的重要工作内容。这需要领导围绕关心下属、鼓舞下属,以及挖掘下属潜力等方面展开工作。

4. 沟通作用

领导者在组织中所处的位置决定了其担负着信息的传播者、监听者、发言人、谈判者等角色,在管理的各层次中起着上传下达、沟通联络等作用,以保证组织活动的顺利进行。

(二)领导权力的表现形式

权力是领导的必要前提和基础。领导者之所以能够对下级职工施加影响,原因在于他们拥有相应的领导权力。一般来说,组织内部的领导权力有五种表现形式:

1. 法定权

法定权通常指由组织按照一定程序和形式赋予某一职位上的领导者拥有在其职权范围内行使、运用的正式权力。不管是谁,只要占据这一职位,所有处于下属地位的人都必须服从他的命令和指挥。

2. 奖励权

奖励权是指领导者在一定职权范围内拥有向别人提供诸如奖金、表扬、提薪、升职以及其他具有吸引力的东西,从而使他人愿意按其意志行事的权力。

3. 强制权

强制权是指领导者在一定职权范围内拥有向别人施加诸如扣发工资奖金、批评、降职甚至开除等使人感到痛苦的影响,从而迫使别人按其意志行事的权力。强制权实质上是一种惩罚性权力。

4. 统御权

统御权是指由于领导者具有特殊的品质、魅力、经历或者背景等因素而具有的权力,通常也称为个人影响权。统御权往往建立在取得下属的尊重和认同的基础上。

5. 专长权

专长权是指由于领导者个人的特殊技能或者某些专业知识而产生的权力。专长权往往建立在领导者学识渊博、业务精湛的基础上。

(三)领导效能的影响因素

1. 领导者的素质、能力和风格

领导者是领导工作的主体。领导者的背景、经验、知识、能力、个性、价值观等都会对组织目标的确定、领导方式的选择和领导工作的效率产生影响,会直接影响领导工作的有效性。

2. 被领导者的素质和状况

被领导者是领导工作的客体。被领导者的背景、经验、知识、能力、个性和责任心等也会直接影响领导工作的有效性。

3. 领导工作的情境

领导工作总是在一定的环境中进行。领导环境包括组织的历史、目前的组织结构、组织文化、上下级之间的关系、组织的工作目标与性质、组织的地域范围、相关的内外政策等,这些环境因素也会对领导工作的有效性产生影响。

四、控制职能

控制是指组织在执行计划的过程中,把实际进展情况同既定的计划进行对照,发现偏差,查明原因,并采取措施予以纠正,以确保计划得以顺利实现的过程。控制是管理的基本职能之一,也是管理的基本手段。没有有效的控制,管理工作就可能偏离计划,组织目标就可能无法顺利实现。

(一)控制的类型

根据控制时点的不同,可以将控制划分为前馈控制、现场控制和反馈控制三种类型。

1. 前馈控制

前馈控制是指在实际工作开始之前,根据所掌握的信息对可能出现的结果进行预测,在预测的基础上对影响结果的各种因素进行控制,以确保工作目标的实现。前馈控制的主要优点在于防患于未然,能够最大限度地避免一些可预知的偏差。但有效的前馈控制需要具备一些条件,如需对被控对象和计划进行全面、详细的分析,建立符合实际需要的前馈控制模式,保持模式的动态性等。

2. 现场控制

现场控制是指在工作激进型的过程中所实施的控制。其特点是在行动过程中能及时发现偏差、纠正偏差,将损失降低到最低程度。现场控制优点在于:一是能够为员工提供技术性指导;二是能够监督下属的工作。但现场控制对管理者的要求较高,现场控制的效果往往依赖于现场管理者的个人素质、能力、作风以及其下属对指导内容的理解程度等因素。

3. 反馈控制

反馈控制是指工作结束或行为发生之后,通过回顾、总结和评价,发现工作中已经发生的偏差,针对性地采取措施纠正偏差或者消除其影响的过程。反馈控制在组织管理中非常重要,它着眼于消除原有偏差的影响,矫正今后的工作活动,防止类似偏差的再度发生。反馈控制还可以帮助人们更好地把握规律,也可以为员工考核提供依据。但它的弱点在于滞后性,增加了控制的难度,只能作为一种事后补救的控制方法。

(二)控制的作用

控制工作是管理活动非常重要的一个职能,它的重要作用主要体现在以下几个方面:

1. 控制工作是保证组织目标实现必不可少的活动

组织在活动过程中,由于受认知、能力等主观因素和技术、环境等客观因素等影响,一定会出现各种可预知或不可预知的偏差。要保证组织目标能够顺利实现,就必须对各种偏差进行控制。

2. 控制工作使管理人员能够实时掌握组织的动态变化

在控制的过程中,需要了解组织活动的各种信息,并进行分析、评价。动态信息的掌握有助于管理人员积极应对环境的变化,确保组织的安全运行和目标实现。

3. 控制工作为修改完善计划提供依据

客观环境是不断发展变化的,这要求计划具有一定的弹性,即能够根据现实情况的变化作出适当的调整和完善。控制工作有助于管理者对计划的合理性做出判断,并能够为计划的修改和完善提供参考依据。

(三)控制的基本程序

控制工作是由一系列活动组成的一个完整的过程,通常包括三个主要步骤:确定标准、衡量业绩、纠正偏差。

1. 确定标准

控制标准是控制行为实行的依据。组织必须根据计划内容和组织实施的具体情况,确立专门的控制标准。控制标准的确定,需要坚持反映计划要求原则、控制关键点原则、体现控制趋势原则,以及控制的例外原则,使一套控制标准具有简明性、适用性、一致性、可行性和灵活性等特点。制定控制标准必须具备两个前提,即确立控制对象和选择关键控制点。把握了这两个前提,控制才能更加奏效。

2. 衡量业绩

衡量业绩主要是将实际工作成效和控制标准相比较,对工作作出客观评价,查找两者偏差。如果偏差还未出现,可及时发现征兆,采取措施予以补救,以避免偏差出现或尽量缩小偏差。如偏差已经出现,则可及时反馈信息,分析原因,采取措施。

3. 纠正偏差

首先,要分析偏差产生的主要原因。引起偏差的原因通常有外部环境的变化、原定计划不合理、管理不善、工作失误等,准确分析了偏差产生的原因才能有的放矢。其次,确定纠正偏差的对象。根据偏差产生的原因,查找需要干预和调整的对象。再次,选择适当的纠偏措施。针对产生偏差的主要原因,选择相应的纠偏措施。选择纠偏措施时通常需要注意和处理纠偏方案的优化、对原有计划实施的影响、组织成员对纠偏措施的疑惑等问题。

▪▪▪ 案例分析 ▪▪▪

夕阳红老年产业有限公司原本是一家规模很小的私营机构,经营一家老年公寓,仅有10多名员工,主要承揽一些孤寡老人的照护。创业之初,大家齐心协力,干劲十足,经过多年的艰苦创业和努力经营,目前已经发展成为员工过百的中型养老机构,有了比较稳定的老人入住率,生存已不存在问题,公司走上了比较稳定的发展道路。但仍有许多问题让公司总经理张先生感到头疼。创业初期,人手少,张经理和员工不分彼此,大家也没有分工,一个人顶上几个人用,与工程队谈判,监督老年公寓建设工程进展,随后想方设法提高入住率,谁在谁干,大家不分昼夜,不计较报酬,有什么事情饭桌上就可以讨论解决。张经理为人随和,十分关心和体贴员工。由于张经理的工作作风以及员工工作具有很大的自由度,大家工作热情高涨,公司因此得到快速发展。然而,随着公司业务的发展,特别是经营规模不断扩大之后,张经理在管理工作中不时感觉到不如以前得心应手了。首先,让张经理感到头痛的是那几位与自己一起创业的"元老",他们自恃劳苦功高,对后来加入公司的员工,不管现在公司职位高低,一律不看在眼里。这些"元老"们工作散漫,不听从主管人员的安排。这种散漫的作风很快在公司内部蔓延开来,对新来者产生了不良的示范作用。夕阳红老年产业有限公司再也看不到创业初期的那种工作激情了。其次,张经理感觉到公司内部的沟通经常不顺畅,大家谁也不愿意承担责任,一遇到事情就来向他汇报,但也仅仅是遇事汇报,很少有解决问题的建议,结果导致许多环节只要张经理不亲自去推动,似乎就要"停摆"。另外,张经理还感到,公司内部服务质量意识开始淡化,对养老服务质量和安全的管理大不如从前,老人及家属的抱怨也正逐渐增多。上述感觉令张经理焦急万分,他认识到必须进行管理整顿。但如何整顿呢?张经理想抓纪律,想把"元老"们请出公司,想改变公司激励系统。他想到了许多,觉得有许多事情要做,但一时又不知道从何处入手,因为张经理本人和其他"元老"们一样,自公司创建以来一直一门心思地埋头苦干,并没有太多地琢磨如何让别人更好地去做事,加上他自己也没有系统地学习管理知识,实际管理经验也欠丰富。出于无奈,他请来了管理顾问,并坦诚地向顾问说明了自己遇到的难题,希望顾问能帮助他解决问题。

思考题:

1.结合管理学的基本知识与理论,讨论夕阳红老年产业有限公司取得成功的因素。

2.夕阳红老年产业有限公司目前出现问题的原因是什么?你能从管理学的角度提出解决办法吗?

（汪　胜）

第三章　老年服务与组织管理

第一节　组织管理概述

一、组织的基本概念

组织一词含义较为复杂,其希腊文的原意是指和谐、协调,目前一般从两个角度来理解:

(一)一般含义

组织是为了达到某些特定目标,在分工合作的基础上构成的人的集合。作为人的集合体,组织不是简单的个体人的加总,而是为了实现一定的目的,按照一定的规则,有意识地协同协作而产生的群体。

(二)管理学中的组织含义

在管理学科中,组织是反映职位和个人之间关系的网络式结构,是管理的基本职能之一。从静态角度看,是指组织结构,即反映人、职位、任务以及它们之间的特定关系的网络。从动态角度看,是指维持与变革组织结构,以完成组织目标的过程。

组织有以下特征:

(1)组织是人为系统。任何一个组织都是由一群有意识的人构成的。

(2)组织有特定目标。任何一个组织之所以产生、存在、发展,都是因为有其为之奋斗的目标,换言之,目标不存在,组织就失去了存在的意义。

(3)组织以分工协作为前提。组织中的成员各有分工,但这种分工不是互不联系的,而是相互协作,为同一目标、任务有序地运行。

(4)组织以制度为保障。这些制度规定了其成员具体的权力和责任,既有分工又有协作,以确保组织目标的实现。

二、组织的类型和结构

(一)组织结构及类型

组织结构是管理系统的"框架",是表明组织各部分排列顺序、空间位置、聚散状态、联系方式以及各要素之间相互关系的一种模式。组织结构可分为五种类型:

1. 直线型组织结构,又称单线型组织结构

这是最古老、最简单的一种组织结构类型。其特点是组织系统职权从组织上层"流向"组织基层。上下级关系是直线关系,是命令与服从的关系。这类组织结构,优点是结构简单,命令统一;责权明确;联系便捷,易于适应环境变化;管理成本低。缺点是没有进行专业化分工、权力集中后易导致滥用。

2. 职能型组织结构,又称多线型组织结构

采用按职能分工办法,实行专业化管理,各职能部门在分管业务范围内直接指挥下属。这类组织结构,优点是分工较细;上层管理者负担减轻;专家参与管理。缺点是多头领导,不利于集中和统一指挥;容易过分强调专业化;各职能部门配合有难度。

3. 直线—参谋型组织结构,又称直线—职能型组织结构

这一组织结构,吸收了上述两种结构的优点,设置了两套系统,既有直线指挥系统,又有参谋系统。优点是直线主管人员因有职能机构、人员作为参谋助手,能进行更为有效的管理;能满足现代组织活动所需的统一指挥和责任明晰的要求。缺点是部门间协调工作较多,影响效率;直线领导和职能部门之间易产生职权冲突;组织反应不够灵敏,适应性较差。

4. 事业部制组织结构,又称分部制组织结构

即在高层管理者之下,按地区或特征设置若干分部,实行"集中决策、分散经营"的集中领导下的分权管理。这类组织结构,优点是高层管理者可以集中精力研究战略谋全局;有利于发挥事业部管理的主动权。缺点是职能机构可能重叠;分权如果不当,易导致各分部自行其是,损害组织整体利益;各分部协调工作较难。

5. 委员会

这是组织结构中的一种特殊类型,是执行某方面管理职能并以集体活动为主要特征的组织形式。当委员会与上述组织结构相结合时,在决策、咨询、合作和协调方面会起到较好作用。这类组织结构,优点是可集思广益;防止权力过分集中,利于集体审议与判断;有利于沟通协调;在形式上能够代表集体利益,容易获得群众信任;促进管理人员成长等。缺点是责任分散;可能议而不决;决策成本相对较高;也可能造成少数人专制等。

(二)组织结构的组成

组织结构一般分为职能结构、层次结构、部门结构、职权结构四个方面。

1. 职能结构

指实现组织目标所需的各项业务工作以及比例和关系。对其有效性的判断标准有:职能交叉或职能重叠、职能缺失、职能错位、职能冗余、职能割裂或职能衔接不足、职能分散、职能弱化、职能分工过细等。

2. 层次结构

指管理层次的构成及管理者所管理的人数,也就是组织管理内部的纵向结构。对其有效性的判断标准有:管理人员分管职能的相似性、授权范围、管理幅度、决策复杂性、指导与控制的工作量、下属专业分工的相近性。

3. 部门结构

指各管理部门的构成,即组织管理内部的横向结构。对其有效性的判断标准是,关键部门是否缺失或优化。

4. 职权结构

指各层次、各部门在权力和责任方面的分工及相互关系。对其有效性的判断标准,主要是部门、岗位之间权责关系是否对等。

第二节 老年服务组织及管理

一、老年服务组织的类型

老年服务组织是指为老年人提供各类服务的组织的统称。可以进行多种角度的分类：

从组成人员的角度，可分为管理服务组织、老年人组织两大类；

从管理、服务"二分法"的角度，可分为政策管理方面的组织、为老年人直接提供服务的组织、老年人自身服务的组织；

从管理服务性质角度，可分为公共服务组织、私营服务组织、公益服务组织、志愿服务组织；

从组织属性角度，可分为政府部门、老年服务机构、老年人协会等。

这些组织既有联系又有区别。从组织的社会属性上看，管理服务组织有政府组织也有民间组织，而老年人组织只限民间组织；从工作内容上看，管理服务组织既研究解决老年人问题，也研究解决与老年人问题相关的其他经济社会问题，而老年人组织主要解决老年人自身的问题；从组织构成上看，管理服务组织既有老年人参加也有非老年人参加，而老年人组织仅限老年人参加。

(一)政策管理机构

政策管理机构是指党委、政府从应对人口老龄化的需要出发成立的各种工作机构的总称。这类组织机构主要职掌老年服务与管理的方针、政策，依法推进老年服务工作。广义地看，与老年服务有关的政府各部门，如民政、发改、财政、人力和社会保障、卫生、教育、国土资源、住房和城乡建设、质监等，都是老年服务的政策管理机构，但最主要的职能部门是民政系统和老龄办系统。

国家民政部是全国老年服务工作的主管部门，负责全国养老服务业的政策制定和规划等工作，由其内设的社会福利和慈善事业促进司具体承担。全国各省、自治区、直辖市民政厅局负责当地的老年服务工作。自省以下，市、县级政府均设有民政局负责相应的工作。民政部门自中华人民共和国成立后，即从事社会福利的政策管理，初期主要是城镇"三无"和农村五保对象的养老服务，为这些对象提供生活保障和照料服务。

老龄办系统是指老龄委员会下设的办事机构。为应对老龄化，国家成立了老龄工作委员会，从事老龄工作研究和协调工作，包括养老服务工作的研究和协调。其最高的组织机构为全国老龄工作委员会，1999年10月成立，由中央、国务院24个涉老部委组成，国务院领导同志担任主任。全国老龄工作委员会的前身是中国老龄问题全国委员会和中国老龄协会，自20世纪80年代开始推进，经过20多年的建设，初步得到了完善，形成了政府老龄工作决策、协调、管理系统，老年学学术研究系统和老年社会团体组织系统等老龄工作机构。老龄工作委员会下设办公室，即老龄办，是其具体的办事机构。各省、自治区、直辖市均设有老龄工作委员会及其办公室。但省以下市、县级政府并不统一，有的是独立的机构，有的则是民政部门内设的一个科室。其性质、编制也没有统一，有的省份是党的部门，工作人员参照公务员管理；有的省份是政府序列，公务员性质；有的则是事业单位性质。即便有同一个省份，市县机构、性质也不尽相同。应该说,老龄委及其办公室协调的范围是所有老年保障工作,老年服务特别是养老服务只是其中的一部分,但由于全国老龄办设在民政部;在养老服务的发展过程中,不少老龄办直接从事了老年服务的组织管理、政策制定工作,介入较深,因此老龄办系统也成为老年服务的重要政策管理机构。

(二)养老服务组织机构

养老服务组织机构是指直接为老年人提供服务的各类机构的统称,包括养老院、居家养老服务组织、提供为老服务信息平台的运营商、为老志愿服务组织等。

养老院是指为老年人提供集中居住和照料服务的各类机构的统称。我国的养老院最早可上溯至南北朝时期。公元521年,梁武帝颁布诏令,决定在京师建康置“孤老院”,目的是让“孤幼有归,华发不匮。若终年命,厚加料理”(《梁书·武帝本纪》)。其后,各个朝代均设有“悲田院”、“居养院”、“养济院”等养老机构,并有专门官吏负责相关事宜,收养鳏寡孤独、老弱病残、穷而无告者。新中国成立以后的城镇社会福利院和农村敬老院,和历朝历代的这些机构一脉相承。其中,社会福利院主要收养城镇“三无”对象,农村敬老院主要收养农村五保对象。改革开放后,全国推行社会福利社会化,特别是进入人口老龄化社会后,民间资本不断进入养老服务领域,以不同名称命名的养老机构大量出现,公办机构也不再局限于命名为福利院、敬老院,形成了诸如康乐中心、金色年华、托老所、老年公寓、社会福利中心、护理院、养护院、五保集中供养服务机构等。

居家养老服务组织是近年来出现的为居住在家的老人提供服务的机构;另一般来说,以老年人居住的住房为中心,可以分为两类:一类是在社区建立的为老年人就近就便提供的居家养老服务机构,包括日间照料中心、居家养老服务照料中心、居家养老服务站,以及老年活动中心(室)、老年食堂等,前一部分为综合性机构,后一部分为专业性机构;另一类是为老年人提供上门服务的专业性组织,这类组织可能是家政服务公司、物业公司,也可能是专门成立的居家养老服务企业,或民办非企业单位。

信息服务机构是指为养老服务提供信息技术支持的运营商、服务平台等。通过他们的支持,把服务和在家、居住在机构的老人需求衔接起来,以提高服务的有效性和针对性。目前,全国各地都有类似的机构。除移动、联通和电信等公司外,浙江这几年创造了宁波“81890”和嘉兴“96345”这两个在全国有影响力的品牌。不少城市包括县城还推出了“一键通”、“华数眼”等定位系统。

为老志愿服务组织是一类特殊的组织机构,相对于前三类机构,他们主要以社会团体、基金会名称出现,为老年人提供无偿服务。这类机构范围广泛,服务内容多样,用以弥补专业服务机构的不足。

(三)老年人组织

老年人组织,也称为老年群众组织,是依照章程开展活动、由老年人自愿组成的社会团体,属于民间组织。20世纪80年代,中国老龄协会成立后,我国的老年民间组织发展很快,目前乡村社区70%以上都成立了老年人协会;省、市、县也大都成立了老年科协、老年体协、老年学学会、老教授协会、老教师协会、老年医学学会等专业性的老年社团组织和老年学术团体。活跃在城乡基层的老年文化团体多种多样,如老年舞蹈队、秧歌队、合唱团、读书会、书画社、诗词社、门球队、戏剧自乐班等。

这其中,农村老年人协会是一支最重要的力量,在维护农村老年人权益方面起着重要作用。农村老年人协会的权力机构是会员大会,执行机构是常务理事会,会长由德高望重的离退休干部、教师、老党员或村干部担任。一般下设宣传、调解、红白理事、医疗保健、劳动服务、关心下一代等小组,在常务理事会领导下负责某一方面的工作。以他们为主体推行的"银龄互助"活动,由年轻的"小老人"为80岁以上的"老老人"服务,得到了广泛好评。

二、老年服务组织的功能

(一)功能的概念及其分类

功能是指能够满足使用者现实和潜在需求的属性。它具有客观物质性和主观精神性,即功能的二重性。一种功能的实现不可能没有载体,所以功能与其载体必须紧密结合,才能发挥其应有的作用。功能的特性是指对功能的定性、定量的描述,一般包括品质、能力和款式三个方面。根据主客观属性及其作用的不同,功能可以进行不同的分类:

基于价值角度,功能可分为使用功能和品味功能。使用功能,是指具有物质使用意义的功能,客观性是其特性;品味功能,是指使用者的精神感觉,与主观意识有关的功能。

基于必要性角度,功能可分为必要功能和不必要功能,也可分为过剩功能和不足功能。必要功能是指只为满足使用者的需求而必须具备的功能;不必要功能是指对象所具有的、与满足使用者的需求无关的功能。但这种功能并非都是设计者的失误造成的,有的则是由于不同的使用者有不同的需求所造成。过剩功能是指对象所具有的,超过使用者需求的必要功能。过剩功能不同于不必要功能,是完全多余的,应当剔除,以节约成本。不足功能是指对象尚未满足使用者的需求的必要功能。

基于属性角度,功能可分为基本功能和辅助功能。基本功能是指与对象的主要目的直接相关的功能,是对象存在的主要依据。辅助功能是指为更好地实现基本功能而服务的功能,是对基本功能起辅助作用的功能。

(二)老年服务组织的功能

不同的老年服务组织机构,有其独特的功能,发挥不同的作用。

1. 政策管理机构的功能

政策管理机构一般都是政府部门,其功能是职掌政策的制定、实施、评估和监督。民政部是老年服务行业的主管部门,全国老龄委及其办公室作为议事协调机构,也从事养老服务业的协调工作,或受民政部委托具体实施某一部分工作的监督、管理和指导。由于养老服务涉及民政部内设的多个司局,2010年9月,民政部专门成立了社会养老服务体系建设联席会议制度,办公室设在社会福利和慈善事业促进司,负责日常工作。国家发展改革委、教育部、公安部、司法部、财政部、人力资源和社会保障部、住房和城乡建设部、文化部、卫生计生委、国家税务总局等有关部门在其职责范围内推进养老服务工作。

根据中央编制委员会批准的民政部"三定"方案,民政部在社会福利方面的职能是:承担老年人、孤儿、五保户等特殊困难群体权益保护的行政管理工作,指导残疾人的权益保障工作,拟定有关方针、政策、法规、规章;拟定社会福利事业发展规划和各类福利设施标准;研究提出社会福利企业认定标准和扶持保护政策;研究提出福利彩票(中国社会福利有奖募捐券)发展规划、发行额度和管理办法,管理本级福利资金。这里,从字面上看,没有明确涉及老年服务的职能,但养老服务是社会福利的一个重要组成部分。由此,民政部执掌养老服务行业的主要职责是:承担老年人、"三无"对象、五保户等特殊困难群体权益保护的行政管理工作;拟定养老服务事业发展的有关方针、政策、法规、规章;实施养老机构行政许可;拟定养老服务事业发展规划和各类福利设施标准;管理用于养老服务的彩票公益金;等等。

全国老龄工作委员会是国务院主管全国老龄工作的议事协调机构,由中央组织部、中央宣传部、中直机关工委、中央国家机关工委、外交部、国家发展改革委、教育部、国家民委、公安部、民政部、司法部、财政部、人力资源和社会保障部、住房和城乡建设部、文化部、卫生计生委、国家税务总局、国家新闻出版广电总局、国家体育总局、国家统计局、国家旅游局、中国保监会、总政治部、全国总工会、共青团中央、全国妇联、中国老龄协会等27个单位组成。

全国老龄工作委员会的主要职责是:

(1)研究、制定老龄事业发展战略及重大政策,协调和推动有关部门实施老龄事业发展规划。

(2)协调和推动有关部门做好维护老年人权益的保障工作。

(3)协调和推动有关部门加强对老龄工作的宏观指导和综合管理,推动开展有利于老年人身心健康的各种活动。

(4)指导、督促和检查各省、自治区、直辖市的老龄工作。

(5)组织、协调联合国及其他国际组织有关老龄事务在国内的重大活动。

全国老龄工作委员会下设办公室,办公室设在民政部。2005年8月,经中央编委批准,"全国老龄工作委员会办公室与中国老龄协会实行合署办公;在国内以全国老龄工作委员会办公室的名义开展工作;在国际上主要以中国老龄协会的名义开展老龄事务的国际交流与合作"。

全国老龄工作委员会办公室的职责是:

(1)办理全国老龄工作委员会决定的事项;

(2)研究提出全国老龄工作发展的方针政策和规划,拟订实施办法;

(3)督促、检查全国老龄工作委员会决定事项在有关部门和各地的落实情况并综合上报;

(4)负责各成员单位的联系、协调工作;

(5)开展调查研究,收集、整理老龄工作的有关情况和信息,总结推广先进经验;

(6)承办全国老龄工作委员会交办的其他事项。

地方各级政府也相应设立了老龄工作委员会及其办公室,作为同级党委、政府老龄工作的议事协调和老龄事业的管理指导机构,其组成和职责参照全国老龄工作委员会规定。地方老龄委办公室是同级老龄委的具体办事机构,属于政府机构,但不是政府职能部门。其经常性工作有10项:①工作计划和政策建议的拟定;②各项决策落实的推动;③抓好老龄工作机构和基层老龄工作组织载体建设;④抓好基层社区老龄工作;⑤老年优待政策的拟定、协调和落实;⑥老年人权益维护的综合协调;⑦特困老年人社会互助的组织推动;⑧老龄宣传工作;⑨老年重大活动的组织协调;⑩培养和表彰先进典型。

2. 老年服务机构的功能

老年服务机构因服务对象的不同特点,需要采取不同的服务方式,在不同的服务地点完成服务内容,因此其功能各不相同。

养老机构是为老年人提供集中居住和照料服务的场所，因而其功能从整体上看，是一种全人、全程、全员服务。所谓"全人"服务是指养老机构不仅要满足老人的衣、食、住、行等基本生活照料需求，还要满足老人医疗保健、疾病预防、护理与康复以及精神文化、心理与社会参与等需求。绝大多数入住机构的老人都是把养老机构作为其人生最后的归宿，从老人入住那天开始，养老机构工作人员就要做好陪伴着老人走完人生最后旅程的准备，这就是"全程"服务。要满足入住老人这些需求，需要养老机构全体工作人员共同努力，这就是所谓的"全员"服务。

由于养老机构服务的对象不同，其具体功能有所不同。传统的养老机构一般以举办主体的性质来确定机构的功能，即政府办为社会福利院、农村集体办为敬老院、民间资本办为民办机构。前两类统称为公办养老机构，主要收养城市"三无"、农村"五保"老人；民办机构主要为其他社会老人提供服务。改革开放后，特别是进入老龄化社会以来，公办机构采取民营机制的越来越多，公建民营、公办民营性质的机构越来越多，功能日趋多样化。最近几年，以收养老年人身体状况为主确定机构功能成为新的分类方法。老年人身体有失能（介护）、半失能（介助）、自理等，相应的养老机构功能也被确定为护理型、养护型等。2011 年，浙江省政府下发文件，把养老机构分为护理型、助养型和居养型三类。

对养老机构的功能分类，国内刚刚起步。这方面，可以借鉴发达国家和香港特区，依据收养老人所需帮助和照料的程度，对其照料功能进行科学分类。在美国，根据养老机构的不同功能将其分成三类：第一类为技术护理照顾型养老机构，主要收养需要 24 小时精心医疗照顾但又不需要医院所提供的经常性医疗服务的老人；第二类为中级护理照顾型养老机构，主要收养没有严重疾病，需要 24 小时监护和护理但又不需要技术护理照顾的老人；第三类为一般照顾型养老机构，主要收养需要提供膳舍和个人帮助但不需要医疗服务及 24 小时生活护理服务的老人。在香港，1994 年制定的《安老院规例》根据养老机构的不同功能也将其分成三类：第一类为"高度照顾安老院"，主要收养"体弱而且身体机能消失或减退，以至在日常起居方面需要专人照顾料理，但不需要高度专业的医疗或护理的"年满 60 岁的老人；第二类为"中度照顾安老院"，主要收养"有能力保持个人卫生，但在处理有关清洁、烹饪、洗衣、购物的家居工作及其他家务方面，有一定程度的困难的"年满 60 岁的老人；第三类为附设在医院内的"疗养院"，主要收养那些"需要高度的专业医疗"或"护理"的老人。香港社会福利署安老院牌照事务处在 1995 年 4 月制定的《安老院实务守则》中又对"混合式安老院"的分类作了具体规定。所谓"混合式安老院"，是指那些"为其住客提供超过一类照顾"的安老院。在划分混合式安老院的种类时，"应采用按宿位数目较多的一类服务划分的方法。"如果在一个安老院内两类床位数目相同，"则该院舍将依提供较高照顾的一种服务分类"；如果在一个安老院内同时提供三类服务，则"可将中度照顾宿位加低度照顾宿位的总数和高度照顾宿位的数目互相比较，并按占较多宿位数目的服务划分为高度照顾安老院或中度照顾安老院"。

居家养老服务机构为居住在家庭的老人提供照护服务。和养老机构不同，居家养老服务机构不提供集中居住。在服务内容方面，主要提供家政服务、生活照料、康复护理、精神慰藉、安全守护、法律维权等。从法人登记的角度看，居家养老服务机构分为登记、社区服务组织备案、没有登记三种。从设施的角度划分，居家养老服务机构分为有专门设施、无专门设施两类，前者为老年人提供集中式的日间照料服务，后者为老年人提供分散式的上门短期托养服务。从服务方式角度划分,居家养老服务机构分为全托、半托等方式,一些提供全托服务的机构,在运作上接近养老机构,老年人可以短期居住在机构内,由机构提供日常生活照料服务。

信息服务机构的功能主要是提供养老服务信息技术支持,提高养老机构为老服务的效率。

3. 老年人组织的功能

老年人组织是指由老年人自己组成的自我管理服务的群众组织。作为老年人组织,农村老年协会是在村党支部和村委会领导下的农村老年群众组织,是党和政府联系广大农村老年人的桥梁和纽带,是村干部的参谋和助手。农村老年人协会代表老年人的利益,为老年人服务,实行自我管理、自我服务、自我教育、自我保护。其主要工作任务是:老年教育、老年文体活动、老年互助、老年人情况调查、调解家庭纠纷维护老年人权益、扶贫济困、支持村集体工作。村委会应为老年人协会提供活动经费和活动场所。按照全国老龄委的要求,乡镇也应成立老年人协会,乡镇老年人协会可与乡镇老龄办合署办公。

三、我国老年服务组织体系

我国老年服务工作已基本形成相应的组织体制和运行机制(如图3-1)。概括起来,就是党政主导,民政牵头,部门协同,社会参与,辅之以老人自我服务。

党中央、国务院把"积极应对人口老龄化,大力发展老龄服务事业和产业"、"优先发展社会养老服务"摆上重要议事日程,明确了民政部为专门的职能部门,具体牵头协调推进此项工作。国务院制发"十二五"社会养老服务体系发展规划,下发了推进养老服务业发展的若干意见,明确了养老服务事业发展的总体目标、发展布局和工作措施。民政部多次召开社会养老服务体系建设推进会,部署工作,抓好落实。各级民政部门切实履行牵头协调职责,积极做好整体谋划、政策制定、管理指导、标准制订、数据统计、监督检查等工作,确保体系建设各项任务落到实处。自省以下,都建立了由10多个部门组成的养老服务工作领导小组或体系建设联席会议,制定目标任务,研究出台政策,组织督查工作。浙江省等地,在市、县两级民政部门还都建立了具有组织、指导、服务、培训等功能的养老服务指导中心,强化对养老服务机构和居家养老服务的指导和监督管理。各级人大、政协相继开展专项检查、专题调研,人大代表、政协委员通过建议、提案,极大地推动了养老服务工作的发展。社会各方包括新闻媒体、大专院校、学术机构、社会团体都对养老服务事业的改革发展投入很大力量,给予持续关注。全国从事社会养老服务的社会组织有4万家。开展以老助老、银龄互助活动的基层老年人协会有48万个。

在党委、政府主导下,市场机制充分发挥了配置资源的基础性作用。养老服务机构根据章程或设立意愿,自我选择登记方式,其中公办机构登记为事业法人,民办机构中以非营利为目的的登记为民办非企业法人,以营利为目的的登记为企业法人。一般来说,养老机构多不以营利为主要目的,所以大多选择民办非企业法人,公益性特征尤为明显。在志愿服务组织和老年人协会中,大多选择登记为社团法人。近年来,政府已逐步把微观管理和服务性社会事务交给民间组织管理和行使,推动了养老服务的多元供给,提高了工作的运行绩效。

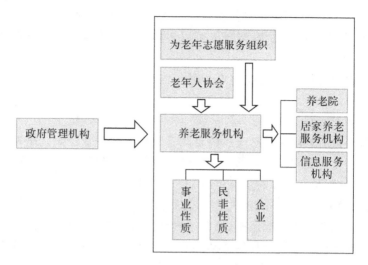

图 3-1　我国老年服务组织体系

第三节　环境变化与组织变革

一、老年服务组织的环境

(一)组织环境及其分类

组织环境是指所有影响组织运行和组织绩效的因素或力量。它调节组织结构设计与组织绩效的关系,对组织的生存和发展起着决定性作用。

组织环境依据不同标准分类:以系统边界划分,可分为内部环境和外部环境,或工作环境和社会环境,或具体环境和一般环境;以环境系统的特性划分,可分为简单—静态环境、复杂—静态环境、简单—动态环境和复杂—动态环境。

1. 组织内部环境

组织内部环境是指管理的具体工作环境,包括物理环境、心理环境、文化环境等。物理环境要素包括工作地点的空气、光线和照明、声音、色彩等,对于员工的人身安全、工作心理和行为,以及工作效率有极大影响。这一环境因素要求组织设计以人为本,最大限度减少消极因素,杜绝破坏性因素,创造一种适应员工生理和心理要求的工作环境,这是实施有序高效管理的基本保证。心理环境指的是组织内部的精神环境,对组织管理有着直接的影响,决定着组织管理的效率和管理目标的实现。它包括组织内部和睦融洽的人际关系、人事关系;组织成员的责任心、归属感、合作精神和奉献精神等,直接影响组织内部成员的士气和合作程度,以及积极性、创造性的发挥。文化环境有两个层面:一是组织的制度文化,包括组织的工艺操作规程和工作流程、规章制度、考核奖励制度以及健全的组织结构等;二是组织的精神文化,包括组织的价值观念、组织信念、经营管理哲学以及组织的精神风貌等。良好的组织文化是组织生存和发展的基础和动力。

2. 组织外部环境

组织外部环境实质是管理的外部环境,是指组织所处的社会环境,它直接影响组织的管理系统,是不易或无法为组织所控制,有时甚至决定着整个组织结构的变动。组织外部环境可分为一般外部环境和特定外部环境。一般外部环境包括社会人口、文化、经济、政治、法律、技术、资源等,对组织的影响较为间接,但又是长远的,当这些环境发生剧烈变化时,会导致组织发生重大变革。特定外部环境主要针对企业组织而言,包括供应商、顾客、竞争者、政府和社会团体等。这些因素对组织的影响迅速、直接。分析外部环境的目的,是要寻找出在这一环境中可以把握住哪些机会,必须回避哪些风险,从而抓住机遇,实现可持续发展。

3. 组织的自然环境

自然环境是组织存在和发展的各种自然条件的总和。作为组织的自然环境,它又总是与人的某种社会活动相联系,是人类各种社会活动,特别是生产活动的物质基础和物质资料的来源。相对于社会环境,自然环境的变化速度比较缓慢,组织可以根据自然环境的特点,趋利避害。

4. 组织的社会环境

组织的社会环境是与组织有关的各种社会关系的总和,它主要由经济环境、政治环境和文化环境组成。经济环境包括市场状况、经济状况以及竞争态势等,是市场经济条件下组织最为关注的环境因素。政治环境对组织的影响极其深刻。政治制度、经济管理体制、法律及其修订、政策状况,以及社会秩序等都是组织必须关注的环境因素。文化环境主要指教育、科技、道德、心理习惯,以及人们的价值观与道德水准等,是影响组织系统的各种文化条件的总和。

当然,组织的自然环境和社会环境并不能截然分开,它们都是在人类社会实践基础上建立起来的相互联系的统一体。社会环境固然都离不开自然环境,自然环境也并不是纯粹的自然界,是人类社会实践的产物。

(二)组织环境的特性

组织环境是组织系统所处的环境,是与组织及组织活动相关的、在组织系统之外的一切物质和条件的统一体。因此,只有基于组织和组织活动,外部物质和条件才具有组织环境的意义。其特性是:

1. 客观性

组织环境是客观存在的,不以人们的主观意志为转移,而且它的存在客观地制约着组织的活动。作为组织环境基础的自然、社会的各种条件是物质实体或物质关系,它们是组织赖以存在的物质条件,对组织来说,就是一种客观存在的东西。

2. 系统性

组织环境是由与组织相关的各种外部事物和条件有机联系所组成的整体,也可称为组织的外部系统。组成这个系统的各种要素,如自然条件、社会条件等相互关联,形成一定的结构,表现出组织环境的整体性。组织所处的社会是一个大系统,组织的外部环境和内部环境构成了不同层次的子系统。任何子系统都要遵循它所处的更大系统的运动规律,并不断进行协调,实现有序运转。人们的管理活动就是在这种整体性的环境中进行的。

3. 动态性

组织环境的各种因素是不断变化的,各种组织环境因素又在不断地重新组合,不断形成新的组织环境。组织系统既要从组织环境中输入物质、能量和信息,也要向组织环境输出各种产品和服务,这种输入和输出的结果必然使组织环境发生或多或少的变化,使得组织环境本身总是处于不断地运动和变化之中。这种环境自身的运动就是组织环境的动态性。

(三)老年服务组织的环境

老年服务组织面对各种环境,依照上述分法,既有内部环境,也有外部环境。外部环境中,既有自然环境,也有社会环境,而有的外部环境同时也是内部环境。老年服务组织一方面受环境影响制约,另一方面又对环境的改变发挥作用。

从内部环境看,老年服务组织存在管理者和员工、员工和员工之间的关系,比如院长责任制、护理部主任职责、护理员岗位职责、财务管理制度、奖惩机制等,员工组成的各种团队,如各类文体小组等形成的人际关系等。也有组织内部为员工创造工作环境的硬件要素,比如适老化的室内建筑、灯光、光照、护理设备及设施等。

从自然环境看,老年服务组织面临的与其他组织并无明显不同。土地、水、阳光、林木等自然环境,是设立养老机构必须考虑的主要因素。在有关老年人居住建筑的几个规范里,都强调了自然环境的要求。其中《老年人建筑设计规范》就专设了"第三章 基地环境设计",明确:"应阳光充足,通风良好,视野开阔,与庭院结合绿化、造园,宜组合成若干个户外活动中心,备设坐椅和活动设施。"《老年人居住建筑设计标准》更是强调了室外、室内的自然环境要求。对室外环境,《设计标准》要求,"应选在地质稳定、场地干燥、排水通畅、日照充足、远离噪声和污染源的地段,基地内不宜有过大、过于复杂的高差";"宜选择临近居住区,交通进出方便,安静,卫生、无污染的周边环境";"老年人居住用房应布置在采光通风好的地段,应保证主要居室有良好的朝向,冬至日满窗日照不宜小于 2 小时"。对室内环境,《设计标准》更为详细,如下:

采光:

(1)老年人居住建筑的主要用房应充分利用天然采光。

(2)主要用房的采光窗洞口面积与该房间地面积之比,不宜小于表 3-1 的规定。

表 3-1　主要用房窗地比

房间名称	窗地比	房间名称	窗地比
活动室	1/4	厨房、公用厨房	1/7
卧室、起居室、医务用房	1/6	楼梯间、公用卫生间、公用浴室	1/10

(3)活动室必须光线充足,朝向和通风良好,并宜选择有两个采光方向的位置。

通风:

(1)卧室、起居室、活动室、医务诊室、办公室等一般用房和走廊、楼梯间等应采用自然通风。

(2)卫生间、公用浴室可采用机械通风;厨房和治疗室等应采用自然通风并设机械排风装置。

(3)老年人住宅和老年人公寓的厨房、浴室、卫生间的门下部应设有效开口面积大于 $0.02m^2$ 的固定百叶或不小于 30mm 的缝隙。

隔声：

(1)老年人居住建筑居室内的噪声级昼间不应大于 50dB,夜间不应大于 40dB,撞击声不应大于 75dB。

(2)卧室、起居室内的分户墙、楼板的空气声的计权隔声量应大于或等于 45dB;楼板的计权标准撞击声压级应小于或等于 75dB。

(3)卧室、起居室不应与电梯、热水炉等设备间及公用浴室等紧邻布置。

(4)门窗、卫生洁具、换气装置等的选定与安装部位,应考虑减少噪声对卧室的影响。

隔热、保温：

(1)老年人居住建筑应保证室内基本的热环境质量,采取冬季保温和夏季隔热及节能措施。夏热冬冷地区老年人居住建筑应符合《夏热冬冷地区居住建筑节能设计标准》JGJ 134—2001 的有关规定。严寒和寒冷地区老年人居住建筑应符合《民用建筑节能设计标准(采暖居住建筑部分)》JGJ26 的有关规定。

(2)老年人居住的卧室、起居室宜向阳布置,朝西外窗宜采取有效的遮阳措施。在必要时,屋顶和西向外墙应采取隔热措施。

室内装修：

(1)老年人居住建筑的室内装修宜采用一次到位的设计方式,避免住户二次装修。

(2)室内墙面应采用耐碰撞、易擦拭的装修材料,色调宜用暖色。室内通道墙面阳角宜做成圆角或切角,下部宜作 0.35m 高的防撞板。

(3)室内地面应选用平整、防滑、耐磨的装修材料。卧室、起居室、活动室宜采用木地板或有弹性的塑胶板;厨房、卫生间及走廊等公用部位宜采用清扫方便的防滑地砖。

(4)老年人居住建筑的门窗宜使用无色透明玻璃,落地玻璃门窗应装配安全玻璃,并在玻璃上设有醒目标示。

(5)老年人使用的卫生洁具宜选用白色。

(6)养老院、护理院等应设老年人专用储藏室,人均面积 $0.60m^2$ 以上。卧室内应设每人分隔使用的壁柜,设置高度在 1.50m 以下。

(7)各类用房、楼梯间、台阶、坡道等处设置的各类标志和标注应强调功能作用,应醒目、易识别。

从社会环境看,老年服务组织面临的,既有经济环境,也有政治环境、文化环境。我国是人民民主专政的社会主义国家,实行社会主义市场经济体制,正在建设社会主义和谐社会,有绵延而强大的孝文化传承。这是老年服务工作身处的社会环境,也是老年服务组织面对的社会环境。除此之外,社会环境还包括周边社会服务设施如社区医疗急救、体育健身、文化娱乐、供应服务、管理设施等,以组成健全的生活保障网络系统。有条件时,还宜临近儿童或青少年活动场所等。老年服务组织要与这些环境互相衔接,做好资源共享。

二、环境对老年服务组织工作的影响

(一)环境和组织的关系

组织环境是相对于组织而言的。在人类产生之前,自然界就客观存在着。当人类通过社会活动形成了组织,与组织及组织活动相关的、在组织系统之外的一切物质和条件的集合体才成为组织环境。因此,组织环境是一个复杂的综合体,是由各种事物和条件组成的系统。组织环境的性质与内容都与组织息息相关。单一的某个事物或某个条件只是环境的一个组成单元或子系统,只有与某个组织相关的一切外部条件的集合体才能称为组织的环境。

环境是组织生存的土壤,是组织的一个组成部分。它既为组织活动提供条件,同时也对组织活动起着制约作用。组织和外部环境每时每刻都在交流信息。任何一个组织离开组织环境便不能生存。组织是在不断与外界交流信息的过程中,得以发展和壮大的。所以,组织环境的类型影响到应采用的组织结构的类型,组织中的不同部门或事业都必须与不同的环境相适应。组织应该调整战略以适应环境,但究竟如何调整应视环境的不利程度而定。

组织环境与组织实体不同。组织实体是由管理主体和管理客体组成。它通过组织环境和外界进行交流和沟通。组织环境虽然是组织的构成要素,但并不是组织实体,它们之间有一定的界限,尽管这种界限是相对的。只有当组织确定之后,组织环境与组织实体的边界才具有相对确定性。这个边界把组织实体与组织环境分离开来,边界的内部即为组织结构及其活动所组成的组织实体,边界的外部即为与此组织有关的一切事物和条件所组成的组织环境,它们之间通过边界而相互联系和作用,不断地相互交换信息、物质、能量等。当然,这个边界不是严格确定的,处于经常的变动之中。

组织作为一个开放的系统,必然时刻与环境进行物质、能量、信息的交换。由于这种互动交换的存在,组织环境处于经常的发展变化之中,使得组织内部要素与各种环境因素的平衡经常被打破,促成了组织结构的变化。因此,组织必须及时修订自己的活动方案,以适应不断变化的环境,通过调整组织系统输入输出的结果,促使组织环境更加有序化地朝着有利于组织系统生存和发展的方向运动。组织环境的客观性、系统性、动态性等特征,说明组织环境本身就是一个有着复杂结构的运动着的系统。正确分析组织所面临的环境中的各种组成要素及其状况,是任何一个管理者进行成功的管理活动所不可缺少的前提条件。

环境对组织的形成、发展和消亡有着重大的影响。有些环境的产生为组织的建立起着积极的促进作用,例如蒸汽机技术的出现导致了现代工厂组织的诞生。有些环境的变化为组织的发展提供了有利条件。相反,由于某些组织未能适应环境的变化而不复存在。在当代和未来,组织的目标、结构及其管理等只有变得更加灵活,才能适应环境多变的要求。

组织与环境的关系,不是组织对环境做出单方面的适应性反应,也有积极的反作用。其主要表现为:组织主动地了解环境状况,获得及时、准确的环境信息;通过调整自己的目标,避开对自己不利的环境,选择适合自己发展的环境;通过自己的力量控制环境的状况和变化,使之适应自己的活动和发展,而无需改变自身的目标和结构;可以通过自己的积极活动创造和开拓新的环境,并主动地改造自身,建立组织与环境新的相互作用关系。与此同时,组织对环境的反作用也有消极的一面,即对环境的破坏。这种消极的反作用又会影响组织的正常活动和发展。

(二)老年服务组织环境对老年服务组织工作的影响

老年服务组织的生存、发展与环境密切相关。从某种意义上讲,环境对老年服务组织的生存、发展有着决定性的意义。如果老年服务组织不能有效处理与环境的关系,组织就极有可能导致衰退和消亡。

首先,老年服务组织与环境共处一个社会共同体中。无论是自然环境,还是社会环境,都远大于老年服务组织,包容着老年服务组织。换而言之,任何一个老年服务组织都不可能脱离一定的自然环境、社会环境而存在,相反,他们是融合在一起的,是统一于社会大环境的整体中。

其次,环境决定着老年服务组织的走向。外部环境直接决定着老年服务组织的运行模式。养老服务作为一种市场行为,必然有经济交易的存在,也必然受价值规律的影响。一个国家实施的经济制度决定养老服务组织的经济运行方式。我国实行社会主义市场经济体制,老年服务组织自然受其影响,比如服务定价机制,公办养老机构的收费标准,由发改部门(物价部门设在发改部门内)核定,非营利养老机构实行政府指导价,营利性养老机构实行市场自主定价。2014年以来,国家和各省对此定价方式进行了改革,明确非营利性养老机构也实行自主定价。政治环境决定养老服务组织的政策管理和运行行为。在我国,公办养老机构一般都设有党委(支部),民办非企业机构也在推行建立党委(支部)。运行管理要以科学发展观为指导,强调人本理念等。文化环境更具有潜移默化的要求。比如对老年人的照护,不少养老服务组织都提出"替天下子女尽孝",就是一种我国典型的传统文化观。而内部环境,在微观上可能直接决定某一具体的老年服务组织的消亡。如果没有建立好的管理制度,没有完善的考核机制,就会导致服务对象不满,他们会采取用脚投票的方式,直接影响机构的收入,当长期入不敷出、无法营运后,只有关门。

再次,老年服务组织对环境的发展具有反作用。老年服务组织在环境面前,并非一味受限。当它运营成功后,就一定会产生积极的促进作用。一是保障民生。一方面,老年服务组织创造就业机会,稳定运营的组织为员工提供就业保障;另一方面,养老服务机构服务好老年人,使他们老有所养、老有善养,让子女放心,安心投身到工作中,创造财富,即是最大的民生。二是促进产业发展。养老服务既包括事业,也包括产业。事业部分也可以通过产业化机制进行运营。养老服务组织的有效运营,可以促进经济发展方式的转型升级。三是营造社会氛围。好的老年服务组织能够引领、推动周边社区和当地尊老、爱老的社会风气,进而推动当地的和谐社会建设。

三、老年服务组织的变革与发展

(一)组织变革与发展的概念

组织变革是指对组织功能方式的转换或调整,是管理的重要任务之一。所有的组织都会因来自竞争对手的、信息技术的、客户需求的各种压力,不断地进行变革。组织管理需要不断调整工作程序,录用新员工,设立新的部门或机构,改革原有的规章与制度,实施新的信息技术,等等。组织变革可以大致分成三类:

(1)适应性变革,指引入已经经过试点的比较熟悉的管理实践,属于复杂性程度较低、确定性较高的变革,适应性变革对员工的影响较少,潜在的阻力也较小。

(2)创新性变革,指引入全新的管理实践,例如,实施"弹性工时制"或股份制,往往具有较高的复杂性和不确定性,因而容易引起员工的思想波动和担忧。

(3)激进性变革,指实行大规模、高压力的变革和管理实践,包含高度的复杂性和不确定性,变革的代价很大。

组织发展是指以人员优化和组织气氛协调为思路,通过组织层面的长期努力,改进和更新企业组织的过程,实现系统的组织变革。20世纪60年代以来,管理心理学家和企业家都特别关注"有计划变革",即从零散的变革活动,转向系统的、有计划的战略性变革,重视变革的理论指导和方法途径。由此,发展出一个新的管理心理学领域,即组织发展,简称为OD。

组织发展比较强调正式的工作群体的作用,主要对象是工作群体,包括管理人员和员工。其基本特征有:

(1)组织发展是具有高度价值导向的深层次的变革。组织发展意味着需要深层次和长期性的组织变革。由于组织发展涉及人员、群体和组织文化,有着明显的价值导向,特别是注重合作协调而不是冲突对抗,强调自我监控而不是规章控制,鼓励民主参与管理而不是集权管理。

(2)组织发展是一个诊断—改进周期。组织发展是对组织进行"多层诊断"、"全面配方"、"行动干预"和"监控评价",从而形成积极健康的诊断—改进周期。因此,组织发展强调基于研究与实践的结合。组织发展的一个显著特征是把组织发展思路和方法建立在充分的诊断、裁剪和实践验证的基础之上。组织发展的关键就是学习和解决问题,这也是组织发展的一个重要基础。

(3)组织发展是一个渐进过程。组织发展活动既有一定的目标,又是一个连贯的不断变化的动态过程。强调各部分的相互联系和相互依存,是组织发展的重要基础与特点。在组织发展中,各种管理事件不是孤立的,而是相互联系的;一个部门或一方面所进行的组织发展,必然影响其他部门或方面的进程,因此,要从整个组织系统出发实施组织发展,既要考虑全系统的有效运作,又要考虑各部分的工作,并调节其与外界的关系。组织发展着重于过程的改进,既解决当前存在的问题,又通过有效沟通、问题解决、参与决策、冲突处理、权力分享和生涯设计等,解决相互之间存在的问题,实现组织发展的总体目标。

(4)组织发展是以有计划的再教育手段实现变革的策略。组织发展不只是有关知识和信息等方面的变革,而更重要的是在态度、价值观念、技能、人际关系和文化气氛等管理心理各方面的更新。通过组织发展的再教育,可以使管理者、员工抛弃不适应于形势发展的观念、规范,建立新的行为规范,并且使行为规范建立在员工的态度和价值体系优化的基础之上,从而实现组织的战略目的。

(5)组织发展具有明确的目标与计划性。组织发展活动是订立、实施发展目标与计划的过程,需要设计各种培训学习活动提高目标设置和战略规划的能力。明确、具体、中等难度的目标更能激发工作动力和提高工作效能。目标订立与目标管理活动,不但能够最大限度地利用企业的各种资源,发挥人和技术等两个方面的潜力;而且还能产生高质量的发展计划,提高责任感和义务感。因此,组织发展的一个重要方面就是让组织设立长远的学习目标和掌握工作计划技能,包括制订指标和计划、按照预定目标确定具体的工作程序,以及决策技能等。

应该说,组织变革与组织发展有着十分密切的关系,组织发展可以看成实现有效组织变革的手段。与组织变革和组织发展密切相关的另一个概念是组织创新,这是指运用多种技能和组织资源,创造出所在行业或市场上全新的思路、产品或服务。通过在人力资源管理、管理机构和体制等方面,有计划地组织干预活动,帮助管理人员实施计划变革,组织和促进员工形成高度的承诺、协调和岗位胜任力,从而增强组织效能和员工综合胜任力。

(二)组织变革的理论模型

组织变革是一个复杂、动态的过程,需要有系统的理论指导。管理心理学对此提出了不少行之有效的理论模型,适合于不同类型的变革任务。其中影响最大的有:Lewin 变革模型,系统变革模型和 Kotter 组织变革模型等。

1. Lewin 变革模型

Lewin 变革模型在组织变革模型中最具影响。1951 年，Lewin 提出了一个包含解冻、变革、再冻结等三个步骤的有计划组织变革模型，用以解释和指导如何发动、管理和稳定变革过程。

（1）解冻。这一步骤的焦点在于创设变革的动机。鼓励员工改变原有的行为模式和工作态度，以采取新的适应组织战略发展的行为与态度。为此，一方面，需要对旧的行为与态度加以否定；另一方面，要使员工认识到变革的紧迫性。可以采用比较法，把本单位的总体情况、主要发展指标与其他优秀单位、竞争对手进行比较，找出差距，激发变革动力，自觉接受新模式。

（2）变革。这一步骤的焦点是为员工提供新信息、新行为模式和新的视角，指明变革方向，进而形成新的行为和态度。应采用角色模范、导师指导、专家演讲、群体培训等多种途径，为新的工作态度和行为树立榜样。Lewin 认为，变革是个认知的过程，它通过获得新的概念和信息得以完成。

（3）再冻结。这一步骤的焦点是使组织变革处于稳定状态。要利用必要的强化手段使新的态度与行为固定下来，确保组织变革的稳定性。可采用正面强化方法，促使形成稳定持久的群体行为规范。

2. 系统变革模型

系统变革模型是在更大的范围里解释组织变革过程中各种变量之间的相互联系和相互影响关系，包括输入、变革元素和输出三个部分。

（1）输入。输入的基本构架是组织的使命、愿景和相应的战略规划，包括内部的优势和劣势、外部的机会和威胁。使命表示组织存在的理由，愿景描述组织所追求的长远目标，战略规划则是为实现长远目标而制订的有计划变革的行动方案。

（2）变革元素。主要包括目标、人员、社会因素、方法和组织体制等。这些元素相互制约，互相影响。组织需要根据战略规划，组合相应的变革元素，实现变革的目标。

（3）输出。即变革的结果。根据组织战略规划，从组织、部门群体、个体等三个层面，增强组织整体效能。

3. Kotter 组织变革模型

领导研究与变革管理专家 Kotter 研究表明，成功的组织变革有 70%～90%由于变革领导的成效，还有 10%～30%是由于管理部门的努力。而组织变革失败往往是由于高层管理部门犯了以下错误：没能建立变革需求的急迫感；没有创设负责变革过程管理的有力指导小组；没有确立指导变革过程的愿景，并开展有效的沟通；没能系统计划，获取短期利益；没能对组织文化变革加以明确定位等。为此，Kotter 提出了指导组织变革规范发展的八个步骤：建立急迫感；创设指导联盟、开发愿景与战略；沟通变革愿景；实施授权行动、巩固短期得益、推动组织变革、定位文化途径等。

4. Bass 的观点和 Bennis 的模型

管理心理学家 Bass 认为，按传统方式以生产率或利润等指标来评价组织是不够的，组织效能必须反映组织对于成员的价值和组织对于社会的价值。有三个方面要求：①生产效益、所获利润和自我维持的程度；②对于组织成员有价值的程度；③组织及其成员对社会有价值的程度。

Bennis 提出,有关组织效能判断标准,应该是组织对变革的适应能力。当今组织面临的主要挑战是,能否对变化中的环境条件作出迅速反应和积极适应外界的竞争压力。组织成功的关键是能在变革环境中生存和适应,而要做到这一点,必须有一种科学的精神和态度。适应能力、问题分析能力和实践检验能力,是反映组织效能的主要内容。一是环境适应能力:解决问题和灵活应付环境变化的能力;二是自我识别能力:组织真正了解自身的能力,包括组织性质、组织目标、组织成员对目标理解和拥护程度、目标程序等;三是现实检验能力:准确觉察和解释现实环境的能力,尤其是敏锐而正确地掌握与组织功能密切相关因素的能力;四是协调整合能力:协调组织内各部门工作和解决部门冲突的能力,以及整合组织目标与个人需求的能力。

5. Kast 的组织变革过程模型

Kast 提出了组织变革过程的六个步骤:一是审视状态,对组织内外环境现状进行回顾、反省、评价、研究;二是觉察问题,识别组织中存在问题,确定组织变革需要;三是辨明差距,找出现状与所希望状态之间的差距,分析所存在的问题;四是设计方法,提出和评定多种备选方法,经过讨论和绩效测量,择优确定;五是实行变革,根据所选方法及行动方案,实施变革行动;六是反馈效果,评价效果,实行反馈。若有问题,再次循环此过程。

另外,还有 Schein 的适应循环模型等。

(三)组织变革的动力

组织变革的动力来自各方面,有的来自组织的外部环境,有的来自组织的内部环境。

1. 外部变革推动力

外部变革推动力,也称外部环境推动力,主要有政治、经济、文化、技术、市场等方面的因素,其中与变革动力密切相关的有以下几方面:

(1)社会政治特征。国家经济政策、社会政策、改革和发展战略等是最为重要的社会政治因素,对于各类组织有着强大的变革推动力。

(2)技术发展特征。机械化、自动化,特别是信息技术对于组织管理有着广泛影响,是组织变革的主要推动力。由于高新技术的广泛引用,特别是计算机数控、计算机辅助设计、计算机集成制造,以及网络技术等,对组织的结构、体制、群体管理和社会心理系统等提出了变革的要求。

(3)市场竞争特征。国内市场竞争日趋激烈,经济全球化,迫使组织改变原有经营与竞争方式。劳务市场正在发展深刻的变化,使得组织为提高竞争能力而加快重组步伐,管理人才日益成为竞争的焦点。

2. 内部变革推动力

组织变革的内部推动力,主要有组织结构、人力资源管理和经营决策等方面的因素。

(1)组织结构。这是组织变革的重要内部推动力。外部的动力带来组织的兼并与重组,或者因为战略的调整,要求对组织结构加以改造。由此影响到整个组织管理的程序和工作的流程。

(2)人员与管理特征。由于劳动人事制度的改革不断深入,员工来源和技能背景构成更为多样化,企业组织需要更为有效的人力资源管理。管理成为组织变革的推动力之一。为了保证组织战略的实现,需要对组织的任务作出有效的预测、计划和协调,对组织成员进行多层次的培训,对组织自身不断进行积极的挖潜和创新。这些管理活动是组织变革的必要基础和条件。

（3）团队工作模式。各类组织日益注重团队建设和目标价值观的更新，形成了组织变革的一种新的推动力。组织成员的士气、动机、态度、行为等的改变，对于整个组织有着重要的影响。随着电子商务的迅猛发展，虚拟团队管理对组织变革提出了更新的要求。

(四)克服组织变革的阻力

1. 抵制组织变革的原因

组织变革作为战略发展的重要途径，总是伴随着不确定性和风险，并且会遇到各种阻力。常见的组织变革阻力可以分为三类：

（1）组织因素。在组织变革中，组织惰性是形成变革阻力的主要因素。所谓组织惰性，是指组织在面临变革形势时表现得比较刻板、缺乏灵活性，难以适应环境的要求或者内部的变革需求。造成组织惰性的因素较多，如组织内部体制不顺、决策程序不良、职能焦点狭窄、层峰结构和陈旧文化等。此外，组织文化和奖励制度等组织因素以及变革的时机也会影响组织变革的进程。

（2）群体因素。组织变革的阻力还会来自群体方面，包括群体规范和群体内聚力等。群体规范具有层次性，边缘规范比较容易改变，而核心规范由于包含着群体的认同，难以变化。同样，内聚力很高的群体也往往不容易接受组织变革。Lewin的研究表明，当推动群体变革的力和抑制群体变革的力之间的平衡被打破时，就形成了组织变革，否则难以形成变革。

（3）个体因素。人们往往会由于担心组织变革的后果而抵制变革。一是职业认同与安全感。在组织变革中，人们需要从熟悉、稳定和具有安全感的工作任务，转向不确定性较高的变革过程，其"职业认同"受到影响，产生对组织变革的抵制。二是地位与经济上的考虑。人们会感到变革影响他们在企业组织中的地位，或者担心变革会影响自己的收入。或者，由于个性特征、职业保障、信任关系、职业习惯等方面的原因，产生对于组织变革的抵制。

2. 克服对组织变革的抵制

克服对于组织变革的抵制或阻力，办法有多种：

（1）参与和投入。研究表明，人们对某事的参与程度越大，就越会承担工作责任，支持工作的进程。因此，当有关人员能够参与有关变革的设计讨论时，参与会导致承诺，抵制变革的情况就显著减少。参与和投入方法在管理人员所得信息不充分或者岗位权力较弱时使用比较有效。但是，这种方法常常比较费时间，在变革计划不充分时，有一定风险。

（2）教育和沟通。这是克服组织变革阻力的有效途径。这种方法适用于信息缺乏和对未知环境的情况，其实施比较花费时间。通过教育和沟通，分享情报资料，不仅带来相同的认识，而且在群体成员中形成一种感觉，即他们在计划变革中起着作用。他们会有一定的责任感。同时，在组织变革中加强培训和信息交流，对于成功实现组织变革极为重要。这既有利于及时实施变革的各个步骤，也使得决策者能够随时在实施中获得有效的反馈，并由此排除变革过程中遇到的抵制和障碍。

（3）组织变革的时间和进程。即使不存在对变革的抵制，也需要时间来完成变革。员工需要时间去适应新的制度，排除障碍。如果领导觉得不耐烦，加快速度推行变革，对下级会产生一种受压迫感，产生以前没有过的抵制。因此，管理部门和领导者需要清楚地懂得人际关系影响着变革的速度。

（4）群体促进和支持。运用"变革的群体动力学"，可以推动组织变革。这里包括创造强烈的群体归属感;设置群体共同目标,培养群体规范,建立关键成员威信,改变成员态度、价值观和行为等。这种方法在人们由于心理调整而不良产生抵制时使用比较有效。

(五)组织发展的类型

1. 技术与结构方面的组织发展

大体可以分为技术与结构方面的组织发展和个人与群体方面的组织发展两大类。社会技术系统思路来自英国塔维斯托克研究所进行的经典研究。技术系统与社会心理系统的交互影响比各自系统的效应更为重要,在组织发展中,应该把社会与技术这两个方面的协调作为重要的任务,以便使组织在技术、组织结构和社会相互作用诸方面的配合达到最佳。

2. 人与群体方面的组织发展

着重于组织成员和群体活动的整个过程,主要的理论依据来源于心理学和社会心理学的研究。这类组织发展的基本假设是,通过一些专门的组织发展程序,提高组织成员的心理素质和人际过程质量,进而改进组织绩效。这些方法是以早期所采用的实验室训练方法为基础,以后被广泛应用于组织发展活动,其中比较重要的技术是"敏感性训练"和"管理方格图训练"方法。这两种技术和调查反馈方法都广泛应用组织发展方式。

敏感性训练是通过面对面的"无结构式"的小组互动,使参加者深入地了解和认识自己及他人的情感和意见,从而增强自我意识和认知能力,提高对于人际互动的敏感性。管理方格图训练是从领导行为的管理方格理论发展而来的组织发展方式,和前一方法不同之处在于:敏感性训练是组织发展的一种工具或手段;管理方格图训练则不只是工具或手段,而且更是用于管理发展的一项全面计划。

3. 其他方式的组织发展

(1)过程咨询。主要通过群体内部或者群体与咨询顾问之间的有效交流与工作过程而进行,以帮助诊断和解决组织发展过程中所面临的重要问题。过程咨询的显著特点是有内部或外部的咨询顾问与管理人员共同工作。过程咨询与敏感性训练及调查反馈的不同之处是,其目的不是解决组织存在的问题,而是帮助大家改变观念,更注重问题导向。过程咨询实施的范围包括管理沟通、群体角色、群体决策、群体规范与发展,以及领导和群体之间关系等。实践表明,过程咨询有两个主要的优点:一是可以解决组织面临的重要人际协调工作或群体间问题;二是可以帮助组织解决自身存在的问题。但是,过程咨询的不足之处在于,组织成员不能像在其他组织发展活动中那样广泛参与整个过程,而且过程咨询一般时间较长、费用较大。

(2)团队建设。团队是指目标协调、职能整合的班组或工作部门及群体。团队建设的目的是以群体成员的相互作用来协调群体工作的步调与规范,提高群体的工作效率。团队建设分为几个步骤:一是预备活动。在团队建设正式进行之前,需要有一些预备的活动。二是诊断活动。对第一线的管理人员进行调研和诊断、问卷或访谈,了解有关组织文化、工作与管理内容、存在问题等,并且把所收集的资料与各组讨论,坦率地分析问题,提出初步的改革建议。三是团队参与。整个班组或部门一起参与确定解决问题的办法,制订完成目标的计划,同时还在各班组或部门之间举行会议,建立合作关系,并把组织发展活动扩展到整个组织。四是顾问促进。团队建设方案的实施通常要花几个月到一年的时间,在这当中,外来的顾问起着重要的促进与协调作用。

(3)目标管理。目标管理是从目标论发展起来的,通过设置和实施具体的、中等难度目标的过程,提高员工积极性和工作效率。目标管理的参加者已由早先的只限于管理人员,发展到可以由工作群体或个人参与,成为组织发展的有效手段之一。目标管理一般有以下几个步骤:

一是由管理部门提出总体目标,包括对组织中主要缺点的了解,决定成绩考核的客观标准或尺度以及考核办法。

二是从上到下指定目标管理子系统,每个部门都根据总体目标和部门的情况,订立各部门的目标。

三是订立个人目标,会同管理人员订立自己的工作目标及行动计划,形成目标体系。

四是定期评价结果,对照目标,评定工作成绩,另外,每年由管理部门和员工共同进行一次总体评定,届时对所订目标作必要的调整,以适应变化了的情况和新的要求。

(六)老年服务组织的变革与发展

老年服务组织随着时代的发展需要作出变革,以老年人的需求为导向,创新体制机制,提高服务质量。改革开放后,老年服务组织的变革是巨大的,绝大部分是革命性的。一方面,计划经济体制下的原有老年服务组织按照市场经济的要求脱胎换骨,焕发出生机活力;另一方面,新的形势要求催生出全新的老年服务组织。这里面,既有适应性变革,又有创新性变革、激进性变革。

1. 老年服务政策管理组织的变革与发展

(1)民政部门。

作为老年服务的政策管理组织,民政部是从主管社会福利事业开始的。国民政部的前身是成立于1949年的"中央人民政府内务部",1954年改称"中华人民共和国内务部",1969年撤销,1978年设立"中华人民共和国民政部",并延续至今。地方上的民政工作机构,大区设民政局,省设民政厅,专署和县设民政科。

内务部成立之初,以救灾和政权建设工作为重点。根据《中央人民政府内务部试行组织条例(草案)》的规定,内设的社会司主管社会福利工作,负责接收和改造城市社会福利机构。1953年8月,内务部增设救济司,负责原由社会司所管的社会福利和社会救济工作中农村部分以及移民工作。合作化开展后,各地逐步开展了农村五保对象的集中供养工作,在全国形成了一大批敬老院,也由救济司管理。1958年8月,根据国务院关于工作体制和财政体制决定的精神,农村救济司改为农村救济福利司,将城市救济司改为城市社会福利司,分别管理城市和农村的社会福利院和敬老院。

"文化大革命"期间的1968年12月11日,内务部撤销,其社会福利的部分职能由财政部、卫生部负责。

1978年3月5日,第五届全国人民代表大会第一次会议通过决议,设立中华人民共和国民政部,恢复了农村社会救济司、城市社会福利司,其管理的原有职能得到恢复。1988年7月7日,国家机构编制委员会审议并批准了民政部机构改革"三定"方案,确认民政部的职能任务是,通过发展社会福利与社会保障事业,推进公共福利事业的社会化,确定设立救灾救济司、社会福利司。2003年,国务院批准设立最低生活保障司,主管救灾救济司中划出社会救济职能,负责全国五保敬老工作。2009年,国务院批准了民政部新的"三定"方案,明确改最低生活保障司为社会救助司,社会福利和社会事务司为社会福利和慈善事业促进司、社会事务司,社会福利和慈善事业促进司管理养老服务工作。

（2）老龄办系统。

老龄办是中国老龄协会的办事机构。中国老龄协会的前身是老龄问题世界大会中国委员会和中国老龄问题全国委员会。为了参加 1982 年在维也纳召开的老龄问题世界大会（World Assembly on Aging），当年 3 月，国务院批准成立了老龄问题世界大会中国委员会，同年 10 月更名为中国老龄问题全国委员会，1983 年国务院正式批准中国老龄问题全国委员会为常设机构。1995 年更名为中国老龄协会（对外名称仍用中国老龄问题全国委员会）。2005 年 8 月，经中央编委批准，"全国老龄工作委员会办公室与中国老龄协会实行合署办公。在国内以全国老龄工作委员会办公室的名义开展工作；在国际上主要以中国老龄协会的名义开展老龄事务的国际交流与合作"（中央编办发〔2005〕18 号）。其性质是国务院直属的事业单位，主要工作任务是：对我国老龄事业发展的方针、政策、规划等重大问题和老龄工作中的问题，进行调查研究，提出建议；开展信息交流、咨询服务等与老龄问题有关的社会活动，参与有关国际活动；承办国务院交办的其他事项和有关部门委托的工作。

从上述两个系统变迁看，可以说，政策管理组织受社会、政治环境影响较大，是时代发展的产物。民政部门受行政管理体制改革影响尤其明显，除"文革"时期外，尽管民政部在历次机构改革中都得以保留，但具体职掌司局还是有明显的变化。1984 年后，民政部社会福利司开始探索社会福利社会化，逐步把为老年人提供养老服务作为本司局的核心业务来抓，在党委、政府和社会各界中达成共识。2006 年，民政部提出推进养老服务体系建设，开始把整个养老服务体系建设纳入职能范围。老龄办更是一个时代的产物，是对日益加剧的人口老龄化趋势的应对。

2. 老年服务组织的变革与发展

老年服务组织是社会养老服务体系建设中的主体。在应对人口老龄化的过程中，这一组织集群无论在数量还是质量方面都发生了革命性的变化。

（1）养老院。

新中国成立后，人民政府接管、改造了旧制度遗留下来的养老机构，发展成为城镇福利院，并在农村合作化运动期间办起了敬老院，负责供养一些特殊老年群体，保障他们的基本生活，为他们提供基本生活、医疗保健和服务等。这些特殊群体主要是城镇"三无"对象和农村五保对象。（注：城镇"三无"对象是城镇无法定赡养、抚养、扶养义务人，或者虽有法定赡养、抚养、扶养义务人，但赡养、抚养、扶养义务人无赡养、抚养、扶养能力的；无劳动能力的；无生活来源的人的简称。农村五保对象，是指对这类人由政府和社会提供吃、穿、住、医、葬等五个方面保障的简称。因此，农村五保对象实际上指的是同一类人，只不过因城乡分割造成称谓不同，在城镇特指其身份，在农村指的是保障内容。）

城镇福利院在起初主要由接管和改造国民政府遗留下来的救济院、劳动习艺所和教会办的旧慈善团体及救济机构而来。因主要解决社会上流离失所、无依无靠、饥寒交迫的各类人员的收容安置问题，对他们进行救济、教育和劳动改造，故当时大多称这类机构为生产教养院。经过社会主义改造，生产教养院的收容对象逐步明确为无依无靠、无法维持生活的残老孤幼，排除了有劳动能力的各类人员，机构名称演变成为社会福利院、养老院、儿童福利院、精神患者疗养院等，工作内容从改造、教育、救济为主转向救济、教育为主。到 1953 年年底，全国城市社会救济福利事业单位 920 个，先后收容孤老 10 万人左右。

社会主义改造完成后，国家专设残、老和儿童福利院，明确其性质是社会福利机构，社会福利与社会救济工作分流,形成独立的系统。1956 年,国家专设残、老和儿童福利院,明确其性质是社会福利机构,福利机构收养安置孤寡老人 5.3 万人。大部分省、市、自治区还建立专门的精神病疗养院,收养无家可归、无依无靠和无生活来源的精神患者。1959 年,在湖北召开的现场会议上,规定福利事业单位不再提"教养"二字,残老院更名为社会福利院或养老院。1961 年,内务部针对社会福利事业单位存在的虐待收养对象、不关心他们生活、有病不治、强迫劳动等现象,提出进行专门的整顿。重申这类机构的社会福利性质,批评不分收养对象一律"以教为主"的办院思想,进一步促使这类机构向以福利服务为主的方向转变。到 1964 年,全国范围内的社会福利机构发展到 733 个,收养"三无"老人近 7.9 万人。20 世纪 70 年代末,民政部要求明确这类机构的社会福利性质,提出了为孤老残幼服务的口号,并对那种不分收养对象一律"以教为主"的办院思想提出了批评,才真正使这类机构的工作性质开始从以救济性为主向以福利服务为主的方向转变。"文化大革命"期间,福利机构发展遭受严重挫折。

改革开放后,通过推进社会福利社会化,积极创新体制机制,福利机构重新焕发了生机活力。一是确立以养为主的指导思想。1979 年 11 月,全国城市社会救济福利工作会议重申福利机构的工作方针是"以养老为主,通过适当劳动、思想教育和文娱活动,使老人身心健康,心情舒畅,幸福地度过晚年"。这一原则随后被进一步解释为"以养为主"、"供养与康复并重",福利机构由救济型向福利型的转变,由供养型向供养康复型的转变。二是推进社会福利社会化进程。1984 年 11 月,民政部在漳州召开全国城市社会福利事业单位整顿经验交流会,进一步确定"以养为主"、"供养与康复并重"的方针,提出要坚持社会福利社会办的方向,面向社会,多渠道、多层次、多形式地举办各种社会福利事业,做到"三个转变"(由国家包办向国家、集体、个人一起办的体制转变,由救济型向福利型的转变,由供养型向供养康复型的转变),强调要加快改革步伐,大力开展自费收养。1998 年 3 月,为加快社会福利社会化进程,在总结经验的基础上,民政部选定 13 个城市进行试点,形成了一批新的典型。其后,国务院办公厅转发民政部等 11 部委《关于加快实现社会福利社会化的意见》,进一步推动了这项工作。社会化使福利机构的投资主体呈多元化格局,国家、社会、个人共同参与;运营机制出现"国办民营"、"民办公助"等方式,提高了养老服务效率。三是扩大服务对象至普通老人。从 1979 年开始,福利机构在做好"三无"老人收养的同时,开展了孤老职工的自费收养。其进程在 80 年代中期大大加快,服务对象扩展到有需要的老人,实现公众化。到 1988 年,全国城市福利机构收养人员 1.7 万人,占收养人员总数的 24%,这里面大部分是老年人。1998 年 3 月,民政部为加快社会福利社会化进程,在总结各地经验的基础上,选择了 13 个城市进行社会福利社会化试点,出现了一批典型。其后,社会福利社会化步伐不断加快。在此基础上,国务院办公厅转发了民政部等 11 部委《关于加快实现社会福利社会化的意见》。四是规范服务工作。90 年代以后,民政部和建设部等国家有关部委相继制发了《社会福利机构管理暂行办法》、《老年人社会福利机构基本规范》、《老年人建筑设计规范》、《养老护理员国家职业标准》等,从硬件、软件等方面规范福利机构管理,服务项目由原来单一的基本生活保障发展为集居住、医疗服务、康复、娱乐等于一体,提高了养老服务工作质量。

通过这一系列的措施,计划经济体制下形成的国家包办包管、只面向"三无对象"、只强调收养服务、工作人员素质不高的社会福利机构形象全面改观,形成了全新的发展模式。目前,从总体上看,城镇养老机构呈现出投资主体多元化、服务对象公众化、运行机制市场化、多种所有制共存、适应社会主义市场经济体制的发展格局,较好地保障了特殊对象的供养需求,在一定程度上满足了社会公众对福利事业的要求。据统计,2010 年,全国共有收养类福利单位 4.0 万个,拥有床位 299.3 万张,收养老年人 236.2 万人。

1951 年,国家内务部在全国推广河南省唐河县通过自愿联合、安置孤老残幼的办法,开启了农村敬老院的先河。唐河县本着双方自愿、先近后远、先亲后邻的原则,安置孤老残幼。被安置者将房屋、土地和财产带到安置者家中,统一经营和管理使用。被安置者的生养死葬,由安置者全部负责,其死后的遗产由安置者继承。这一办法使 1500 名孤老残幼得到了较好安置。这一经验在各地实施后,据不完全统计,到 1953 年,全国有 50 多万孤老残幼得到了安置,既减轻了国家负担,又稳定地保障了他们的生活。

在农村实行合作化过程中,由于部分五保对象年老体弱,生活不能自理,一些地方只得派专人照料他们的日常生活,使集体负担过重。为此,从 1956 年年初开始,各地陆续兴办起敬老院。黑龙江省拜泉县兴华乡敬老院为全国首家。1958 年 8 月 6 日,毛泽东同志视察河南省新乡县七里营人民公社敬老院,同老人亲切交谈,并赠送拐杖。同年 12 月,中共八届六次全会通过的《关于人民公社若干问题的决议》明确指出:"要办好敬老院,为那些无子女依靠的老年人(五保户)提供一个较好的生活场所。"毛泽东同志的视察和中央的决定极大地促进了敬老院的发展。到 1958 年年底,全国共办起了 15 多万所敬老院,收养五保对象 300 余万人。三年困难时期和十年"文革",农村敬老院的发展遭受挫折。其原因既有客观上集体财力不足,难以维持的问题,也有主观上好大喜功,而经验不足、管理不善造成的。另外,"文革"中不少五保对象被批斗,也使不少敬老院被解散。到 1978 年,据统计,全国农村敬老院只有 7175 个,年末收养人数 104361 人。

改革开放后,农村敬老院走上了新的发展轨道。一是确立了办院的方针和原则。即"依靠集体,文明办院,民主管理,敬老养老",坚持"入院自愿,出院自由"。二是推动五保老人就近入院。据此,坚持以乡镇为骨干开展多层次办院,实现乡乡建有敬老院。政府倡导社会各界参与建设。1988 年 7 月,民政部发出《关于支持和表彰个人办敬老院的决定》,并表彰 19 位义办敬老院个人,推动这项工作。仅 1994 年,社会各界就投入 4.8 亿元,新建、改扩建敬老院 3900 所。当年底,共有敬老院 40509 所,收养五保对象 578323 人。当年有 1131 个县市实现乡乡建有敬老院。进入新世纪后,为适应农村税费改革后的新形势,民政部相继推广了广西"五保村"、浙江集中供养、湖北"福星工程"等做法,使敬老院在稳定中发展。2006 年开始实施的"霞光计划",进一步促进了敬老院建设。同年 7 月制发《关于农村五保供养服务机构建设的指导意见》,要求各级政府把五保供养机构建设纳入当地经济社会发展规划,多方筹措、安排建设资金,原则上一个乡(镇)建一所,满足五保对象集中供养所需。三是规范敬老院管理。1997 年 3 月,民政部制发《农村敬老院管理暂行办法》,对敬老院性质、管理主体、资金渠道、院务管理、财务管理、生产经营、工作人员的选用、政策扶持等作出明确,规定敬老院是农村集体福利单位,以乡镇办为主、村办为辅,供养对象以五保对象为主,经费实行乡镇统筹,村办敬老院由村公益金解决,并通过发展院办经济和接收社会捐赠逐多方筹措资金。四是逐步扩大服务对象。从 80 年代中后期开始,敬老院开展自费寄养。1989 年,全国 37371 所敬老院中,有 1675 个开展自费收养,收养老人 9000 多,占收养老人总数的 2% 左右。到 2011 年,全国有各类养老机构 38060 个,拥有床位 266.2 万张,收养各类人员 210.9 万人。

（2）居家养老服务机构。

居家养老服务是指由社区和社会帮助家庭成员为在家里居住的老年人提供生活照料、医疗护理和文化娱乐、精神慰藉等方面服务的一种社会化养老服务形式，是对中国传统家庭养老的深化和发展，具有服务主体多元化、服务对象公众化、服务方式多样化、服务队伍专业化等特点。因此，居家养老服务有两类机构：一是建在社区的居家养老服务照料设施；二是上门为老年人提供服务的单位。

社区的居家养老服务照料设施发端于社区服务。2000年开始，在老龄化的压力下，民政部开始在全国推行城市老年"星光服务"计划，建设了一大批"星光老年之家"，为老年人休闲娱乐活动提供场地。随后，各地积极探索各种形式的社区照料服务，加强服务设施建设。在名称上，有的称居家养老服务站，有的称社区日间照料中心，有的称居家养老服务照料中心等。2011年，住建部发布了《社区日间照料中心建设标准》，明确了社区居家养老服务设施建设标准。

与此同时，各地积极探索支持上门服务的办法，通过购买服务等办法，鼓励中介服务参与运作。浙江、北京、上海等地针对发展居家养老服务中需要解决的问题相继制定出台了一系列政策规定，从财力物力上给予资助和扶持，使居家养老服务的发展具有充足的政策依据和法制保障。把老年人按照经济收入、身体状况、家庭成员状况分成不同类别，然后确定不同的政府补贴标准。2006年后，根据全国老龄办、民政部《关于开展居家养老服务的通知》要求，进一步鼓励中介组织实施运作。通过积极制定资助政策、设立专项资金提供贷款担保和贴息支持等措施，采取"民办公助"的办法，积极培育和发展非营利性的社区服务机构或中介服务组织，把居家养老服务交给他们去运作。这些中介组织主要从物业公司、家政服务公司、养老机构等转化、发展而来，有的则是专门成立的。以浙江为例，到2013年上半年，为居家老人提供上门服务的组织或民办非企业单位已达7500家，服务老人20万。这其中，也产生了专门为居家老年人提供现代技术支持的信息技术服务公司。

（3）为老志愿服务组织。

为老志愿服务组织的兴起与发展与新时期我国民间组织的发展同步。改革开放前，我国社会被称为结构高度不分化的总体性社会，国家在资源和活动空间的配置方面均发挥垄断性作用，个人通过"单位"（城市）或"社队"（农村）的组织形式高度依附于国家。当时仅有的一些社会团体受到政府严格的控制和管理，十分类似于国家各级体系中的官方组织。改革开放开启了总体性社会向"后总体性社会"过渡的进程，自由流动资源和自由活动空间的出现为我国第三部门的出现提供了条件。在人口老龄化背景下，这些组织通过不同形式参与对老年人的服务。大致上，这些组织可以分成几种类型：一是直接为老年人提供全面的免费服务的社会团体、民办非企业单位、基金会等法人组织；二是部分从事为老志愿服务的法人组织；三是没有注册登记的为老服务的草根组织。从方式来看，主要是两类：一类是筹募资金无偿为老年人提供服务的组织；一类是直接为老年人提供无偿服务的组织。

改革开放后，出于吸引国外资源的需要，我国政府主动建立了一些社会团体，目的在于以民间组织的名义接受国外捐赠。随着改革开放的深入和社会主义市场经济的发展，以及行政管理体制改革的推进，越来越多的社会服务工作从政府部门转向社会，越来越多的服务性工作需要由社会承担，由此各类社会组织不断涌现。1988年、1989年、1998年，国务院相继颁布实施了《基金会管理办法》、《社会团体登记管理条例》、《民办非企业单位登记管理条例》，规范发展民间组织，促进了社会组织的健康发展。这其中，20 世纪 90 年代后，基金会逐渐活跃，一些主要基金会纷纷推出大型的公益项目，为包括老年人在内的服务对象提供公益服务。

我国志愿活动和志愿者出现于 20 世纪 80 年代后期。目前，最为活跃、规模最大、影响最大的是两支志愿者队伍，一是社区志愿者组织，当时最早的志愿者产生在社区服务层次，并由此形成其组织系统。二是青年志愿者组织。20 世纪 90 年代初期产生于共青团系统，逐步形成了全国性志愿者组织。这两类志愿者组织，都有自己的组织体系，都与一定的政府组织联系在一起。社区志愿者组织与民政部门联系密切，街道办事处、居民委员会是他们组织的领导与指导者。青年志愿者从属于中国共产主义青年团中央委员会下属的中国青年志愿者协会。在开展活动方面，都把为老服务作为重要内容。特别是近年来，这方面的占比越来越大。

农村老年人协会是 20 世纪 70 年代在中国农村自发产生的新型群众性组织，目前已成为中国农村最主要的老年人组织，也是农村地区最活跃的群众组织。1972 年，全国的第一个自发农村老年组织在江西省兴国县江背人民公社高塞大队成立；1982 年 10 月后，在老龄问题全国委员会和各省、直辖市、自治区老龄委成立后，部分地方的村开始成立老年人协会；1991 年，全国农村老龄工作经验交流会召开，农村老年人协会在全国大部分村庄成立（刘书鹤、张同春，1993）。农村老年人协会的出现，是历史性的产物。一方面，随着村一级老年人的增多，老年人迫切要求有自己的组织；另一方面，经济和社会体制的转轨使得农村社区对公共物品的需求大大增加，农村政治、经济环境和传统文化环境为协会的成立提供了资源，这些资源在具有高度社会关联度的村庄内部，在社会价值体系和道德伦理观念依然发挥作用的背景下，对老年人协会的成长具有十分重要的意义（申端锋，2004）。在市场化机制较为薄弱、社会服务进入成本较高的情况下，全国老龄办倡导的"银龄互助"活动，对提高老年人的生活质量发挥了重要作用。

▪▪▪ 案例分析 ▪▪▪

非营利组织视角下养老机构管理

随着人口的高龄化趋势和家庭小型化，越来越多的老人需要到养老机构接受服务。养老机构在社会生活中将发挥越来越重要的作用。但是，养老机构的实际发展却陷入"高需求低入住"等怪圈。对此，有必要从养老机构的本质属性入手，进行深入的分析研究。

按投资主体确定性质进行管理是当前我国养老机构存在诸多问题的主因。我国的养老机构源于政府对城镇"三无"和农村五保等特殊人群提供住、养等综合性服务的福利院和敬老院。在改革开放和人口老龄化的双重作用下，政府积极推进社会福利社会化，推动福利院、敬老院开放办院，接受社会老人入住；鼓励引导社会力量介入养老服务领域，创办养老机构，解决社会养老所需。到 2008 年年底，全国已有 39677 家收养性社会福利单位，其中以养老服务为主的约为 39200 多家，有床位 279 万余张，入住 193 万余老人。对这些机构的性质划分，主要依据是投资主体，一般分为国办、集体办或公办、民办，并相应明确为公益性或福利性、救济性等。国办、福利性指的是社会福利院，集体办、救济性指的是农村敬老院或五保供养服务机构;相对于由社会力量出资创办的民办机构,国办、集体办的,又被称为公办;民办机构又包括允许获取收益、由工商部门登记的养老机构和不允许分红、由民政部门登记的养老机构。这些划分以及建立在此基础上的政策虽有一定意义,但正是这一划分,造成了养老机构管理和发展过程中的诸多问题。

(1)机构管理碎片化。养老机构按投资和所在区域,分别由有关部门、乡镇(街道)政府管理。政府直办、直管的4819家城镇社会福利院等单位在人事编制部门登记,由民政部门直接管理,为其下属事业单位。在社会力量创办养老机构中,有117家以赢利为目的的确定为企业,由工商部门登记,平时处于无部门管理状态;24828家以非营利为目的的,由民政部门进行业务和登记双重管理。有9913家即近1/4机构没有在任何部门登记,其中大部分是农村敬老院,一般由所在乡镇政府(街道办事处)直接管理,民政部门行使主管单位之责。另外,还有一些从事康复护理的养老机构直接到卫生部门申请非营利医院,接受卫生部门管理。同是民政部门,内部分工也不同,城镇福利院由民政部社会福利和慈善事业促进司管理;农村敬老院则由社会救助司管理;管理依据、标准城乡分割,城镇养老机构的依据是《社会福利机构管理暂行办法》、《老年人社会福利机构基本规范》,农村敬老院的依据是《国务院农村五保工作条例》和《农村敬老院管理暂行规定》。

(2)服务模式雷同化。没有根据老人身体状况,进行安老、养护、护理等机构分类。政府办养老机构,以行政区域为单位,即"市市县县有福利院"、"乡乡镇镇有敬老院",城镇"三无"对象都进福利院,农村五保对象都进敬老院。其结果是所有福利院、敬老院一个模式,每个院都有身体好的、一般的、差的老人。民办养老机构也大都不作分类,只要愿意支付不同护理等级费用的,除精神病和传染病患者外,都可进入。总体来说,社会迫切需要的护理型、养护型机构床位较为缺乏。

(3)政策扶持片面化。从政府扶持政策重国办轻民办,致使他们无法在同一起跑线上平等竞争。资金方面,前者享有财政、彩票公益金等资助;后者还没有全国性政策,东部发达省市最近才陆续出台了当地的财政支持政策,但相对于民办机构整体投入明显偏低。以浙江为例,对用房自建、床位数达到50张以上的非营利性民办养老服务机构,省财政给予每个床位3000元补助,对租房且租期5年以上、床位数达到50张以上的非营利性民办养老服务机构,省财政给予每个床位每年500元补助,连续补助5年。据浙江省民政部门测算,去年养老机构建设成本每张床位在12~22万元,相比之下,补助还是偏少。用地方面,前者靠行政划拨;后者主要采用招挂方式,较少行政划拨;同时需要办理各种复杂的手续,成本较高。收费方面,除企业性质外,都由物价部门核定,但前者可以不考虑成本且为了显示国办养老机构福利的示范作用,价格往往较低;后者则因为没有财政支持,需要合理的收费,往往价格要高一些;而企业性质的养老机构,为了营利,定价也较高。两者比较,民办机构就缺乏竞争性。更主要的是,一旦登记为民办非企业单位,按国务院《民办非企业单位登记管理暂行条例》,创办者的出资为社会资产,其赢利部分不能分红,如果今后不办此类机构,这些资产连同赢利部分都要由民政等有关部门处置给同类机构。这对整个民办养老机构的发展形成了巨大制约。

(4)福利选择逆向化。从政策上讲,政府办的养老机构应收养城镇"三无"和农村五保对象以及低保对象等困难老人、高龄老人、失能老人等；只有多余床位，才能面向其他社会老人。但实际上，除供养当地"三无"、五保老人外，对于多余床位，政府管理部门并没有硬性规定。部分设施较好、服务较为规范、口碑好的国办机构，因为对入住人员没设置门槛，导致信息灵通、"有关系"的进去了，入住的多是收入较高、身体健康的自理老人；而国办机构自身也偏好收养这些老人，因为这样的老人护理要求低，便于管理；而大量需要服务的介助、介护老人因支付能力不足、信息不对称却住不进去。由此，事实上造成福利服务分配的不公平，导致福利反导向问题。

（5）供需矛盾显性化。一方面，社会上要求发展养老机构，增加床位的呼声越来越高；另一方面却有大量的床位空置，从全国现有床位和入住老人人数看，这方面的矛盾较为突出。2008年年末，全国养老床位占老年人总数近1.6%；但入住老年人和床位比，利用率仅为70%多一些；其余超过20%以上的床位常年空置。往往设施条件好、服务质量优、收费价格低的国办机构"一床难求"；反之，如农村敬老院，以及所谓风景好而交通不便的养老机构、一些收费较高的民办养老机构，则床位空置率高。

事实上，不管哪一类养老机构，他们在工作目标、服务对象、服务规范、管理本质上存在同一性，都承担着社会养老的公共责任，是较为典型的非营利组织。确立这一属性，并达成共识，有利于切实加快发展养老机构，有效回应老龄化社会的需求。

（资料来源：董红亚，《海南大学学报》，2011年）

思考题：

1. 您认为该如何看待养老机构的组织属性？

2. 如何从组织管理的角度解决养老机构管理和发展过程中存在的问题？

（黄元龙）

第四章 老年社会保障服务与管理

第一节 社会保障管理概述

自古以来,社会上总会有一部分成员因各种原因陷入生活困境,需要政府、社会或他人援助才能避免生存危机。各国政府为了维护社会稳定、缓和阶层矛盾与阶级对抗,也在很早以前就制定并实施过如救灾、济贫等方面的政策措施。如中国历代统治者都制定和实施过救灾、救荒的措施,英国则于1601年率先颁布了专门的《济贫法》。19世纪80年代,德国适应工业社会发展的需要,率先建立了与工业文明相适应的社会保险制度。但"社会保障"(social security)一词的出现,最早却是在美国1935年颁布的《社会保障法》中。此后,社会保障一词即被有关国际组织及多数所接受,并逐渐成为以政府和社会为责任主体的福利保障制度的统称。

一、社会保障制度的概念

由于世界各国的政治制度、经济制度、经济发展状况、价值取向、历史、文化传统导向不同,"社会保障"概念在世界范围内仍没有统一定论。

(一)国际组织以及典型国家对社会保障概念的界定

国际劳工组织1942年出版的文献中对"社会保障"的定义是"通过一定的组织对这个组织成员所面临的某种风险提供的保障。它为公民提供保险金,预防或治疗疾病,在其失业时,给予资助并帮助他们重新找到工作"。

国际劳工组织出版的《21世纪的社会保障展望》中阐述的"社会保障"定义是"它的根本宗旨是使个人和家庭相信他们的生活水平和生活质量,会尽可能不因任何社会、经济上的不测事件而受影响"。

1948年12月联合国《世界人权宣言》曾把"社会保障"定义为:每个人为其自己家庭之健康与幸福,对于衣食住医及其必需社会服务实施应有适当生活水准的权利,而对于失业、疾病、残疾、寡居老年等情况下以及由于个人不可抗力遭遇到的生活危机,无法为生,有权利获得保障。

德国是世界上最早建立社会保障的国家,它按照市场经济运行要求和强制自助性原则建立了社会保障制度,并把社会保障理解为社会公平与安全。所谓安全,是指必须使在激烈的市场竞争中失败的人不致遭受灭顶之灾,并能获得重新参与竞争的机会。对于那种由于失去劳动能力或遭受意外困难而不能参加竞争的人,社会应在生活上为其提供基本保障,使他们能够维持最低限度的生活,而不致无法生存下去。

英国的福利以实现全民福利为目的。受历史济贫事业影响,把社会保障理解为一种国家经济保障。《简明不列颠百科全书》1117页中对"社会保障"界定为:"一种公共福利计划,旨在保护个人及家庭免除因失业、年老、疾病或死亡在收入上所受的损失,并通过公益服务和家庭生活补助,以提高其福利。这项计划包括社会保障计划、保健、福利事业和各种维护收入计划。"

《英国牛津法律大辞典》中有关词条认为:社会保障是对一系列相互联系的,旨在保护个人免除因年老、疾病、残疾或失业而遭受损失的法规总称。

贝弗里奇认为,社会保障是指人民在失业、疾病、伤害、老年以及家主死亡,薪资中断时,社会应予以其生活经济的保障,并辅助其生育婚丧的意外费用的保障。

美国把社会保障视为安全网,《美国社会福利词典》认为:社会保障是对国民可能遭受的各种危险,如疾病、年老、失业等加以防护的安全网。《美国的财政学》一书指出:社会保障是政府提供抚恤金、残疾救济金、失业津贴以及各种其他现金转移性项目的统称。

日本学者森井利夫给"社会保障"下的定义是:在国民生活中出现收入中断或永久丧失时,国家为保障其最低生活水平的收入而制定的综合性的措施和制度。

我国对"社会保障"的定义是:指国家为了保持经济发展和社会稳定,对公民在年老、疾病、伤残、失业、生育及遭受灾害面临生活困难时,由政府和社会依法给予物质帮助,以保障公民基本生活需要的制度。其目的是通过国家或社会出面来保证社会成员的基本生活权益并不断改善,提高社会成员的生活质量,促进并实现社会的稳定发展。

(二)各国社会保障概念的比较

上述几个国家对社会保障的理解和解释虽各有不同,但在内涵中都包括了以下内容,只是在程度、侧重点上有所不同而已。其共同性质是:

(1)社会保障的责任主体是国家和政府,并由它组织社会经济活动,以国家法律的形式加以保证强制实行,但并不排斥社会成员直接的和他们之间的互助互济活动。

(2)社会保障是一种经常化的经济安全制度或收入安定的保障计划,以保持任何公民在收入中断或不能工作时,都能得到维持最基本生活的费用。基本生活费用的水平与当时的社会生产力发展水平要相适应,在社会保障发展的不同阶段,该水平是不一致的。为实现这种分配,必须通过国民收入的再分配形成社会保障基金,来进行分配使用。

(3)社会保障的对象是全体社会成员,其中以暂时或永久丧失劳动能力的人、失去工作机会的人和收入不能维持最低生活水平的人及其家庭为主要对象。

(4)实行社会保障的目的是要使生存发生困难的社会成员通过保障能够生存下去,不至于陷入困境,并通过竞争,达到维护社会公平、缓解社会矛盾、保证社会稳定的目的。

以上分析的每个概念都有其特点和侧重面,但是它们都包括了社会保障责任的主体、享受对象、资金来源、待遇标准及保障目的等几个方面。个别在概念的使用上,将社会保障、社会保险与福利三者相提并论或任意替换。实际上三者是有区别的,社会保障包括社会保险,而社会保险是社会保障的核心内容。但社会保险与社会救济、福利在对象、范围、资金筹集方式等方面都有很大的差别;社会保障不等于福利,社会保障是有福利特性,但福利概念比起社会保障,其内涵更为丰富,但又有重大的区别。

通过几个典型国家对社会保障概念的界定,其内涵应该反映以下几点要求:即反映社会保障建立的责任主体、以立法强制实行、保障的对象、保障目标及资金的筹集方式及服务措

施等几个方面的内容。为此,在界定社会保障概念的内涵时应包括以下几个层次:

(1)举办社会保障事业的责任主体是国家。第一,国家是代表统治阶级意志和利益,对社会进行管理的最高行政权力的执行机关。社会主义国家是人民当家做主的国家,发展社会保障事业,干预社会经济生活,关心人民疾苦,为人民谋福利,是其义不容辞的职责。那么中央政府当然是确保社会保障的领导者和组织者,把它推上负责统一管理的主体地位,那是理所当然。第二,从社会保障发展进程来看,社会化大生产给社会带来诸多失业、工伤事故、职业病、老年人养老等社会问题,单靠群众团体、互助机构、慈善机构的救济或亲友的接济,是不足以抵御全国性的工业风险和其他风险的。由国家政府出面,通过国民收入再分配给失去经济收入者以补偿,才能保障他们的生活,这个历史责任只能落在国家政府的身上。第三,社会保障中国家只能作为"仲裁人"或在保障基金收支不平衡时,作为最后财政的担保人出现,社会保障才能稳定发展。第四,社会保障作为国家的一项社会制度,它必须由一定的机构来加以组织和管理,这个机构可能是社会保障经办机构或社会保障委员会,他们下属于国家的行政机关,举办社会保障的主体必须具有行政处罚权,即国家授予管理的行政职能和权力。它在执行行政行为中,由于行政职权使用不当而引起的诉讼,均为行政诉讼,承办主体在这类诉讼中按行政诉讼的规定列入被告的地位,因为只有这类机构,才能担负起管理社会保障的责任。企业公司无行政权力,因此无权领导和管理社会保障事业。

(2)社会保障必须通过立法,以法律的强制手段执行。这是因为:第一,法律是维护社会关系、社会秩序、调整人们社会行为的规范,要求人们应该做什么、不应该做什么,只有这样才能使社会保障双方办事有法可依、有章可循,明确责权利,才能形成制度,使社会保障能够制度化、规范化。没有法律的依据,管理将会陷入以言代法或无法管理的境地。第二,社会保障的范围和项目关系到一定范围人的基本生活所需,无论社会成员属于哪个阶层、经济收入状况如何,都必须列入被保障的范围。不采用强制手段,很可能有一部分人纳入不了保障范围,甚至产生逆选择。当社会成员基本生活状况符合法律规定的范围,它的法定权利才能成立。第三,社会保障是一种对国民收入进行分配和再分配的关系,具有社会需求的调节功能。不通过强制性的法律实施,就难以筹集一定数量的保险基金来保证支付。没有稳定的保障资金,就没有物质基础,更谈不上保障安全。第四,强制性还具有双方性特点,对保险人和被保险人均有约束,被保险人必须按照法律的规定履行缴费义务,保险人依照法律的规定履行给付保险金的义务。双方在缴费、支付、保障范围等问题上,用立法的形式明文规定每一个社会成员的基本权利与义务。这样就克服了封建时代那样的恩赐形式,增进了人们的权利感和参与意识。

(3)保障的客体是全体社会成员。这是由它的目的性决定的。社会保障的功能在于调剂人民的需求,减少工业风险给人带来的灾难,以调节经济的正常运转和社会的稳定。它的受益面覆盖了社会成员的大多数,因此必须要求一定范围内普及到每一个公民,否则难以促进社会的安定。普及面广的特点具有法律的规定性,同时还必须具备普遍实施的前提条件。强调普遍性是有重点的,即法律规定中的暂时或永久丧失劳动能力的人、失去工作机会的人和收入不能维持基本生活的人及其家庭。

(4)社会保障程度的"度"是满足人民的基本生活需要。需要包括两方面的意义:一是保证在剧烈的市场竞争中失败的人不致遭到灭顶之灾,通过社会保障并能够重新参与竞争的机会。对已失去竞争能力,指失去劳动功能遭意外困难而不能劳动的人,应给予在生活上提供保障。二是适度的基本生活需求的保证能促使人民勇于投入竞争,而又不致于产生负效应——惰性和依赖性,要体现"效率优先、兼顾公平"的原则。提供社会保障的基本目的不仅在于提供基本生活保障,而且在于通过社会保障连接生产与消费,以达到经济和社会均衡发展。明确这一点至关重要,所以对社会保障程度的"度"不可轻视,保障不足就会影响社会稳定,保障过度则可能阻碍经济的发展。

(5)社会保障基金来源于国民收入再分配。一般采用国家财政预算和社会统筹两种形式,以形成社会保障基金进行再分配。只有通过对一定时期的国民收入初次分配中某种形式的扣除,才能合理地分配国民收入,实现社会保障的目的。

二、社会保障体系的构成

社会保障是一个庞大、复杂的系统,分为几个层次,各层次又由许多项目构成。社会保障体系就是由其各个层次的诸多项目构成的整体。如果把这些项目从保障对象、保障目标、资金来源、给付方式等方面加以归纳,可归总为三种不同的保障形式,即社会保险、社会救助、社会福利。它们是社会保障体系的三个基本组成部分。此外,还有这三种保障混合的形式以及一些补充保障形式如企业员工福利、慈善事业、互助保障等。

在世界各国的政策文献和相关论著中,对社会保障体系组成的表述虽不尽相同,所包括的项目也有多有少,但大体可归入上述三个基本组成部分。

在我国,由于不同时期强调的重点不同,对社会保障体系的表述在政策文献及论著中虽互有差别,但三个基本组成部分是不变的。党中央在《关于建立社会主义市场经济体制若干问题的决定》中提出建立多层次社会保障体系的任务,包括社会保险、社会救济、社会福利、优抚安置和社会互助、个人储蓄积累保障;党的十六届六中全会提出:到2020年要基本建立社会保险、社会救助、社会福利、慈善事业相衔接的覆盖城乡居民的社会保障体系。2011年发布的"十二五"规划纲要再次明确,健全覆盖城乡居民的社会保障体系包括加快完善社会保险制度、加强社会救助体系建设、积极发展社会福利和慈善事业。

三、我国社会保障制度建设

目前,我国社会保障体系主要包括社会保险、社会救济、社会福利、优抚安置四项内容。社会保险是最基本的保障,社会救济是最低的保障,社会福利是最高的保障,优抚安置是特殊的保障。

(一)社会保险

1. 概念

社会保险是指以劳动者为保障对象,以劳动者年老、疾病、伤残、失业、生育等特殊事件为保障内容,国家依法强制实行的一种社会保障制度,我国社会保险的适用范围是城镇劳动者。

2. 社会保险是社会保障体系的核心内容

(1)社会保险覆盖对象占人口中最重要的部分——劳动者群体;

(2)社会保险费用的支出占整个社会保障支出的绝大部分,属于社会保障中最大的项目;

(3)社会保险的功能在于保护劳动者因遭受包括生育、疾病、伤残、工伤、失业、年老、死亡在内的风险时,在暂时或永久丧失劳动能力时,从国家或社会获得最基本的生活保障。

3. 社会保险的主要内容

我国社会保险的适用范围主要是城镇劳动者。社会保险的主要内容有五项:

(1)养老保险。它是面向劳动者并通过向单位、个人征收养老保险费形成养老保险基金,用以解决劳动者退休后的生活保障问题的一种社会保险制度。

(2)医疗保险。它是国家为社会成员的健康和疾病医疗提供费用和服务,以保障和恢复其健康的一种社会保险制度。

(3)失业保险。它是面向劳动者并通过筹集失业保险基金,用以解决符合规定条件的失业者的生活保障问题的一种社会保险制度。

(4)工伤保险。它是面向企业或用人单位筹集工伤保险基金,用以劳动者因工负伤,暂时或永久丧失劳动能力后的工资收入补偿、医疗护理、伤残康复以及生活照顾措施的一种社会保险制度。

(5)生育保险。它是面向用人单位及个人筹集生育保险基金,用以解决生育妇女在孕、产、哺乳期间的收入补助和医疗护理方面问题的一种社会保险制度。

4. 社会保险的性质

社会保险的性质,概括起来讲,有以下四个方面:

(1)强制性。所谓强制性就是指国家通过立法强制实施,受保人必须参加,承保人必须接受,双方都必须按照规定的费率缴费。

社会保险的强制性,旨在保障劳动者的收入安全,这种强制是必要的。如果一个人的收入尚不安全,势必影响其生活,影响社会安定。与其让人选择这样的自由,不如限制其自由,强制其参加社会保险。社会保险的强制性,对于使用劳动力的单位同样具有法律约束作用,即用人单位必须依法为职工缴纳社会保险费,维护职工的基本权益。

(2)保障性。所谓保障性,就是保障人们的基本生活,以从根本上安定社会秩序,这是实施社会保险的根本目的。工业化、都市化带来了一系列的社会、经济问题,其中最大问题,莫过于劳动者丧失收入,生活陷于贫困。社会保险的作用,就是对劳动者的收入安全起到保障作用,使其失去收入之后仍能维持基本生活。保障性是从社会角度讲的,不是只保障少数人,也不是一时一事的保障,它应该至少对特定的劳动者群体提供保障。其保障水平也应该随物价、工资、生产水平的变化而变化。

(3)福利性。所谓福利性,就是社会保险不以盈利为目的,必须以最少的花费,解决最大的社会保障问题。社会保险的经费来自用人单位、职工、政府三个方面。因为费用是几个方面分担的,个人的负担就不会过重。国际劳工组织规定,社会保险费个人最多只能负担一半,这是极限,不能超过。同时,参加社会保险手续应当简便易行。社会保险的福利性,还表现在社会保险除了有现金给付的方式以外,还在医疗护理、职业康复、职业介绍以及诸多老年活动方面的服务保障方式。

(4)社会性。社会性也称普遍性,它是指社会保险应尽可能在全社会普遍实施,使覆盖面尽可能涵盖所有劳动者乃至全体社会成员。社会保险的社会性,还表现在它的国际性上。随着国际交往的增多,国际间移民和人民往来越来越多,社会保险的实施范围,已扩大到本国边境以外。许多国家间都订有双方或多方互惠协议,以保护旅居国外的本国人平等享受社会保险的权利与义务。社会保险已经成了国际交往的惯例。国际惯例要求保持移民在原住国已经获得的保险权利,并继续获得居住国的保险权利。国际劳工大会在这方面专门通过的公约有《建立维护社会保险权利的国际制度公约》、《社会保障最低标准公约》等。

(二)社会救济

1. 概念

社会救济也称社会救助,是国家对因意外事故或自然灾害等原因造成生活困难,以至于无法正常生存的公民,无偿给予物质帮助,提供生存保障的制度。社会救助是社会保障的最低保障。

2. 社会救助对象

(1)无依无靠,无生活来源的鳏寡孤独残人员;

(2)遭受天灾人祸而使生活一时陷入拮据状况的家庭和个人;

(3)生活水平低于国家规定的最低标准的家庭和个人。

(三)社会福利

1. 概念

社会福利是国家和社会通过各种福利服务、福利企业、福利津贴等方式,使全体社会成员在享受基本生存权利的基础上,随着社会经济的不断发展而提高生活水平的社会政策总称。社会福利是社会保障的最高保障。

2. 社会福利的特点

社会福利的特点是普遍性,只要公民属于立法和政策范围内,都能按规定得到应享受的津贴和服务。

(四)优抚安置

1. 概念

优抚安置也称社会优抚,是国家和社会对军人或其家属提供一定生活水平的救济金、伤残抚恤、退伍安置及其他社会优待的社会政策的总称,优抚安置属于社会保障中的特殊保障。

2. 优抚安置的对象

现役军人及其家属、退伍复员转业军人、军籍离退休人员、牺牲或病故军人家属、革命伤残军人及其特殊时期的特殊对象。

第二节 老年社会保障体系及现状

一、老年社会保障概述

(一)老年社会保障的概念

老年社会保障是相对于传统的家庭养老而言的,是国家和政府通过立法和行政措施以及各种社会力量主动参与保障老年人生活的社会性途径,是解决老龄问题的一项基本社会措施,也是国家和政府的基本职责之一,其重要性与社会发展、社会进步相联系,在社会保障体系中占有最重要的地位。

老年社会保障是社会保障系统中的一个主要项目,是对退出劳动领域或无劳动能力的老年人实行的社会保险和社会救助措施,包括经济、医疗以及服务照料等方面的社会保险和社会救助。老年社会保障制度的内容比较广泛,具体包括收入保障、医疗保障、最低生活(福利)保障、住房保障等。

(二)老年社会保障的历史回顾

1. 古代中国

中国在几千年的农耕社会中,一向是以家庭生产、自给自足的自然经济为主。家庭担负着生产、生活的各种职能。一个人从生到死完全依靠家庭,老年人的生活也要依靠家庭成员的支持和帮助。但是古代社会也存在一定的社会养老成分,表现为由政府对养老做出法律上和礼仪上的一些规定,大量的社会伦理规范以持久的、潜移默化的力量保持着家庭养老方式的世代延续。政府和社会组织举办敬老礼仪或慈善性活动,直接为某些德高望重或孤苦无依的老年人提供物资上的帮助。可以说,中国古代除家庭养老的主导方式之外,也存在一些社会因素的养老作为必要的补充,主要有以下几方面:

(1)经济上由国家规定亲属的抚养义务。例如,唐朝、明朝、清朝的律例都规定,如果祖父母、父母在世,子孙分割家产另立门户或不供养老人的,按十恶、不孝罪论处。朝廷为了救济年老贫穷无依靠的人,由各级官府设立了"悲田院"、"福田院"、"居养院"、"养济院"等,对社会上无依无靠、无家可归者实行收养。

(2)财产制度上对老年人提供物质保障,免除力役等义务。北魏时代的法律做出了"使父子无异财"的规定,保证家产的管理与处置完全由尊长负责。《唐例疏议》规定:"凡同居之内,必有尊长,尊长既在,子孙无所自专,若卑幼不由尊长,私辄用当家财物者",给以严厉处罚。

(3)古代官吏中实行退休制度。早在公元前的春秋战国时期,我国已出现了官员退休制度。当时在某些地方废除了旧的世卿世禄(终生俸禄)制度,代之以新的"致仕"(官员退休)制度。汉唐以后,逐渐形成了一套相当完备的官员退休制度。对于有突出贡献的退休官员,朝廷给予他们的退休待遇一般是较优厚的。

2. 西方国家

西欧国家在古代也有某些社会养老的传统。古代瑞典即有传递"仁杖"的邻里互助习俗。其做法是在一根长约三尺的木杖上刻上这样的字:"乡邻们,当仁杖传到您家时,请对贫病者给予帮助和照顾。"这样,"仁杖"传到谁家,谁家就要承担起帮助和照顾邻里的义务。后来这一传统又发展成为"保健储蓄箱"的形式,即乡邻们每月从收入中抽出少许钱投入其中,以作为救济贫病之用。

中世纪欧洲某些地方曾对某些特殊的老年人实行了一定程度的退休供养做法。

(三)现代老年社会保障制度的建立与发展

19世纪下半叶,资本主义国家德国俾斯麦政府推出了第一批现代社会保险法案。1888年11月,继工伤社会保险法和疾病社会保险法之后,德国政府又提出了老年和残疾社会保险法草案,交国会讨论通过。这项草案规定:对工人的普通官员一律实行老年和残疾社会保险;保险资金的来源由国家、企业主和工人三方负担,企业主和工人各交保险费的一半,国家提供一定的补贴;退休者的退休金收入,根据原在职时工资收入等级而定;凡是年满71岁,交纳保险费在30年以上者,就有权享受退休养老的社会保险待遇。

继德国之后,西欧和北欧资本主义国家也先后建立了老年社会保障制度:丹麦于1891年、挪威于1894年、奥地利于1906年、英国于1908年建立了老年社会保障制度,美国也于20世纪30年代建立了全国性的养老保障制度。

由于政治制度不同,经济发展水平不等,历史传统差异,所建立起来的养老保障模式不尽相同,大致可以分为四种养老保障模式:投保资助型、福利国家型、国家保险型和强制储蓄型等。

二、现代老年社会保障的基本类型

在当今社会,随着工业化和现代化的突飞猛进发展,全世界大多数国家都已实行了养老社会保险制度。据联合国统计资料表明,1940年全世界只有57个国家和地区实行了老年社会保险制度,而到1995年为止,全世界已经有165个国家和地区实行了这一制度;在多种社会保险项目中,老年保险项目覆盖面最大,对社会稳定的保护作用最大。那么,统观多种养老保险制度,从资金的筹集管理和发放的方面来看,不外乎有以下三种模式。

(一)投保资助型老年保障模式

这是世界上大多数国家实行的养老保险方式。投保资助型养老保险制度是由社会共同负担、社会共享的保险方式。它规定:每一个工薪劳动者和未在职的普通公民,都属于社会保险的参加者或受保对象;在职的企业雇员必须按工资的一定比例定期交纳社会保险费,不在职的社会成员也必须向社会保险机构交纳一定的养老保险费,作为参加养老保险所履行的义务,才有资格享受社会保险;同时还规定:企业或雇主也必须按企业工资总额的一定比例定期交纳保险费。这些规定都是强制性的、依法执行的。具体交纳的比例各国有一定的差别。

投保资助型养老保险制度对受保人的养老金规定了一定的层次性,老年人所得到的养老金按投保情况可分为三个层次的退休金标准。第一个层次是普遍养老金。属于人人有份的养老金,即社会上每一个老年人都有权力享受的养老金,不管有无工作,也不论收入多少,享受的条件是达到老年人的年龄,并且向社会保险机构交纳过一定的保险费。英国和北欧一些国家都有这种保险项目。第二个层次是雇员退休金,是对在职劳动者即工薪领取者而言的。这是指企业的雇员只要按规定交纳保险费,达到法定退休年龄后,即可享受雇员退休金待遇。雇员交纳的投保费是指按工资的一定比例,而工资过低者可以不交,工资超过一定数额的部分也可以免交。享受此种退休保险的只有企业的雇员,企业主或政府在职人员则没有这种保险项目。第三个层次的养老保险是指企业补充退休金。这是企业为调动职工的生产积极性,提高企业声誉,保证退休职工享受到更高水平的待遇,而实行的退休金待遇。这种保险项目是在雇员退休保险的基础上,根据企业效益的好坏,附加的保险项目,一般是由企业单独投保,企业在不违背大原则的前提下自行规定投保和领取的办法。

综合上述情况可见,投保资助型养老保险具有很多优点,例如,保险金来源比较丰富,由国家、企业和劳动者本人共同投保,这样经过一段时期之后,可以形成一笔数量可观的保险基金。同时由于层次较多,也可以满足社会各个层次的不同需要,调动多方面投保的积极性。

这种保险方式对资金管理难度较大,需要的科学性也很强,同时它的管理成本比较高。但全面衡量起来,这种养老保险方式具有社会覆盖面宽、资金来源富裕和多层次等优点,还是比较科学的。

(二)福利国家型老年保障模式

福利国家型养老保险起源于1945年英国贝弗里奇的"报告",后为瑞典及北欧一些国家仿效。采取此类型的国家前提条件,必须是劳动生产率水平高于国际平均水平,个人国民收入、国民素质和物质生活等方面享有较高的水平,并借助财政、税收、金融等经济杠杆的调节作用,以强大的社会福利刺激需求,推动经济发展。

福利国家型养老保险的特点:

(1)强调养老保险待遇的普遍性和人道主义。如瑞典强调只要年满65岁,不论其经济地位和职业状况,都可以获得同一金额的基本养老金。如退休前收入较低或工龄较短而影响附加年金的数额,则政府给予补贴,其年金与贡献相关联度比较弱。退休人员除了享受基本年金(普遍年金),还享受与收入相关的年金。

(2)基金来源于一般税收,基本上由国家和企业负担,个人不缴纳保险费或缴纳低标准的养老保险费。如瑞典退休者在工作期间不必缴纳任何保险金或保险税,或缴纳低标准的社会保险费;英国规定每个有工作的人,不论是雇员还是私营者,每周均需向国民基金会缴纳保险金,养老保险费为6.5%,企业主按工资总额缴纳13.5%。

(3)反映了这一模式的推进者——社会民主党长期推进"以市场方式组织生产、以社会主义方式分配结果"的思想,使养老保险待遇平等的程度较高,标准亦较高,将社会保障成为对国民收入再分配的有力工具。

(4)崇尚公平,不惜以牺牲效率为代价。从享受待遇条件看,首先必须是具备公民资格条件,其次才是在该国居住一定期限。如规定凡在该国居住一定期限的公民,不论他们收入、工作和经济情况如何,都依法有按统一标准享受普遍养老金的权利。

(5)养老保险作为社会保险的一项主要内容,是建立在社会立法的基础上依法管理、依法监督执行,因而养老保险管理形成了法制化、制度化和社会化。这"三化"是其重要的特征。

福利国家型养老保险过分强调了普遍性和福利性,即所谓"从摇篮到坟墓"的全盘保障。最突出的是养老保险费支出在国民总产值中所占的比重数字庞大而呈现刚性上升趋势,像瑞典为19.48%、比利时为21.715%,而投保资助型的美国和加拿大仅为7.53%和7.12%。也就是说,高福利需要有高税收来支撑,财政才能成为强大的后盾。但高税收政策给这些国家的财政和社会经济造成了日益沉重的负担,高福利的增长速度超过经济增长速度,成本费用提高,社会效率降低,商品国际竞争力下降,这样便导致了经济增长速度放慢。标准太高,发放标准是统一的,与工作年限和个人所交纳保险费无关,严重地影响了劳动者的积极性,容易养成部分懒汉。甚至平均风蔓延,随着人口老龄化发展,更将会加剧经济的矛盾。所以其前景也不容乐观,最终其结果是为了公平而牺牲了效率。

(三)强制储蓄型老年保障模式

强制储蓄型养老保险是以东南亚发展中国家为主体所实行的一种养老保险制度。它的名称是"中央公积金制",首创于20世纪50年代。据不完全统计,至今大约有十多个国家,如斐济、加纳、印度、印尼、马来西亚、肯尼亚、尼泊尔、尼日利亚、新加坡、斯里兰卡、坦桑尼亚、乌干达、赞比亚、所罗门群岛等都是,其中以新加坡成绩最显著。它的最大特色是不需要国家在财政上给予拨款,强制雇员和雇主同时投保,充分实现了自我保障的原则。其特征:

(1)强制雇主为雇员储蓄,雇员依法自我投保,以形成社会保险金基金,并制定个人账户,记载个人缴纳保险费情况。国家除了在银行利息上给予优惠外,财政上不给予拨款。

(2)年年调整总保险费率。按规定,新加坡随着企业经营状况改善和工资不断提高,除调整总保险费率外,还调整雇主和雇员承担的比例。

(3)公积金养老保险制度的功能开始比较单一,随着公积金积累的增多而逐步扩大其功能,包括购房、医疗、子女升学等方面的工作。

强制储蓄型养老保险的最大特点之一,即被西方学者称为是"自己养自己老"的模式。财政不给予支持,职工和企业缴纳的养老保险基金全部记入职工个人储蓄账户中,职工达到退休时连同本息一次发还给职工。养老保险金额与个人劳动贡献或劳动报酬紧密相联,这更有利于调动人的积极性。这一模式类似商业保险的人寿保险,区别也有,仅仅是带有强制性。这种养老保险模式也存在一些问题:

(1)缺乏社会互助性。在社会成员之间,包括已退休的与在职职工、早逝与晚逝之间、男女之间不能调剂使用。

(2)储蓄几十年,能否抵御通货膨胀危险是没有把握的。一旦出现负利率情况,积累的基金就难以确保职工的生活。

(3)退休后一次性发给全部退休金。如遇到不测事件时,难以确保高龄者的基本生活。

(四)国家保险型老年保障模式

国家保险型的养老保险是以公有制为基础的国家实施的一种养老保险制度。它是由国家统一筹集保险基金、统一管理、劳动者无需投保的一种强制性养老保险。它首创于解体前的苏联和东欧社会主义国家。新西兰、澳大利亚等资本主义国家也属此种类型。改革前中国的养老保险也不例外。国家保险型养老保险所建立的理论根据既有马克思的国民收入再分配理论,又有列宁的"工人最好的保险是国家保险"和"一切保险费都由企业主和国家负担"等论断,形成了全民保险和国家承担全部风险的局面。其特征是:

(1)国家在宪法中明文规定公民享有"老有所养"的权利,养老保险费全部由企业和财政负担,资金来源渠道单一,劳动者个人不缴纳养老保险费,但失去劳动能力后一概享有国家法定的保险待遇。总之,养老保险基金的征集、运营、给付三项工作全部由政府出面管理。

(2)养老保险事业统一由国家指定的机构负责办理,工会组织参与决策和管理,劳动者通过人民代表机构对养老保险管理施加影响外,从基层工会到它的中央理事会,工人代表都直接或间接地参与它的实施和管理。

(3)退休金给付单一,退休者一律享受全国统一规定的退休金。养老金的给付与工资水平挂钩。

国家保险型养老保险在处理公平与效率的关系时,与福利型养老保险有相同之处。如强调社会保障的全民性,资金来源于国家财政拨款和企业工资总额的一定比例提取,各人不负担任何费用,并扩大全部消费基金中用于社会消费基金的比重。在理论上把它看成是社会主义优越性和社会进步的表现,就可以避免在很大程度上削弱了按劳分配原则的贯彻,助长了社会保障事业中的平均主义大锅饭的倾向。正如波兰经济学家帕耶斯特所说,国家保险型制度是一种带有"浓厚的平均主义色彩"和"超越社会经济发展阶段"的"唯意志论急躁症"。

三、老年社会保障主要内容

老年社会保障所包含的内容通常和现代工业社会的诸多特点相关。人口的迅速增长和老龄化、劳动市场的形成、家庭结构的变化、医疗卫生设施的普及、城市化的发展和教育的普及等影响着老年人生活的方方面面,从而也推动了老年社会保障内容的扩张。但从根本上说,老年社会保障的内容是与老年人的特殊需求相对应的,这也是它的根本目的之所在。总的来说,老年社会保障应该包括以下一些内容:

1. 老年人收入保障

在理想的情况下,老年人晚年生活收入的来源主要应该有这样几个渠道:有酬工作、老龄养老金、与退休前工资有关的津贴等。然而,现实的情况是这些收入来源渠道并不总是畅通。收入来源的局限使得相当一部分老年人没有购买所需物品和服务的经济能力,特别是随着年龄的增长、身体功能的下降对医疗保健的特殊需求而导致开支的增加,使得老年人的生活质量不高。因此,如何避免这个问题是老年社会保障的一个重要目标,在这方面政府承担的主要责任就是向老年人提供必要的、以现金形式支付的、用于保障老年人基本生活支出的供给,这种保障通常被称为"老年人津贴"或"养老金"。在所有国家,老年人津贴和养老金的发放标准是以年龄界定的。大多数国家在老年人收入领域中所提供的帮助一般是以需要为标准的,津贴发放对象是以一定收入水平为标准的。

2. 老年人医疗保健保障

老年人医疗保健的问题是影响晚年生活的一个十分重要的问题,它关系到老年人晚年生活的质量。生理方面的变化往往导致老年人患上各种慢性疾病,如风湿症、卒中后遗症、眼疾和耳疾等。因此,针对带有这些问题人口的保健不但要强调治愈,还要强调通过治疗和护理使患者能够调整自己以适应在某些症状长期存在的情况下生活,这就是人们通常谈到的"长期保健护理"。因此,一国的老年人医疗保健通常的做法有:

第一,国家拨款资助教育和研究机构开展老年医学的基础和实用研究与教育。

第二,通过全面医疗保健计划和老年医疗保险计划帮助老年人支付所需医疗保健服务的费用,使他们避免因病致贫。

第三,合理配置和调整医疗保健服务设施,特别是基本保健和长期保健服务设施,尽可能方便老年人使用保健设施和服务。

第四,对于缺医少药的地区,福利政策的重点是发展公共医疗保健机构,以优惠的报酬鼓励医务人员到这类机构工作等。

3. 老年人社会福利服务

老年人除了收入保障、医疗服务方面的需求外,还有许多其他需求,这包括老年人的生活照顾、生活不能自理时的护理以及社会交往的需求。社会福利服务主要是来满足老年人这方面需求的,它主要可以分为两种类型的服务内容:一种是院舍服务;另一种是社区照顾。

院舍服务是一种以入住方式提供给老年人的综合服务,通常分为三个层次:一是老年公寓,主要面对生活能自理的老年人,公寓主要提供一些辅助性服务,日常生活由老年人自行料理;二是老年福利院,主要面对能够自理或半自理的老年人,福利院提供完整的照顾服务;

三是老年人护理院,主要面对生活不能自理或半自理的老年人,护理院提供完全的生活照顾和护理。在实际工作中,这三个层次并不十分清晰,大多数福利院都是综合的。

目前许多发达国家在福利服务组织过程中都出现了社区照顾的趋势。社区照顾是指一种在社区范围内提供的非机构形式的服务,在社区中由社区各类人士合作去为有需要的人士提供照顾,以求在社区环境中改善居民生活质量的综合服务体系。非机构形式是相对各种机构福利设施而言的。老年人口的迅速增长和社会福利需求的不断增加,使得单靠各种机构福利设施的福利供给难以满足老年人的福利需求,于是社区照顾服务应运而生。它以社区为依托,开展的服务有家政助理服务、老年人日间护理以及老年人活动中心等。

4. 老年人发展性保障

帮助老年人提高知识水平、增强他们的社会参与能力也日益成为老年社会保障所要考虑的一个重要问题。终身教育是流行于20世纪中叶的一种国际教育思潮,该思潮主张教育应该贯穿人的一生。1973年,法国图卢兹社会科学大学的皮尔·维拉斯教授创办了世界上第一所第三年龄大学,其目的是对常设的教育科目以外的老年学进行研究和进行健康教育。

随着人口老龄化的发展、社会的进步,欧洲、大洋洲、南美洲、北美洲和亚洲的一些国家都开办了第三年龄大学,非洲也正准备建立,我国也已于1983年开办了第一所老年人大学,满足了老年人继续受教育的需求。

此外,老年人住房福利也经常被许多国家纳入老年人社会福利项目。它主要指国家为老年人买房提供各种优惠以及制定关于老年人住房的特定标准等内容。

最后,通过社会优待为老年人提供福利也是许多国家和地区通行的做法。例如,《中华人民共和国老年人权益保护法》中就有规定:"地方各级人民政府根据当地条件,可以在参观、游览、乘坐公共交通工具等方面,对老年人提供优待和照顾等。"

四、老年社会保障体系构成

根据老年社会保障的内容,现代老年社会保障体系主要由社会救助、养老保险、医疗·护理保险和社会福利构成。

1. 社会救助

在保障老年人物质生活方面,老年人社会救助起到一个"托底"的作用,它是老年人社会保障体系中最低层次的保障机制。它的作用和地位决定了老年人社会救助的保障水平在整个老年社会保障中是最低的,即一般维持其最低生活水平。

长期以来,老年人社会救助一直是老年社会保障体系中一个重要组成部分。当社会救助产生时,老年人就成为社会救助对象的一个特殊人群。这是由老年人这种弱势特征所决定的,因此,老年人社会救助在整个老年社会保障体系中是产生最早的一种机制。

2. 养老保险

养老保险一般被分为基本养老保险、补充养老保险和个人养老保险三种。其中,基本养老保险被公认为是一种社会保险制度,个人养老保险显然是一种商业保险,补充养老保险介于这两者之间,但随着越来越多国家的重视,它的政府色彩可谓是日趋浓厚。

老年社会保障体系中的养老保险主要是指基本养老保险,这种由政府主导实施的养老保险在保障老年人收入中发挥着不可替代的作用,在整个老年社会保障体系中它也是产生比较早的一个保障项目,它也是实现医疗保险和护理保险以及社会福利的经济基础。当今世界各国主要依靠基本养老保险来达到老年人收入保障的目的,它是在老年社会保障体系中发挥着核心作用的一种机制。只有无法通过基本养老保险来实现上述目的的老年人,才需要社会救助来帮助和维持基本生活。虽然基本养老保险的保障水平一般高于社会救助水平,但也局限于基本生活水平,尤其是物质方面的基本生活水准。

3. 医疗·护理保险

与年轻人相比,老年人的一个显著特征就是患病概率高。因此,在吃、住、穿等基本生活得到保证的基础上,医疗保险就显得非常重要。医疗保险可以分为基本医疗保险、补充医疗保险和个人医疗保险。基本医疗保险被公认是一种社会保险制度,个人医疗保险显然是一种商业保险,补充医疗保险介于这两者之间。基本医疗保险是老年社会保障的一个重要组成部分,它产生比较早,仅次于社会救助。

随着寿命的延长和患病概率的上升,老年人的另外一个显著特征就是生活自理能力越来越差。而这个问题,随着家庭结构和社会状况的变化,很难通过家庭保障来解决,这就需要另外一种新的机制来应对这种情况。在这种背景下,有些国家开始实施护理社会保险,试图用一种新的社会保障机制来比较妥善地解决这个问题。护理社会保险产生于第二次世界大战以后,因此在整个老年社会保障体系中是最新的一种社会保障。而且在实施的国家中,护理社会保障往往与基本医疗保险结合在一起,成为一个老年人医疗照料体系。

4. 社会福利

老年人社会福利是老年社会保障的一个重要组成部分,它的保障水平在整个保障体系中应该是最高的。它的产生晚于社会救助和基本医疗保险,但早于护理保险。随着社会经济的发展,老年人各种需求的产生及对需求本身质量要求的提高,社会福利在整个老年人社会保障体系中的地位日益提高,作用也越来越大。

老年人社会福利主要是为老年人提供各种福利性服务,尤其是满足老年人的各种精神文化生活需要,它的内容也非常丰富。这也是它与养老保险和社会救助主要的不同之处,因为后两者主要是提高物质性帮助。

第三节　老年社会保障服务与管理

一、老年社会保障的基本原则

(一)享受保障的权利与资格条件对应的原则

在世界各国,实施这一原则的具体形式有以下四种:

1. 享受老年社会保障的权利与劳动义务对等的原则

遵循这一原则的国家一般规定,享受老年社会保障的老年人是指劳动达到一定年龄后退出工作岗位的人。国家和政府对公民的劳动年龄上下限都有立法或制度的规定,退休年龄是指劳动年龄的上限。劳动者达到退休年龄后,国家依据退休制度,一方面安排他们退出原来的工作岗位,另一方面要保障他们获得社会的物质帮助和服务的权利。劳动者达到退休年龄之后,无论其实际劳动能力是否丧失,都必须按规定退休。这也是他们取得老年社会保障必须履行的义务,即劳动达到一定年限后,放弃劳动行为。

根据这一对等原则,确定老年社会保障的条件和待遇水平时,必须以劳动者退休前为社会所作劳动贡献的时间和贡献的大小为依据。实行国家保险型老年保障模式的国家大都采用这种方式。中国、苏联和东欧等国家的老年社会保障大多遵循这一贡献。

2. 享受老年社会保障的权利与投保对等的原则

遵循这一原则的国家,多要求享受老年社会保障的人也承担保险费用,即当人们达到退休年龄后,要获得老年社会保障的权利,必须以参加社会保险并且缴纳保险费(税)为条件。在具体实施上,有的国家是以解除劳动为条件,有的国家如那些缺乏劳动力的国家,则鼓励延长劳动时间和投保时间,并且在退休金上给以优惠。

一般来讲,缴纳保险费的时间越长,享受到的老年保障待遇就越高;超过法定的投保年限,可享受更高的待遇。有的国家如日本规定,不到法定投保年限不能得到退休金。

西方多数发达国家采用这种享受权利与投保期限或投保额对等的原则,如德国、美国、法国、丹麦、瑞典等。

3. 享受老年社会保障待遇与工作贡献相联系的原则

虽然现代老年保险和福利以及社会服务制度是在承认所有老年人都对社会有贡献的前提下实行的,而且在很多福利国家,老年人的社会待遇水平较高,社会福利的覆盖面很宽,但是在社会保障或社会待遇的实际操作上,也是根据老年人的历史贡献而有所区别。在经济水平较低的发展中国家,对老年人的保障和待遇标准的差别就更加明显。例如,大多数国家退休金标准的制定都要根据原来的工资标准和职位的高低。在具体实施中,养老金和福利待遇也要根据多种条件来确定。很多国家对于某些特殊行业或工种的劳动者在退休待遇上是优惠的。对那些为国家作出特殊贡献或有特殊功绩的人,退休时可以得到功勋养老金。

我国目前对历史贡献不同的老年退休者在退休待遇上的差别是比较明显的。最突出的是离休人员的养老金以及生活福利待遇要高于退休人员。此外,还有对有突出贡献的科学技术人员实行政府津贴制度;对特殊工种实行一定的退休优惠政策等。

4. 享受老年社会保障的权利与国籍或居住年限相联系的原则

实行这一原则的国家只要求是本国居民或在本国居住达到一定年限即可,而没有工作时间和投保年限的规定。这类国家主要是新西兰和澳大利亚等实行全民保险的国家。

(二)保障基本生活水平的原则

当劳动者退出劳动生涯之后,老年社会保障制度为其提供的养老金是他们的主要生活来源。因此,要保障老年人的基本生活需要,就必须使养老金能够满足老年人基本生活的需要。养老保险是老年人终生享受的待遇,实际是按一定周期(通常按月)、一定标准连续不断领取的,在老年人的有生之年,其实际养老金的水平或社会购买力受到社会经济因素变动的影响,如受到通货膨胀和物价波动的影响,而同一标准的养老金待遇,在不同物价水平下,享有的消费资料和社会服务是不同的。为了保障老年人的基本生活,使之不受通货膨胀和物价波动的影响,必须按通货膨胀和物价指数适时调整养老金及社会救济金的水平。很多国家采取了立法的途径来保证老年人的生活不受经济波动的影响。这种调整一般有两种方式:

(1)养老金随物价上涨自动提高。这种方式可以使养老金水平保持在不被贬值的状态,但是工作量较大,尤其是在物价波动频繁的时期,更增加了工作的难度。因此,如瑞士等国家的养老金虽然名义上为自动调整,实则是每两年调整一次养老金标准,只是在物价上涨超过 8％时，才实行随时调整。

（2）养老金随物价上涨作不定期调整。这种方式可以保证不带来过大的工作量，也可以保证老年人的生活。

(三)分享社会经济发展成果的原则

老年人的社会保障水平必须随其他社会成员收入和生活水平的提高而提高，其中一个重要内容就是随着在业者工资水平的提高而相应地提高。

二、老年社会保障的实施方式

(一)养老金的给付方式

老年保障待遇是退休老人生活的主要经济来源，属于一种长期性的物质补偿。因此，其具体的实施方式也比较具体和复杂。综合世界多数国家的情况，可以从以下几个方面把握养老金的给付方式：

1. 养老金的计算方式

养老金的计算方法有两种：①绝对金额制。这种计算方法是将被保险人及其供养的直系亲属，按不同标准划分为若干种类，每一种类的人按同一绝对额发给养老金。这种计算方法与被保险人退休前工资的多少无关，多用于普通国民保险或家庭补贴的给付，属于较大范围的养老金范畴。②薪资比例制。以被保险人退休前某段时期内的平均工资或最高工资数额为基数，再根据是否与投保年限有关，按一定比例计算养老金金额。若与投保年限无关，养老金的计算通常是工资基数乘以一定比例，这个比例或根据收入，或根据工龄长短来确定。若与投保年限有关，养老金的计算通常是计算基数乘以一定比例，再乘以投保年限。

世界各国一般采用其中的一种方法计算养老金，但也有两种方法都采用的，既实行国民年金，又实行就业相关年金。前一种年金常采用绝对金额制，后一种年金则采用薪资比例制。

2. 养老金的给付范围、项目及数额

各国依照本国的国民经济发展水平和社会需求来确定养老金的给付范围、项目及标准。具体的给付标准有一定的差异。在某些国家，养老金给付范围既包括被保险者本人，也包括无收入的配偶、未成年子女以及其他由被保险人抚养的直系亲属。瑞士、瑞典等国的给付项目除基本养老金之外，还有低收入补助、看护补助、超缴保险费期间增发额、超龄退休补贴、配偶及未成年子女补贴等。

支付给被保险人抚养的直系亲属的各种家属补贴，在世界很多国家中已经相当普遍。对家属的补贴办法，有的采取定期定额补助，与被保险人的收入、投保期限无关；有的按投保人养老金的一定比例补助。有的国家对补助对象，即对被保险人抚养的直系亲属没有条件限制，而相当多的国家则对享受家庭补助的直系亲属规定某些限制条件，如配偶、子女的年龄及子女的数量等。

(二)老年健康保障的基本方式

老年人的健康状况不但涉及生理学和医学领域，也是一个重要的社会问题，老年人的健康问题对老年人自身和社会都具有重要的影响。如果人们对这一问题处理得不好，老年人的生活和社会的正常发展就不能得到很好的保证。

在发达国家,老年人的经济保障问题得到初步缓解之后,健康保障问题日益突出。同时也应该看到,在社会发展过程中,发达国家通过医疗保障制度的不断健全和完善,为解决老年人健康保障问题实行的一系列比较完备的措施,具有普遍的借鉴意义。

(1)由国家和政府建立起全民性的医疗保险制度。这是发达国家的医疗保障事业的一大特点。例如,日本在经济快速发展的基础上,建立起了中央政府、地方政府直至乡村一级的医疗保险制度。其他如英、法、瑞典等国较早建立起了全民医疗保险制度。美国则于20世纪三四十年代推行《社会保障法案》,于60年代健全了"老年、遗属、伤残与健康保险",由国家强制性规定一切劳动者必须参加医疗保险。这样,在人口年龄结构进入老年型以后,医疗保险的体制已经形成,发挥了其应对人口老龄化、解决人口老龄化问题的重要作用。

(2)建立和发展老年医疗保健社会服务体系。针对老年人身体处于衰老过程,老年人患慢性病较多、康复难度大和康复期长等特点,很多发达国家在建立基本医疗保险的同时,也在大力发展老年保健、康复和长期护理事业。这对解决老年人实际问题和节省国家医疗费开支都是有效的。因为保健预防和日常的康复护理比到医院治疗更经济,使国家和个人都能节省经费。日本在20世纪80年代初出台了《日本老年人保健法》,欧美等发达国家的老年健康服务、健康教育等活动也十分普遍,这些国家都在社区建立了比较完备的老年人医疗保健服务网络,由政府出面号召、组织和支持社会团体、慈善机构、志愿服务人员帮助老年人。这些对于提高老年人健康水平,提高抗病能力和加快身体康复等都起到了良好的作用。另外,鉴于一部分老年人晚年卧床不起或患老年性痴呆,晚年护理保险开始兴起。

(3)建立起实用和可操作化的老年人医疗保障服务系统。欧美和日本等发达国家针对高龄老年人口快速增加和老年人患病特点,从基础建设着手,培养政府和社区的社会工作者,发展老年医疗保健专业,系统地培养老年医学的治疗和护理人员。在工作方式上,由政府支持在社区建立起固定的医疗保健网络。例如,定期巡访制度,定期体检和疾病预防以及老年家庭病床等;关照和帮助老年人实现健康和康复目标,组织老年人建立起科学、积极、有益于身心健康的生活方式等。这样一些具体的措施是一种积极的健康保健对策,而不是传统的、等待治病式的简单做法,对整个社会上老年人的健康保障更有实际效果。

(三)老年社会福利的主要方式

(1)老年福利包括了公民可以享受到的现代文明生活的全部待遇,从老年人物质、健康、伤残的各项社会保险,发展到全社会老年人享有现代生活方式所需要的食物营养、居住条件、健康水平、继续教育等。这种制度化的社会福利日益成为老年人生活不可缺少的重要组成部分。

(2)老年福利的项目比较丰富,几乎包括了老年人日常生活的所有方面,例如,老年人优待旅行和娱乐、老年人免费健康检查、老年人电话服务、老年人家庭服务、长寿老人补助、老年福利院和托老所等。日本的老年福利服务项目分为两大方面:一是家庭福利服务;二是设施福利服务。家庭福利服务包括家庭服务员派遣、向低收入老人发放生活用具、老人家庭护理、日间服务等;设施福利服务包括建立老人之家、老人福利中心、老年福利院、老人休养所、临终关怀医院等。

三、我国的老年社会保障服务

(一)我国的基本养老保险

中国实行养老保险制度改革以前,养老金也称退休金、退休费,是城镇劳动者一种最主要的养老待遇。改革开放后曾实行退休制与离休制双制并存的格局。实行退休制度改革后,原有的退休、离休制度逐渐被养老保险所替代,并自 1995 年起确立了由政府主导的社会统筹与个人账户相结合的基本养老保险制度,这一制度在改革试验中又被不断修订。

根据中国现行有关基本养老保险的政策规范,该制度的覆盖范围包括各类企业和企业化管理的事业单位及其职工,同时,省、自治区、直辖市人民政府也可以根据当地实际情况将自由职业人员、城镇个体工商户纳入基本养老保险范围。

基本养老保险基金分为社会统筹基金与个人账户基金,分别来源于企业缴费与劳动者个人缴费。在筹资方式方面,基本养老保险采取征费制,一些省、市、自治区由社会保险经办机构负责征收,一些省、市、自治区则由地方税务机构代为征收。

在享受资格方面,除有特殊规定外,现行政策规定享受基本养老保险金需要具备的条件有两个:一是达到国家法定退休年龄;二是在基本养老保险覆盖范围并且参加保险缴费期限满 15 年。职工达到法定退休年龄且个人缴费满 15 年的,退休时的养老金包括来自社会统筹基金中的基础养老金和来自个人账户中的养老金两个部分。

中国基本养老保险的管理和监督部门为劳动和社会保障行政部门,由事业性质的社会保险经办机构具体经办,但财政部门、审计部门等亦从自己的职责出发,对养老保险基金进行监督。

(二)老年社会福利

1. 老年人的物质生活福利

我国从中央到地方都建立了离退休人员管理机构,在农村地区则由基层政府负责老年人的社会保障,包括社会福利工作。具体来说,老年福利的内容主要有以下几个方面:

(1)建立福利院和敬老院,收养没有生活保障的老年人,并扩大对社会上一般老人的收养安置,为老年人解决生活照料、医疗保障服务以及精神孤独问题,提高老年人的生活质量。

(2)开展向老人送温暖活动,各级政府普遍开展向包括离退休老人在内的生活困难老人发放物资、资金补助,街道、居委会等基层社区组织对敬老院和居家老年人开展生活照料以及家务帮助活动,为老年人开展社区服务。例如,基层街道居(村)委会为生活困难的老年人提供包户服务,建立包户服务组,订立包户服务协议;兴办托老所,对那些无人照料的老年人提供照料和生活帮助。

(3)为老年人提供特殊的福利性优惠及服务措施,例如,目前在我国大多数城市,70 岁以上的老年人乘公共汽车和进入公园免费。

2. 城市老年人医疗保健服务

(1)建立老年人健康检查制度。目前在某些有条件的地方,由所在单位或社区组织老年人开展定期的身体检查,发现疾病及时采取治疗措施。

(2)建立老年病医院或设立老年病科,开展老年病的治疗工作。目前大多数医院都制定了老年人挂号、看病、取药三优先公约。

(3)建立老年人康复和疗养机构。由国家组织和出资或者由社区建立康复疗养机构,使老年人的健康服务问题得到解决。从 2006 年开始,政府推行社区医疗服务,采取对社区医疗的倾斜政策。

3. 城市老年人文化服务设施

在经济条件较好和老年人比较集中的地方,由单位或社区建立老年人休闲娱乐场所,如老年活动站、老年中心等,为老年人提供文化、教育、娱乐、体育活动设施,对老年人提供优惠服务。

此外,我国大多数城镇社区还建立了很多"老年人婚姻介绍所"、"老年人再就业介绍所"、"家政服务站"等,在很大程度上缓解了老年人的实际生活问题。

(三)农村老年社会保障

1. 农村老年社会救济

农村的老年社会救济是由国家和集体组织实施的、对有特殊困难的"三无"老年人实行的救济,具体说就是"五保"制度。我国农村的"五保"制度始建于 1956 年合作化时期,在过去五十多年的历史时期内,这一制度对于保证我国农村社会的稳定,提供社会化的养老功能,发挥了积极有效的作用。农村"五保"制度有两种方式:一种是对老年人分散供养,即由村级基层组织负责给予居家照顾;另一种是集中在敬老院供养,住进敬老院的老年人的经济来源由乡镇等地方财政给予解决。

2. 农村养老保险

农村养老保险有多种形式:

(1)一般的农村社会养老保险。采取政府组织引导和农民自愿相结合的办法,建立互助为主、互济为辅、储备积累的机制。建立农村社会养老保险事业管理机构,为农民设立养老保险个人账户;保险费以个人缴纳为主,集体给予适当的补贴,个人缴费和集体补贴全部记在个人名下;以县级为基本核算平衡单位,逐步分级负责保险基金的运营和保值增值;参加保险者达到规定的领取年龄时,根据其个人账户基金的积累总数确定领取标准,由社会保险机构定期计发养老金。

(2)农村计划生育养老保险。计划生育养老保险是由计划生育部门组织,一般采取向保险公司投保或通过银行开办保险业务,其保险对象是实行了计划生育的家庭。

(3)政府主办的计划生育养老保障。2004 年,国家人口和计划生育委员会发布了《对农村计划生育家庭户实行奖励扶助制度的试点》的通知,规定对实行计划生育户农村居民,在年满 60 周岁时每人每年发放不低于 600 元养老扶助津贴。

(4)农村集体退休金制度。近些年,在我国农村集体经济发达的地区,也仿照城镇企业单位的退休制度,给具备条件的老年人发放退休金。

这些不同形式的社会化养老方式,对于我国农村社会经济的发展和老年人晚年生活保障都起到了重要作用。

■■■ 案例分析 ■■■

刘玉国系某供销社 1985 年 4 月招收的亦农亦商的临时工,1994 年 11 月成为农民合同制工人。在刘玉国 1985 年 4 月至 1996 年 12 月用工期间,供销社按月收取刘玉国工资总额的 3% 款项作为离职返家的补助费,并纳入专户管理。自 1996 年 12 月起,供销社开始为刘玉国缴纳社会养老保险金。

社会保险法律宣传的不断深入开展,人们社会保障意识逐步提高,刘玉国深感社会保障对自身的重要性,想到自己在企业干了十几年,供销社没有给他缴纳养老保险金,到退休时,就少领养老金,这是对自己权益的侵犯,1997年年初刘玉国遂要求供销社为其补缴做临时工期间的养老保险金。供销社认为:刘玉国于1996年12月与供销社正式建立劳动合同关系,期限为5年,劳动合同签订后,单位已经为其缴纳了养老保险金;在1985年4月至1996年12月期间,刘玉国是亦农亦商人员,整个供销社系统与他同样身份的人都未纳入社会保险范围,期间对其所扣的工资总额3‰的返家补助费可以退还,供销社不具有补缴养老保险金义务。因此,供销社拒绝为其补缴养老金。双方争执不下,刘玉国于1997年年初向劳动争议仲裁委员会申请仲裁,要求供销社补缴养老保险金。劳动争议仲裁委员会驳回了刘玉国的请求。刘玉国不服,向区人民法院提起诉讼。1997年4月,法院对当地首起养老保险民事诉讼案进行了公开审理,判决供销社从1986年8月起为刘玉国缴纳社会养老保险金。

思考题:

1.何谓养老保险?养老保险的概念与设计原则是什么?

2.该案例中涉及的是什么养老保险筹资模式与养老保险金缴费模式?

(董海娜)

第五章 老年服务与健康管理

第一节 老年健康管理概述

一、健康及其相关概念

(一)健康的概念

世界卫生组织关于健康的概念不断完善。1948 年世界卫生组织（World Health Organization，WHO)宪章中首次提出三维的健康概念："健康不仅仅是没有疾病和虚弱，而是一种身体上、心理上、社会上的完好状态。"1978 年 WHO 在国际卫生保健大会上通过的《阿拉木图宣言》中重申了健康概念的内涵，指出"健康不仅仅是没有疾病和痛苦，而是包括身体、心理和社会功能各方面的完好状态"。在《渥太华宪章》中提出："良好的健康是社会、经济和个人发展的重要资源。"1984 年，在《保健大宪章》中进一步将健康概念表述为："健康不仅仅是没有疾病和虚弱，而是包括身体、心理和社会适应能力的完好状态。"1989 年 WHO 又进一步完善了健康概念，指出：健康应是"生理、心理、社会适应和道德方面的完好状态"。

(二)疾病的概念

所谓疾病是指"一定的原因造成的生命存在的一种状态，在这种状态下，人体的形态和功能发生一定的变化，正常的生命活动受到限制或破坏，或早或迟地表现出可察觉的症状，这种状态的结局可以是康复（恢复正常）或长期残存，甚至导致死亡"。随着医学科学的不断发展，人们查明一些症状常由一定的原因引起，该原因在人体内造成特定的病例改变，症状只是这些病理改变基础上出现的形态或功能的变化，该过程有一定转归（痊愈、死亡、致残、致畸等），于是人们称这一过程为"疾病"，对尚未查明原因者则称之为"综合征"。根据国际疾病分类手册（International Classification of Disease，ICD—10），疾病名称有上万个，而且因为新的疾病还在不断地发现中，其名称会越来越多。分析目前人们关于疾病概念的认识，可以将其归纳为广义的疾病和狭义的疾病两大类。广义的疾病是针对健康而言，也就是说只要不符合健康的定义，就可以认为是有"病"了；狭义的疾病是根据疾病分类手册而言，也就是指具有一定诊断标准的、具体的疾病名称（包括综合征）。

(三)健康危险因素的概念

广义的健康危险因素是指对人的健康造成危害或不良影响，进而导致诸多疾病（主要是慢性病）或伤残的因素，包括生物、化学、物理、心理、社会环境及不良生活方式与习惯等。而慢性病的危险因素是指对非传染性疾病的发病率和死亡率具有重要的归因危险和通过基本的健康干预手段能够改变,并且在人群中比较容易测量的那些因素。健康危险因素具有遗传性、潜在性、可变性(多种危险因素)、聚集性以及可测、可控性等特点。

(四)健康风险评估的概念

健康风险评估是一种量化评估,用于分析测算某一个体或群体未来发生某种疾病或损伤以及因此造成不良后果的可能性大小,用于分析个体未来健康走向及疾病/伤残甚至死亡的危险性。健康风险评估以风险因子调查、检测/监测所获取的相关信息分析为基础,以循证医学为主要依据,结合评估者的直接观察和经验,对个体当前和未来疾病发生风险作出客观量化的评估与分层,为个体健康解决方案的制定和健康风险的控制管理服务。

(五)健康干预的概念

健康干预是指对影响健康的不良行为、不良生活方式及习惯等危险因素以及由此导致的不良健康状态进行综合处置的医学措施与手段。主要包括健康咨询与健康教育、营养与运动干预、心理与精神干预、健康风险控制与管理以及就医指导等。健康干预是健康管理的关键所在,是社区慢性病综合防治的重点。由于健康危险因素的规范性、复杂性与聚集性,因此健康干预一般采取综合干预的策略。

二、健康管理的概念与内涵

健康管理在 20 世纪 80 年代从美国兴起,随后英国、德国、法国和日本等发达国家也积极效仿和实施健康管理。健康管理研究与服务内容也由最初单一的健康体检与生活方式指导,发展到目前的国家或国际组织(如欧盟)全民健康促进战略规划的制定、个体或群体全面健康检测、健康风险评估与控制管理。进入 21 世纪后,健康管理开始在我国逐步兴起与发展。

与其他学科和行业一样,健康管理的发展是与社会文明的进步息息相关的。经济和社会的进步使医疗服务技术高速发展,人类的寿命不断延长,日益严重的人口老龄化问题对医疗卫生行业提出了更高的需求,人们对健康的需求意愿比以往任何时期都要强烈。除了老龄化问题,急性传染病和慢性病的双重威胁及环境的恶化也加速了医疗卫生需求的攀升。传统的以疾病为中心的诊治模式(生物—医学模式)应对不了新的挑战,于是,以个体和群体、社会支持的健康为中心的管理模式(生物—心理—社会模式)在市场的呼唤下孕育而生。

健康管理是以现代健康概念和中医"治未病"思想为指导,运用医学、管理学等相关学科的理论、技术和方法,对个体或群体健康状况及影响健康的危险因素进行全面连续的检测、评估和干预,实现以促进人人健康为目标的新型医学服务过程。

健康管理是以人的健康为中心,长期连续、周而复始、螺旋上升的全人、全程、全方位的健康服务。健康管理有三部曲:①了解和掌握你的健康,即健康状况的检测和信息收集;②关心和评价你的健康,即健康风险的评估和健康评价;③改善和促进你的健康,即健康危险因素的干预和健康促进。健康管理以最优化的资源投入获取最大的健康效益。

健康管理的目标包括:①完善健康和福利;②减少健康危险因素;③预防疾病高危人群患病;④易患疾病早期诊断;⑤增加临床效用效率;⑥避免可预防的疾病相关并发症的发病;⑦消除或减少无效或不必要的医疗服务;⑧对疾病结局作出度量并提供持续的评估和改进。

对于国家来讲,健康管理和促进是一个关系到经济、政治和社会的大事。世界卫生组织和各国政府开展的"人人健康"(Health for All)项目实际上就是一个全国性的健康管理计划,由政府及各种民间或专业组织通力合作,旨在提高全体民众的健康。而在个人的层面上,健康管理也是关系到家庭及个人的生活保障及质量的大问题。个人通过参加常规体检及健康筛选,并按健康的需求及个人的实际情况加入相应的管理流程,无特殊疾病者将进入相应的健康改善及维护流程,从而达到改善健康的目的。因而,健康管理就是在控制健康风险这个需求的基础上对健康资源进行计划、组织、指挥、协调和控制的过程,也就是对个体和群体健康进行全面监测、分析、评估、提供健康咨询和指导及对健康危险因素进行干预的过程。这里所说的健康风险可以是一种健康危险因素,如高血压、肥胖;也可以是一种健康状态,如糖尿病或阿尔茨海默病。健康管理的手段可以是对健康危险因素进行分析,对健康风险进行量化评估,或对干预过程进行监督指导。这里要强调的是,健康管理一般不涉及疾病的诊断和治疗过程。疾病的诊断和治疗是临床医生的工作,不是健康管理师的工作。

健康管理服务的特点是标准化、量化、个体化和系统化。健康管理的具体服务内容和工作流程必须依据循证医学和循证公共卫生的标准和学术界已经公认的预防和控制指南及规范等来确定和实施。健康评估和干预的结果既要针对个体和群体的特征和健康需求,又要注重服务的可重复性和有效性,强调多平台合作提供服务。

综上所述,健康管理是在健康管理医学理论指导下的医学服务。健康管理的宗旨是有效地利用有限的资源来达到最大的健康效果,其主体是经过系统医学教育或培训并取得相应资质的医务工作者,客体是健康人群、亚健康人群(亚临床人群)以及慢性非传染性疾病早期或康复期人群。健康管理的具体做法是提供有针对性的科学健康信息并创造条件采取行动来改善健康,重点是慢性非传染性疾病及其风险因素。健康管理服务的两大支撑点是信息技术和金融保险。健康管理的公众理念是"病前主动防,病后科学管,跟踪服务不间断"。

三、老年健康管理的意义

老年人在面对生活物价高速增长的同时,还要面对医疗费支出的持续增长,而其收入的主要来源则是养老金,来源面相对较窄,收入也较少。面对持续增长的医疗费用,老年人的医疗负担更为严重。目前现有的医疗卫生保健服务已基本在超负荷运转,而且针对大部分老年人的卫生服务都是在狭隘的健康、疾病认识基础上开展的,这并不利于为老年人提供优质的健康管理服务和建立科学合理的老年人健康管理模式。所以,针对目前老龄化及医疗负担日益加重的情况下,政府在加大投入增加社会保障费,建立基本卫生服务和社区卫生服务体系的同时,进行有效的老年健康管理具有十分重要的意义。

1. 老年健康管理是建设社会主义和谐社会的需要

人口老龄化是人类社会在发展的过程中悄然来临的,它对任何一个人口老龄化国家的经济社会、文化心理和生活方式都带来严峻的、深远的影响和挑战。我国作为老年人绝对数最多和人口老龄化速度最快的国家之一,老年人的生理功能、应激能力和承受心理都有所降低,社会角色和社会地位的改变也不同程度地威胁着老年人的身心健康,有相关调查表明健康状况是影响老年人生活满意度最主要的因素,老年人健康管理工作的好坏,直接影响了老年人的生活质量和满意程度,关系到社会的和谐与稳定,是新时期和谐社会建设的需要。

2. 老年健康管理是老年健康对现代医学发展的新需求

医学的目的是促进和维护人类健康,健康是人全面发展的基础,关系千家万户的幸福。

近些年来,一些新生的传染病和一些慢性非传染性疾病等问题严重威胁老年健康,在提高医疗诊断水平的同时,更需要拓展现代医学的服务范围,将生活照料、营养餐饮、保健康复护理、精神慰藉和各种急救服务等都纳入现代医学发展范畴,以真正实现21世纪的健康主题即"预防疾病产生,促进身体健康,提高生命质量"。

3. 老年健康管理是完善中国传统养老模式的需要

中华民族在长期的历史发展过程中,形成了稳定而富有特色的养老模式。但自1978年开始实行计划生育政策以来,传统的家庭结构发生了巨大变化,主要是第一代独生子女已进入婚育年龄,已经出现所谓的"421"问题,即一对夫妇在供养双方四位老人的同时,还要抚养一个孩子,这就使得传统单一的家庭养老模式不堪重负。因此,应建构以本社区为依托的居家养老形式为主,以社会化养老为延伸和补充,建立具有中国特色的健康管理模式,并以传统的医药文化为基础,不断丰富健康管理服务的新内涵、创新服务模式与内容,实现对传统养老模式必要和有益的补充。

第二节 老年健康管理的内容与步骤

一、老年健康管理的核心内容

(一)老年人的生理特点

随着年龄的增长,人体生理和心理都会发生一系列的变化,老年人的生理老化主要表现在体内脏器、组织萎缩,重量减少,实质细胞总数减少,再生能力降低,储备能力降低,内环境稳定性降低,感染防御能力降低。

1. 运动系统

老年人骨皮质变薄,骨胶质减少,碳酸钙减少,骨密度降低,导致骨质疏松,使老年人容易出现骨折。关节退行性改变,关节软骨、韧带老化,肌肉总量、弹性下降,使老年人运动功能减弱。

2. 消化系统

老化一方面使消化系统形态改变,另一方面也使消化功能降低。

老年人牙周膜变薄,牙龈水肿、角化变薄或消失,牙齿的支持组织向根部萎缩。牙釉质渗透性下降,脆性增加。牙髓敏感性降低,牙髓钙化变性增加,从而导致老年人咀嚼能力下降。唾液腺萎缩,腺体组织减少,导致唾液分泌减少,唾液内钠、钾、镁及免疫球蛋白、酶类等成分发生改变,这些都导致口腔黏膜干燥,口腔自洁能力下降,影响食物吞咽和消化。老年人的食管收缩力减弱,蠕动幅度变小,食管黏膜萎缩,弹力纤维增加导致老年人吞咽动作障碍,食管排空不完全。

60岁以上的老年人胃黏膜萎缩的比例相当大。随着年龄的增加,胃肠血流量减少,胃腺细胞分泌功能减弱,胃黏膜的分泌细胞减弱得尤为明显,胃酸分泌减少,导致老年人营养吸收障碍,胃黏膜修复能力差。胃平滑肌变薄或萎缩,收缩力降低,胃蠕动减弱,排空延迟,导致消化不良和便秘。老年人肠道吸收功能降低,小肠运动和血液流动减慢,肠道菌群改变,从而影响对葡萄糖、脂肪、氨基酸、维生素等营养物质的吸收。

3. 呼吸系统

整个呼吸系统随着年龄的增加而老化。随着呼吸肌与韧带的萎缩,肋骨硬化,肺和气管弹性减弱以及呼吸系统的化学和神经感受器敏感性降低,引起呼吸道阻力增加及呼吸功能下降,对缺氧和酸碱平衡的调节能力减弱。鼻、支气管的黏膜和腺体萎缩导致纤毛运动减弱和分泌物的黏性增加,从而增加老年人患呼吸道感染的概率。

4. 心血管系统

老年人心脏结缔组织增加,类脂质沉积,心脏各瓣膜和其他结构钙化,传导系统退行性变、脂肪浸润,窦房结的自律功能降低,心肌供血量减少等改变,导致老年人心肌的兴奋性、自律性、传导性和收缩性降低,心脏泵血功能减弱,发生心率失常的概率升高。老年人血管中层进行性增厚,腔径增大,管壁弹性减弱,导致动静脉硬化、静脉曲张、动脉粥样硬化等。

5. 泌尿系统

肾脏随着年龄增长出现肾脏重量减轻、体积缩小、肾单位减少、肾小球率过滤降低、浓缩功能下降等改变,但在一般生理情况下,不表现出机体的严重影响,当环境因素突然出现大的变化,超过老年人肾脏负担能力时,会导致内环境改变。膀胱肌肉萎缩,括约肌松弛,导致夜尿增多,排尿反射减弱,缺乏随意控制能力,易出现尿失禁等现象。男性前列腺及女性尿道球腺分泌减少,抗菌能力下降,感染发生率增高。

6. 神经系统

脑体积变小,脑沟增宽、加深,神经细胞减少导致脑力劳动能力降低,反应减慢;同时,周围神经系统中,神经束内结缔组织增生,神经内膜增生和变形,神经纤维的进行性变性,导致周围神经系统老化,自主神经系统功能紊乱,从而出现体液循环、气体交换、物质吸收与排泄、生长发育和繁殖等各个内脏器官的功能活动失调、反射减弱。

7. 内分泌系统

老年人的内分泌器官的重量随年龄增加而减少,腺体分泌功能也呈下降趋势。

8. 感官功能

老年人泪液减少,使结膜、角膜干燥,容易诱发结膜炎、角膜炎。结膜、视网膜、晶状体、玻璃体、视神经等老化导致老年人视力下降。耳道变宽、鼓膜变薄,听神经纤维数减少,听觉中枢细胞数减少,导致老年人听力下降。脑嗅球细胞丧失和鼻内膜感觉细胞减少导致老年人嗅觉下降。还有皮肤弹性降低,变薄、松弛;汗腺减少导致皮肤干燥;皮肤神经末梢密度减少导致皮肤的痛触温度觉减弱,对不良刺激的防御功能降低;皮肤再生与愈合能力减弱。

在生理性老化基础上,老年人多合并各种慢性疾病,进一步加重器官老化。

(二)老年人的心理特点

老年心理是指老年人的心理过程及个性心理特点,包括老年人的认知特征(如感觉、知觉、记忆、思维、注意等方面特征)、情绪特征、意志行为特征及个性的特征。

1. 感知觉

老年人的视觉、嗅觉、听觉、味觉均开始退化,使得食物的味道对老年人食欲刺激的力度减弱,所以老年人为了刺激食欲,常常会买零食吃,这要给予理解。

2. 记忆

老年人的记忆较青壮年减弱,其特点是记忆速度和能力下降;有意记忆为主,无意记忆为辅;意义识记尚好,无意义的机械记忆较差;再识能力尚好,回忆能力较差;远事记忆尚好,近事记忆较差。

3. 智力

虽然老年人大脑逐渐萎缩,重量逐渐减轻,但脑细胞在数量上减少不明显,经过长期研究表明,老年人的智力与青年人相比未必衰退,仍有很大的可塑性。主要是操作智商明显衰退,而语言智商衰退不明显。所以老年人仍要坚持动脑,有意识地发展自己的智力水平。

4. 反应迟钝

老年人认知感觉即运动功能的衰退,导致老年人出现动作缓慢,反应迟钝,同时对外界刺激的反应性变慢,老年人情绪反应不如年轻人激烈。

5. 抑郁、情绪多变

随着衰老、精神情感变化日益明显,表现为内心空虚,易出现抑郁的情绪反应。

6. 疑病

由于老年人从繁忙的工作中脱离,所以关注中心从外界事物转移到自身,这些关心可因某些主观感受而加强,并因顽固、执拗的个性而容易出现疑病症状,如头部不适、耳鸣、胃肠道功能异常以及失眠等,常为此感到心神不安,甚至多次就医求诊。

老年人的心理状况,不仅反映了老年人的生理及所处社会、生活环境的改变,更直接或间接地影响着老年人的健康和疾病情况,如长期的精神压抑会导致胃溃疡、消化系统疾病。此外,老年人心理对老年人老化过程、老年人的健康长寿及老年病的治疗都有非常大的影响。

(三)老年人患病特点

1. 隐匿性

因为老年人机体的各项功能都逐渐退化,对外界刺激及自身生理变化反应迟钝,同时,由于抵抗力减弱,在受到外界的感染时,没有足够的症状体征引起患者本人及家属的注意,这就造成老年人患病时通常表现神情淡漠、倦怠、乏力或以昏迷状态就诊,从得病到发作没有明显的阶段性,比较隐匿,容易掩盖病情,耽误最佳治疗时机。

2. 迁延性

因为老年人脏腑功能退化,细胞再生及机体修复能力减弱,所以老年人在患病后机体康复缓慢,需要较长的治疗和恢复时间,使得疾病容易反复发作,病情迁延。

3. 非典型性

由于老年人的整体反应性低下,一些疾病的临床表现在老年患者身上往往不典型,如无症状性的心肌梗死、无症状性高血压等,还有些老年性甲状腺功能亢进的患者,则往往是以心房颤动就诊,而自身并没有典型的甲状腺功能亢进的表现,仅仅是在治疗排查过程中发现甲状腺功能异常的。所以,对于老年病的防治需要多学科协作。

4. 复杂性

老年人患病往往表现出多器官受累错综复杂的情况及多种慢性病并存时非常常见的现象。慢性病之间的相互影响,加之衰老、疾病叠加会导致老年病临床治疗的复杂化。

5. 病史不清

一些老年人诉说不清自己病情的过程,加之对于各种刺激不敏感而更显得迟钝。医生无法获得完整、准确的病史,给疾病诊断增加难度。所以,建立老年人完整的病例资料及体检结果,为老年人患病时及时确诊提供重要依据。

(四)老年健康管理内容

健康管理的基本策略是通过评估和控制健康风险,达到维护健康的目的。而老年健康管理则是在针对老年生理、心理及患病特点的基础上,开展健康信息收集、健康风险评估和健康干预,旨在提供有针对性的个性化健康信息来调动个体降低本身健康风险的积极性,同时根据循证医学的研究结果指导个体维护自身健康,降低已经存在的健康风险。研究发现,冠心病、脑卒中、糖尿病、肿瘤及慢性呼吸系统疾病等常见慢性非传染性疾病都与吸烟、饮酒、不健康饮食、缺少体力活动等几种健康危险因素有关。慢性病往往是"一因多果、一果多因、多因多果、互为因果"。各种危险因素之间及与慢性病之间的内在关系已基本明确(如图 5-1)。慢性病的发生、发展一般有从正常健康人→低危人群→高危人群(亚临床状态)→疾病→并发症的自然规律。从任何一个阶段实施干预,都将产生明显的健康效果,干预越早,效果越好。

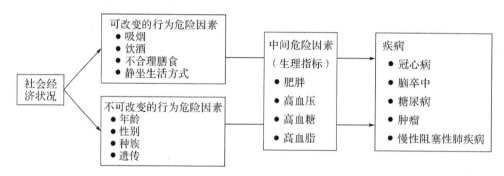

图 5-1 常见慢性病及其共同危险因素之间的内在关系

老年健康管理的基本内容有以下六种,它们是生活方式管理、需求管理、疾病管理、灾难性病伤管理、残疾管理和综合的人群健康管理。现分述如下:

1. 生活方式管理

生活方式与人们的健康和疾病休戚相关,这一点对于已被医生诊断为"患者"的人及健康的人来说,都是赞同的。国内外关于生活方式影响或改变人们健康状况的研究已有很多。研究发现,即使对于那些正在服用降血压和降胆固醇药物的男性来说,健康的生活方式都能明显降低他们患心脏疾病的风险。一项研究从 1986 年开始,对 43000 名 40～75 岁,没有糖尿病、心脏病和其他慢性疾病的男性进行跟踪调查,每年对他们进行两次问卷调查,然后根据长期积累的数据找出生活习惯与心脏疾病之间的关系。该研究发现,正在服药的中年男性,如果饮食合理、不吸烟、适量饮酒、保持健康体重和定期运动,他们患心脏疾病的风险将降低 57%;不服药的男性,健康的生活方式可以将患心脏疾病的风险降低 87%;仅不吸烟一项就能降低 50% 的患病风险。如果健康的生活方式包括所有五项内容(饮食合理、不吸烟、适量饮酒、保持健康体重和定期运动),男性患心脏疾病的风险指数最低。

研究同时发现,即使被调查者从前的生活方式不健康,生活方式改变后所带来的好处也是显而易见的。健康的生活方式不可能被药物和其他所替代。改变生活方式永远不会晚,即使到中年或是晚年开始健康的生活方式,都能从中受益。

(1)生活方式管理的概念。

从卫生服务的角度来说,生活方式管理是指以个人或自我为核心的卫生保健活动。该定义强调个人选择行为方式的重要性,因为后者直接影响人们的健康。生活方式管理通过健康促进技术,比如行为纠正和健康教育,来保护人们远离不良行为,减少危险因素对健康的损害,预防疾病,改善健康。与危害的严重性相对应,膳食、体力活动、吸烟、适度饮酒、精神压力等是目前对国人进行生活方式管理的重点。

(2)生活方式管理的特点。

①以个体为中心,强调个体的健康责任和作用。不难理解,选择什么样的生活方式纯属个人的意愿或行为。我们可以告知人们什么样的生活方式是有利于健康应该坚持的,比如不应吸烟,如果吸烟应该戒烟;不应挑食、偏食,而应平衡饮食等。我们也可以通过多种方法和渠道帮助人们做出决策,比如提供条件供大家进行健康生活方式的体验,指导人们掌握改善生活方式的技巧等,但这一切都不能替代个人做出选择何种生活方式的决策,即使一时替代性地做出,也很难长久坚持。

②以预防为主,有效整合三级预防。预防是生活方式管理的核心,其含义不仅仅是预防疾病的发生,还在于逆转或延缓疾病的发展历程(如果疾病已不可避免的话)。因此,对于旨在控制健康危险因素,将疾病控制在尚未发生之时的一级预防;通过早发现、早诊断、早治疗而防止或减缓疾病发展的二级预防;以及防止伤残、促进功能恢复、提高生存质量、延长寿命、降低病死率的三级预防,生活方式管理都很重要,其中尤以对一级预防最为重要。针对个体和群体的特点,有效地整合三级预防,而非支离破碎地采用三个级别的预防措施,是生活方式管理的真谛。

③通常与其他健康管理内容联合进行。与许多医疗保健措施需要付出高昂费用为代价相反,预防措施通常是经济而有效的,它们要么节约了更多的成本,要么收获了更多的边际效益。根据循证医学的研究结果,美国疾病预防控制中心已经确定乳腺癌、宫颈癌、直肠癌、心脏病、老年人肺炎、与骑自行车有关的头部伤害、低出生体重、乙型肝炎、结核等19种疾病或伤害是具有较好成本—效果的预防领域。其中,最典型的例子就是疫苗的应用,如在麻疹预防上花费1美元的疫苗,可以节省11.9美元可能发生的医疗费用。

(3)健康行为改变的技术。

生活方式管理可以说是老年健康管理的基础内容。生活方式的干预技术在生活方式管理中举足轻重。在实践中,四种主要技术常用于促进人们改变生活方式。

①教育:传递知识,确立态度,改变行为;

②激励:通过正面强化、反面强化、反馈促进、惩罚等措施进行行为矫正;

③训练:通过一系列的参与式训练与体验,培训个体掌握行为矫正的技术;

④营销:利用社会营销的技术推广健康行为,营造健康的大环境,促进个体改变不健康的行为。

单独应用或联合应用这些技术,可以帮助人们朝着有利于健康的方向改变生活方式。

实践证明,行为改变绝非易事,形成习惯并终生坚持是健康行为改变的终极目标。在此过程中,亲朋好友、社区等社会支持系统的帮助非常重要,可以在传播信息、采取行动方面提供有利的环境和条件。

在实际应用中,生活方式管理可以以多种不同的形式出现,也可以融入到健康管理的其他策略中。例如,生活方式管理可以纳入疾病管理项目中,用于减少疾病的发生率,或降低疾病的损害;可以在需求管理项目中出现,帮助人们更好地选择食物,提醒人们进行预防性的医学检查等。不管应用了什么样的方法和技术,生活方式管理的目的都是相同的,即通过选择健康的生活方式,降低疾病的危险因素,预防疾病或伤害的发生。

2. 需求管理

(1)需求管理的概念。

需求管理包括自我保健服务和人群就诊分流服务,以帮助人们更好地使用医疗服务和管理自己的疾病。这一管理内容基于这样一个理念:如果人们在和自己有关的医疗保健决策中扮演积极作用,服务效果会更好。

需求管理实质上是通过帮助健康消费者维护自身健康和寻求恰当的卫生服务,控制卫生成本,促进卫生服务的合理利用。需求管理的目标是减少昂贵的、临床并非必需的医疗服务,同时改善人群的健康状况。需求管理常用的手段包括:寻找手术的替代疗法、帮助患者减少特定的危险因素并采纳健康的生活方式、鼓励自我保健/干预等。

(2)影响需求的主要因素。

以下四种因素影响人们的卫生服务消费需求:

①患病率:可以影响卫生服务消费需求,因为它反映了人群中疾病的发生水平。但这并不表明患病率与服务利用率之间有良好的相关关系,相当多的疾病是可以预防的。

②感知到的需要:个人感知到的卫生服务消费需求是影响卫生服务利用的最重要的因素,它反映了个人对疾病重要性的看法,以及是否需要寻求卫生服务来处理该疾病。有很多因素影响着人们感知到的需要,主要包括:个人关于疾病危险和卫生服务益处的知识、个人感知到的推荐疗法的疗效、个人评估疾病问题的能力、个人感知到的疾病的严重性、个人独立处理疾病问题的能力以及个人对自己处理好疾病问题的信心等。

③患者偏好:患者偏好的概念强调患者在决定其医疗保健措施时的重要作用。与医生一起,患者对选择何种治疗方法负责,医生的职责是帮助患者了解这种治疗的益处和风险。关于患者教育水平的研究结果表明,如果患者被充分告知了治疗方法的利弊,患者就会选择那些创伤低、风险低、更便宜的治疗手段,甚至在医生给他们提供别的选择时也如此。

④健康因素以外的动机:事实表明,一些健康因素以外的因素,如个人请病假的能力、残疾补贴、疾病补助等都能影响人们寻求医疗保健的决定。保险中的自付比例也是影响卫生服务利用水平的一个重要因素。

(3)需求预测方法与技术。

目前,已有多种方法和技术用于预测谁将是卫生服务的利用者。归纳起来,这些方法主要有:

①以问卷为基础的健康评估:以健康和疾病风险评估为代表,通过综合性的问卷和一定的评估技术,预测在未来一定时间内个人的患病风险,以及谁将是卫生服务的主要消耗者。

②以医疗卫生花费为基础的评估:该方法是通过分析已发生的医疗卫生费用,预测未来的医疗花费。与问卷法不同,医疗卫生花费数据是已经客观存在的,不会出现个人自报数据对预测结果的影响。

(4)需求管理的主要工具。

需求管理通常通过一系列的服务手段和工具,去影响和指导人们的卫生保健需求。常见的方法有:24小时电话就诊分流服务、转诊服务、基于互联网的卫生信息数据库、健康课堂、服务预约等。有的时候,需求管理还会以"守门人"的形象出现在疾病管理项目中。

3. 疾病管理

疾病管理是老年健康管理的又一主要内容,其历史发展较长。美国疾病管理协会(Disease Management Association of America,DMAA)对疾病管理的定义是:"疾病管理是一个协调医疗保健干预和与患者沟通的系统,它强调患者自我保健的重要性。疾病管理支撑医患关系和保健计划,强调运用循证医学和增强个人能力的策略来预防疾病的恶化,它以持续性地改善个体或群体健康为基准来评估临床、人文和经济方面的效果。"该协会进一步表示,疾病管理必须包含"人群识别、循证医学的指导、医生与服务提供者协调运作、患者自我管理教育、过程与结果的预测和管理以及定期的报告和反馈"。由此可以看出,疾病管理具有三个主要特点:

(1)目标人群是患有特定疾病的个体。如糖尿病管理项目的管理对象为已诊断患有 1型或 2 型糖尿病的患者。

(2)不以单个病例和(或)其单次就诊事件为中心,而关注个体或群体连续性的健康状况与生活质量,这也是疾病管理与传统的单个病例管理的区别。

(3)医疗卫生服务及干预措施的综合协调至关重要。疾病本身使得疾病管理关注健康状况的持续性改善过程,而大多数国家卫生服务系统的多样性与复杂性,使得协调来自于多个服务提供者的医疗卫生服务与干预措施的一致性与有效性特别艰难。然而,正因为协调困难,也显示了疾病管理协调的重要性。

4. 灾难性病伤管理

灾难性病伤管理是疾病管理的一个特殊类型,顾名思义,它关注的是"灾难性"的疾病或伤害。这里的"灾难性"可以是指对健康的危害十分严重,也可以是指其造成的医疗卫生花费巨大,常见于肿瘤、肾衰竭、严重外伤等情形。

疾病管理的特点对灾难性病伤害管理同样适用。因为灾难性病伤本身所具有的一些特点,如发生率低,需要长期复杂的医疗卫生服务,服务的可及性受家庭、经济、保险等各方面的影响较大等,注定了灾难性病伤管理的复杂性和艰难性。

一般来说,优秀的灾难性病伤管理项目具有以下一些特征:

①转诊及时;

②综合考虑各方面因素,制订出适宜的医疗服务计划;

③具备一支包含多种医学专科及综合业务能力的服务队伍,能够有效应对可能出现的多种医疗服务需要;

④最大限度地帮助患者进行自我管理;

⑤尽可能使患者及其家人满意。

5. 残疾管理

老年人残疾管理的目的一方面是减少因突发事件、突发疾病或慢性疾病造成老年人伤残,丧失生活自理能力;另一方面是对本身即有残疾的老年人进行相应的康复治疗或生活辅助。

造成残疾时间长短不同的原因包括医学因素和非医学因素。

(1)医学因素。

①疾病或损伤的严重程度;②个人选择的治疗方案;③康复过程;④疾病或损伤的发现和治疗时期(早、中、晚);⑤接受有效治疗的容易程度;⑥药物治疗还是手术治疗;⑦年龄影

响治愈和康复需要的时间(年龄大的时间更长);⑧并发症的存在,依赖于疾病或损伤的性质;⑨药物效应,特别是副作用(如镇静)。

(2)非医学因素。

①社会心理问题;②职业因素;③心理因素包括压抑和焦虑;④信息通道流畅性。

(3)残疾管理的具体目标。

①防止残疾恶化;②注重功能性能力恢复;③设定实际康复的期望值;④详细说明限制事项和可行事项;⑤评估医学和社会心理学因素;⑥要实行循环管理。

6. 综合的人群健康管理

综合的人群健康管理(population health management)通过协调上述不同的健康管理内容来对个体提供更为全面的健康和福利管理。这些内容都是以人的健康需要为中心而发展起来的,有的放矢。在健康管理实践中,基本上应该考虑采取综合的人群健康管理模式。一般来说,在美国,雇主需要对员工进行需求管理,医疗保险机构和医疗服务机构需要开展疾病管理,大型企业需要进行残疾管理,人寿保险公司、雇主和社会福利机构会提供灾难性病伤管理。

人群健康管理成功的关键在于系统性地收集健康状况、健康风险、疾病严重程度等方面的信息,以及评估这些信息和临床及经济结局的关联性以确定健康、伤残、疾病、并发症、返回工作岗位或恢复正常功能的可能性。对于疾病管理来说,健康管理需要一套完整的医疗服务干预系统。

目前,大多数疾病管理项目以三级预防为主,包括一级预防、二级预防和三级预防。一级预防是指在疾病发生之前预防其发生,如免疫、卫生、营养、按人类环境改造学设计工作场所以及健康的家庭或作业环境;二级预防是指在疾病发展前对疾病早期诊断检测,如进行问卷调查了解疾病征兆史(即特定的健康评估),或对疾病进行筛查;三级预防旨在疾病发生后预防其发展和蔓延,以减少疼痛和伤残,如功能性健康状况评价、伤残管理、疾病恢复、患者管理等。

二、老年健康管理的基本步骤

老年健康管理是一种前瞻性的卫生服务模式,它以较少的投入获得较大的健康效果,从而增加医疗服务的效益,提高医疗保险的覆盖面和承受力。一般来说,老年健康管理有以下四个基本步骤(如图 5-2):

第一步是了解和掌握个人健康,开展健康状况检测和信息收集。只有了解个人的健康状况才能有效地维护个人的健康。因此,具体地说,第一步是收集服务对象的个人健康信息。个人健康信息包括个人一般情况(性别、年龄等)、目前健康状况、慢性疾病的患病情况和疾病家族史、生活方式(膳食、体力活动、吸烟、饮酒等)、体格检查(身高、体重、血压等)和血、尿实验室检查(血脂、血糖等)。

第二步是关心和评价个人健康,开展健康风险评估和健康评价。根据所收集的个人健康信息,对个人的健康状况及未来患病或死亡的危险性用数学模型进行量化评估。其主要目的是帮助个体综合认识健康风险,鼓励和帮助人们纠正不健康的行为和习惯,制订个性化的健康干预措施并对其效果进行评估。

第三步是改善和促进个人健康,开展健康风险干预和健康促进,进行健康干预。在前两部分的基础上,以多种形式来帮助个人采取行动、纠正不良的生活方式和习惯,控制健康危险因素,实现个人健康管理计划的目标。与一般健康教育和健康促进不同的是,健康管理过程中的健康干预是个性化的,即根据个体的健康危险因素,由健康管理师进行个体指导,设定个体目标,并动态追踪效果。如健康体重管理、糖尿病管理等,通过个人健康管理日记、参加专项健康维护课程及跟踪随访措施来达到健康改善效果。一位糖尿病高危个体,其除血糖偏高外,还有超重和吸烟等危险因素,因此除控制血糖外,健康管理师对个体的指导还应包括减轻体重(膳食、体力活动)和戒烟等内容。

第四步是紧急医疗救助。对于老年人,因为其自身身体机能衰退,活动能力、生理代偿能力逐渐减弱,合并多种慢性疾病,加之我国目前空巢老人增多,所以紧急救助功能的保证十分重要。发生意外时,患者可以通过紧急救助求助设备发出求助信号,健康服务提供端即可通过安全监控等一系列设备及时进行介入干预,了解求救者情况,有针对性地予以通知家属、提供接诊等医疗帮助,保障老年人的生命安全。

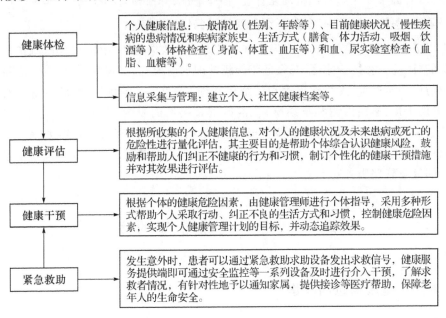

图 5-2 老年健康管理工作流程图

老年健康管理的四个步骤可以通过互联网服务平台及相应的用户端计算机系统来帮助实施。应该强调的是,健康管理是一个长期的、连续不断的、周而复始的过程,即在实施健康干预措施一定时间后,需要评价效果、调整计划和干预措施。只有周而复始,长期坚持,才能达到健康管理的预期效果。

三、老年健康管理的关键环节

(一)转变服务观念,树立预防为主的服务意识是关键

老年人慢性病多为长期反复发作,没有特异性根治药物,绝大多数慢性病无法治愈而将伴随患者的余生,但可以预防。社区卫生服务工作人员除履行有经济收益的医疗服务项目外,应转变服务观念,变被动服务为主动服务,定期检查、上门服务,加强健康促进、健康教

育,指导老年人建立良好的生活习惯,避免有害行为,树立自我保健为先导的观念。可通过手机短信提醒、网络互动等方法进行知识教育,科学跟踪,适时了解治疗情况,消除他们对长期服药的恐惧,增强长期治疗的依从性,提高各项治疗的达标率。而且针对亚健康状态的危险因素,从预防医学、膳食营养、中医养生、运动健身等多方面进行健康指导。

(二)建立健全老年人健康档案,不断完善健康信息是基础

以社区老年慢性病患者为核心,以老年健康和医疗保健需求为导向,以信息技术和互联网技术为支撑,以家庭为基本服务单元,以社区卫生服务机构为老年健康管理中心,通过信息化建设的全面管理系统收集保健对象的个人信息(包括既往病史、家族史、药物史、体检报告、饮食习惯、职业特性、保健计划的执行情况等),建立电子健康档案及电子病历,并对保健对象的身体状况进行健康评估、疾病风险预测及个人健康指导等,为健康管理工作的深化开展奠定科学的基础。只有全面了解和掌握生命过程中有关健康问题的全部信息,才能实现无缝隙服务,对健康和疾病实现精确化管理、合理干预、有效预防和控制。

(三)建立"医院—社区—家庭"三级创新型服务模式是核心

建立以老年健康档案为核心,以健康评估和健康风险管理为主体、以健康维护和健康干预为目的的"医院—社区—家庭"三级老年健康管理创新模式,实现如下目标:①老年医疗保健服务价值链的全过程、无缝隙覆盖和精细化管理;②老年心脑血管、肿瘤等重大疾病的早期发现、早期干预、早期诊治和早期康复,推迟重大疾病的发生、发展,避免老年残疾发生;③减轻社会和家庭的经济负担和精神负担,使国家、社会、个人有限的老年医疗卫生经费发挥最大的社会经济效益。"医院—社区—家庭"创新型老年健康管理服务模式利于老年居民得到更好的健康管理服务。

第三节　老年健康管理的方法

一、老年人健康信息的收集

(一)信息来源

由于人的主要健康和疾病问题一般是在接受相关卫生服务(如预防、保健、医疗、康复等)过程中被发现和被记录,所以健康管理相关信息主要来源于各类卫生服务记录。常见有三个方面:一是卫生服务过程中的各种服务记录;二是定期或不定期的健康体检记录;三是专题健康或疾病调查记录(如图 5-3)。

卫生服务记录的主要载体是卫生服务记录表单。卫生服务记录表单是卫生管理部门依据国家法律法规、卫生制度和技术规范的要求,用于记录服务对象的有关基本信息、健康信息以及卫生服务操作过程与结果信息的医学技术文档,具有医学效力和法律效力。与健康管理相关的卫生服务记录表单主要有以下六个部分:

1. 基本信息

个人基本信息:个人基本情况登记表。

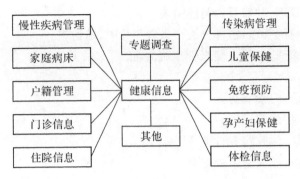

图 5-3　健康信息来源

2. 儿童保健

(1)出生医学登记:出生医学证明。

(2)新生儿疾病筛查:新生儿疾病筛查记录表。

(3)儿童健康体检:0~6 岁儿童健康体检记录表。

(4)体弱儿童管理:体弱儿童管理记录表。

3. 妇女保健

(1)婚前保健服务:婚前医学检查表、婚前医学检查证明。

(2)妇女病普查:妇女健康检查表。

(3)计划生育技术服务:计划生育技术服务记录表。

(4)孕产期保健与高危管理:产前检查记录表、分娩记录表、产后访视记录表、产后 42 天检查记录表、孕产妇高危管理记录表。

(5)产前筛查与诊断:产前筛查与诊断记录表。

(6)出生缺陷监测:医疗机构出生缺陷儿登记卡。

4. 疾病控制

(1)预防接种记录:个人预防接种记录表。

(2)传染病记录:传染病报告卡。

(3)结核病防治:结核病患者登记管理记录表。

(4)艾滋病防治:艾滋病防治记录表。

(5)血吸虫病管理:血吸虫病患者管理记录表。

(6)慢性丝虫病管理:慢性丝虫病患者随访记录表。

(7)职业病记录:职业病报告卡、尘肺病报告卡、职业性放射性疾病报告卡。

(8)职业性健康监护:职业健康检查表。

(9)伤害监测记录:伤害监测报告卡。

(10)中毒记录:农药中毒报告卡。

(11)行为危险因素记录:行为危险因素监测记录表。

(12)死亡医学登记:居民死亡医学证明书。

5. 疾病管理

(1)高血压病例管理:高血压患者随访表。

(2)糖尿病病例管理:糖尿病患者随访表。

（3）肿瘤病病例管理：肿瘤报告与随访表。

（4）精神分裂症病例管理：精神分裂症患者年检表、随访表。

（5）老年人健康管理：老年人健康管理随访表。

6. 医疗服务

（1）门诊诊疗记录：门诊病历。

（2）住院诊疗记录：住院病历。

（3）住院病案记录：住院病案首页。

（4）成人健康体检：成人健康检查表。

（二）信息收集方法

信息收集是指对事物运动过程中所产生、加工、存储的信息，通过一定的渠道，按照一定的程序，采用科学的方法，对真实、实用、有价值的信息进行有组织、有计划、有目的采集的全过程。

1. 信息收集原则

（1）计划性：根据需求，有针对性、分步骤地收集信息的原则。要做到有计划性地收集信息，首先必须明确目的，其次必须考虑保证重点、全面兼顾。再次要根据需求修订计划。

（2）系统性：根据单位性质、专业特点、学科任务等不间断地连续采集信息的原则。

（3）针对性：根据实际需要，有目的、有重点、分专业、分学科、按计划、按步骤地收集，以最大限度满足用户信息需求的原则。

（4）及时性：按照用户的信息需求，敏捷迅速地采集到反映事物最新动态、最新水平、新发展趋势信息的原则。

（5）完整性：根据用户现在与潜在的信息需求，全面、系统地收集信息的原则。

（6）真实性：根据用户需求采集真实、可靠信息的原则。

2. 信息收集方法

健康管理相关信息主要来源于各类卫生服务记录，这些记录按照规定长期填写积累，可以充分利用。当需要解决某些专门问题时，经常的记录和报表往往不能提供足够数量的信息，因此需要通过专题调查来获取资料，专题调查的方法可分为访谈法、实地观察法及问卷法。

（1）访谈法：指以谈话为主要方式来了解某人、某事、某种行为或态度的一种调查方法。即访问者通过走家访户，或通过信件，或通过现代通讯工具直接与被调查者进行口头交谈，从而获得信息的方式。可以是访谈者单独访问被调查者，也可以与多个调查对象进行访谈。

（2）实地观察法：指由调查员到现场对观察对象进行直接观察、检查、测量或计数而取得资料。实地观察法主要是耳闻眼看，观察者基本上是单方面进行观察活动，被观察者不管是人还是物，都是被动处于观察者的视野中，如调查员在现场进行体检、收集标本；生长发育调查中，调查员直接对儿童进行身高、体重等的测量。本法取得的资料较为真实可靠，但所需人力、物力、财力较多。在实际调查中，访谈法与实地观察法常结合使用互相补充。

（3）问卷法：指调查者运用事先设计好的问卷向被调查者了解情况或征询意见，是一种书面调查方法。调查问卷简称问卷，实际上就是一种调查表格。问卷调查主要用于了解研究对象的基本情况、行为方式、对某些事件的态度以及其他辅助性情况。

二、老年人健康风险评估

健康风险评估是一个广义的概念,它包括了简单的个体健康风险分级方法和复杂的群体健康风险评估模型。在健康管理学科的发展过程中,涌现出很多种健康风险评估的方法。传统的健康风险评估一般以死亡为结果,多用来估计死亡概率或死亡率。近年来,随着循证医学、流行病学和生物统计学的发展,大量数据的积累,使得更精确的健康风险评估成为可能。健康风险评估技术的研究主要转向发病或患病可能性的计算方法上。传统的健康风险评价方法已逐步被以疾病为基础的患病危险性评估所取代,因为患病风险比死亡风险更能帮助个人理解危险因素的作用,有助于有效地实施控制措施。

患病危险性的评估,也被称为疾病预测,可以说是慢性病健康管理的技术核心。其特征是估计具有一定健康特征的个人在一定时间内发生某种健康状况或疾病的可能性。健康及疾病风险评估及预测一般有两类方法(见表5-1)。第一类方法建立在评估单一健康危险因素与发病概率的基础上,将这些单一因素与发病的关系以相对危险度来表示其强度,得出的各相关因素的加权分数即为患病的危险性。由于这种方法简单实用,不需要大量的数据分析,是健康管理发展早期的主要健康风险评价方法。目前也仍为很多健康管理机构和项目所使用,包括美国卡特中心(Carter Center)及美国糖尿病协会(ADA)。第二类方法建立在多因素数理分析基础上,即采用统计学概率理论的方法来得出患病危险性与危险因素之间的关系模型,能同时包括多种健康危险因素。所采用的数理方法,除常见的多元回归外,还有基于模糊数学的神经网络方法及 Monte Carlo 模型等。这类方法的典型代表是 Framingham 的冠心病模型。

表 5-1 两类常用的健康评价方法的比较

评价方法	定 义	方 法	结果表示
单因素加权法	判断个人死于某些特定健康状况的可能性	多为借贷式计分法,不采用统计概率论方法计算	多以健康评分和危险因素评分的方式
多因素模型法	判断一定特征的人患某一特定疾病或死亡的可能性	采用疾病预测模型法,以数据为基础,定量评价,可用于效果评价(费用及健康改善)	患病危险性,寿命损失计算,经济指标计算

患病危险性评估的一个突出特点是其结果是定量的、可比较的,由此可根据评估的结果将服务对象分成高危、中危和低危人群,分别施以不同的健康改善方案,并对其效果进行评价。

在健康风险评估的基础上,我们可以为个体和群体制订健康计划。个性化的健康管理计划是鉴别及有效控制个体健康危险因素的关键。将以那些可以改变或可控制的指标为重点,提出健康改善的目标,提供行动指南以及相关的健康改善模块。个性化的健康管理计划不但为个体提供了预防性干预的行动原则,也为健康管理师和个体之间的沟通提供了一个有效的工具。

三、老年人健康干预

(一)健康干预的概念

健康干预(health intervention)是指对影响健康和不良行为、不良生活方式及习惯等危险因素以及导致不良健康状态进行处置的措施手段。主要包括健康咨询与健康教育、营养与运动干预、心理与精神干预、健康风险控制与管理,以及就医指导等。健康干预是健康管理的关键所在,是社区慢性非传染性疾病综合防治的重点。

健康干预是健康管理的重要步骤之一,是提高健康水平的关键环节,是根据健康评估出的已有疾病和潜在疾病危险因素进行有效干预的方案,制订科学有效的健康促进计划。通过多部门协作,有组织有计划地开展一系列活动,以创造有利于健康的环境,改变被干预对象的行为和生活方式,降低健康危险因素,预防疾病,促进健康,提高生活质量。

(二)健康干预的类型

主要包括疾病的预防知识、营养干预方案、运动干预方案、心理干预方案、生活方式干预方案、中医调理方案等各种解决方案,其内容涵盖了各种常见疾病和亚健康状态的解决方案等。

(三)健康干预的方法

1. 重点干预

通过对干预对象的健康体检或调查,筛选出高危人群和疾病人群,借助专家资源,以优化生活方式为主要目标,跟踪访问,有针对性地指导患者掌握疾病防治技术和自我管理方法。

2. 一般干预

(1)进行能量量化管理,使干预对象掌握自身饮食摄入、运动情况,随时提供健康咨询。

(2)以"搞好自我健康管理,预防控制慢性生活方式疾病"为主题,利用讲座等各种媒介和多种形式进行控制健康危险因素的系列健康教育。

(3)开发健身场所支援,积极组织干预对象群体健身活动。

3. 干预的流程

(1)为干预对象量身定制个性化的健康干预方案。

(2)按照健康干预方案制订具体实施计划。

(3)按规定时限对干预对象进行电话随访,及时了解干预对象的健康状态。

(4)按规定时限上门随访,进行面对面的健康指导。

(5)按时完成阶段性工作小结和年度健康管理工作总结。

(6)发现干预对象健康状态恶化要及时报告,以便专家组及时发出健康语境并采取相应措施。

高血压病的健康干预内容与方法见表5-2。

表 5-2　高血压病的健康干预内容与方法

健康干预内容与方法	目　标
减肥	减少摄入的热卡,增加运动量使体重指数保持在 20～24
膳食限盐(人均摄盐量)不饮或少饮酒	北方地区先降至 8g/日后,再降至 6g/日;南方地区可控制在 6g/日以下,提倡不酗酒。每日饮酒量应≤1 两白酒(酒精 30 克的量)
减少膳食脂肪	每日所食入脂肪的热量＜30％总热量,饱和脂肪＜10％(高血压患者＜7％),增加新鲜蔬菜和水果
开展戒烟教育	不吸烟,已吸烟者劝其戒烟
增加及保持适量体力活动	保持理想体重
松弛与应急处理训练	通过练气功、练瑜伽、打太极拳、听音乐、练书法以及绘画等活动,降低交感神经系统活性,提高副交感神经系统的应激水平。
定期测量血压	学会家庭内定期自测血压或到社区卫生保健服务点测量血压

注:选自北京市卫生局.常见慢性病社区综合防治管理手册健康教育手册.北京:人民卫生出版社,2007

4.干预模式

(1)契约管理干预模式:以契约(健康合同)的形式将健康管理者与被管理者之间的责任和义务固定起来。每个签约的管理对象都有自己的家庭医生,对管理对象定制个性化的干预方案,定期进行随访追访。

(2)自我管理干预模式:自我管理是指通过系列健康教育课程教给管理对象自我管理所需知识、技能、信心以及交流的技巧来帮助管理对象,在健康管理者更有效的支持下主要依靠自己解决健康危险因素给日常生活带来的各种躯体和情绪方面的问题。自我管理干预措施的目的在于促进提高管理对象的自我管理行为,例如:提高饮食和锻炼的行为,提高认知行为能力,从而对危险因素进行有效的管理等。

(3)家庭管理干预模式:家庭干预是指对患者家庭成员进行疾病知识教育或由健康管理者定期家访进行干预性训练两者结合的方法,以提高管理对象的依从性和改善生活质量。如对高血压患者实施家庭干预,通过对患者和家属进行共同的宣传教育,强调参与和监督,改变家庭不良生活方式,改善生活质量,提高遵医行为,降低患者的血压水平和患者的医疗费用。

(4)社区干预模式:社区干预是指对居民社区内高血压患者进行有计划有组织的一系列活动,以创造有利于健康的环境,改变人们的行为和生活方式,降低危险因素,从而促进健康,提高高血压患者生活质量。对高血压及高危人群进行健康教育是社区综合干预的重要手段。社区干预的方法有建立健康档案、开展健康教育、进行行为和心理干预等。

(四)健康干预的策略

由于健康危险因素的规范性、复杂性与聚集性,因此健康干预一般采取综合干预的策略。

1.社区综合干预策略

根据社区诊断的结果和综合防治规划的要求,在社区内针对不同的目标人群,有计划、有组织地实行一系列健康促进活动,以创造有利于健康的活动,改变人们的生活方式与行为,促进人群的健康,这个过程就是社区综合干预。社区综合干预要选择合适的干预类型,选择可行性和可接受性都好的干预措施。同时,选择干预效益好的因素进行干预,即干预一个危险因素能预防多种疾病的因素。这一阶段的关键是明确干预措施的筛选原则,并保证干预措施的可行性和有效性。

2. 群体干预的基本策略

(1)树立群体榜样:以小群体中态度明确坚定、技能掌握较快的人作为典型示范,带动大家。

(2)制定群体规范:在大家同意的基础上规定必须遵守的一些规则,用以规范人们的行为。对违犯或危害他人健康的行为及时运用群体压力加以纠正或给予惩罚。

(3)加强群体凝聚力:一方面加强集体决策,同大家一起讨论,确立共同目标,提高参与意识;另一方面,加强成员间的信息交流,加深彼此了解,增强群体内部的团结,进而促进群体健康行为的形成和巩固。

(4)提倡互帮互学:通过互相交流经验体会,互相指出不足,共同进步。

(5)有效利用评价和激励手段:适时进行总结评价,以口头表扬、物质奖励等激励手段对已改变的态度和行为给予支持和强化。

3. 个体干预的基本策略

了解干预对象的状态、愿望和目标;了解干预对象行为改变所处阶段,采取相应策略;干预策略要个体化、具体化、人性化;每阶段针对一个主要问题;健康生活方式终生培养,终生保持。

(五)健康干预的原则

因为生活方式的养成非一日之功,所以干预的原则为:与日常生活相结合,目标在于养成;循序渐进、逐步改善;点滴做起、持之以恒;定期随访、分析障碍;及时提醒、指导督促。

(六)健康干预计划的制订

根据个体和群体需求评估结果确定优先干预的健康危险因素,确定干预的短期目标和长期目标并制订相应的干预计划。如:膳食、体力活动、行为、心理干预方法,制订健康危险因素干预计划的知识等。

1. 阶段性健康管理干预计划

(1)个人健康管理干预指导计划:根据上述的依据来制订其控制目标和降低危险因素的指导计划和方案。

(2)提出健康干预指导方案:通过系统软件自主生成相应的健康干预指导方案,包括饮食、营养、运动、中医养生、心理疏导、药物治疗等多方面建议处方,传送到客户手中,请客户协助配合,进行阶段性地改善和调整干预指导方案,利于客户接受,并取得良好效果。

2. 年度健康管理干预计划

在设计阶段性管理干预计划的同时,还应制订出年度干预管理计划,并在阶段性干预计划实施过程中,不断地调整和修改年度干预计划。

3. 个体干预

制订个体干预计划的依据:对个人因素、行为因素、环境因素等进行评估。步骤如下:

(1)评价:在评估的基础上了解主要危险因素、主要健康问题。

(2)建议:提出健康干预的目标、计划。

(3)认同:干预对象认同,提高依从性。

4. 群体干预

群体干预的依据:风险评估、期望评估、环境评估。步骤如下:

(1)评价:在评估的基础上了解主要危险因素、主要健康问题。

(2)分类:分别按低危、中危、高危人群进行分类干预。

(3)计划、认同:干预对象认同,可行性。

(4)调整:结果反馈,调整计划,再进入下一个周而复始的循环。

(七)健康干预计划的实施

依据制定的干预短期目标和长期目标,分阶段实施健康危险因素干预计划,对方案实施过程进行监控及调整,评估干预的过程和结果等。从组织、人员和制度上确保健康干预的落实。

健康管理服务方应组建专家委员或(专家组)和一线服务队伍(健康管理师),重点从事健康干预工作。要制定明确的岗位责任及相关的工作制度。

专家组成员的主要职责是:

(1)为管理对象量身订制个性化的健康干预方案。

(2)对管理对象进行面对面的健康指导。

(3)对分管的一线健康维护小组进行业务指导。

一线健康维护小组的主要职责是:

(1)按照健康干预方案制订更具体的实施计划。

(2)按规定时限对管理对象进行电话随访,及时了解管理对象的健康状态。

(3)按规定时限上门随访,进行面对面的健康指导。

(4)认真完成管理对象家庭健康助理的培训任务。

(5)按时完成阶段性工作小结和年度健康管理工作总结。

(6)发现管理对象健康状态恶化要及时报告,以便专家组及时发出健康预警并采取相应措施。

1. 个体实施方法

(1)个体干预原则。

讲计划,达到明白;列清单,达到清晰;教方法,力求互动;找障碍,激励支持;用工具,简单有效;小记录,赢大改变;常随访,长线在手;小改变,健康在望。

(2)个体健康干预的主要考评指标。

①个性化健康教育计划是否落实。

②家庭健康助理培训计划是否落实。

③是否按规定时限对干预对象进行随访。

④健康检测方案是否落实。

⑤不良生活方式和行为是否得到有效的校正。

⑥危险因素(体重、总胆固醇、甘油三酯、血压、血糖等)的控制。

⑦易患疾病患病危险性的下降幅度。

⑧干预对象的满意度评价。

2. 群体实施方法

(1)群体干预的原则。

分类指导,找共同点;分级干预,阶段渐进;核心信息,切中要害;知识技能,态度关键。

(2)群体健康干预的主要考评指标。

①健康教育计划是否落实。

②健康检测方案是否落实。

③不良生活方式和行为是否得到有效校正。

④危险因素(体重、总胆固醇、甘油三酯、血压、血糖等)的控制程度。

⑤整体健康水平是否提高。

⑥慢性非传染性疾病的患病率是否下降。

⑦医疗总费用的下降幅度。

⑧干预对象的满意度评价。

3. 全面健康干预管理

依据健康方案,阶段性地实施计划和督导。根据管理对象情况,定期随访,询问健康方案的执行情况,实行个人健康维护与健康日记管理,对存在的健康问题予以指导和修正调整方案,并进行全面的干预管理。

(1)生活状态管理。

对生活环境、饮食结构、营养搭配、生活起居等对健康状态影响的程度进行管理。

(2)疾病状态管理。

对患有某种疾病影响了机体的健康,要进行系统的积极治疗和康复管理。

(3)亚临床状态管理。

对因多种因素导致的亚临床状态给予早期干预管理,逆转亚临床,防治疾病的发生,使机体恢复到健康水平。

(4)慢性疾病的综合管理。

针对老年人合并多种慢性疾病的情况,给予综合考虑,针对疾病之间的相互影响,指导生活行为的改变,指导合理用药。

(5)心理状态管理。

对老年人特有的心理状态进行心理调整,调整心态,增强自信心,增强生活乐趣,放松身心。

(6)应激状态管理。

及早发现老年人症状体征的变化趋势,对应激突发状况提高警惕,及早采取预防措施,为疾病救治争取时机。

▓▓▓ 案例分析 ▓▓▓

李先生,68 岁,身高 170 厘米,体重 90 公斤,腹围大于 90cm,有 30 年烟龄,近一年来每日吸烟 4 支左右,偶有饮酒,嗜甜,爱吃糕点,基本不参加体育活动,为人乐观,性格开朗,家庭经济条件好。既往有高血压病史,现服用降压药物,近一个月来睡眠质量较差,收缩压在 165mmHg 上下浮动 2mmHg,舒张压在 98mmHg 上下浮动 2mmHg,一周前年度体检被医生诊断为 2 型糖尿病,空腹血糖 8.0mmol/L,餐后血糖

12mmol/L。医生建议其通过口服降糖药物及生活方式干预进行治疗。李先生因此对自己的健康尤为关注,并寻求健康管理服务。您如果是健康管理师将如何对李先生进行健康管理?

思考题:

1. 李先生目前存在哪些健康问题?

2. 李先生健康管理的方案应如何制订和实施?

(孟凡莉)

第六章　老年服务人力资源管理

老年服务就是对有需求、有困难的老年人提供有效的服务,使他们能够保持独立与尊严,幸福地安度晚年。老年服务工作的职能和目标决定了其是一项专业性工作,本质是服务性的。从事老年服务的人员应具有较高的职业道德,接受过专业系统的培养或培训,掌握一定的专业知识和技能,能够对有需求、有困难的老年人提供有效服务。

要发展老年服务业必然需要老年服务人才,因此老年服务人力资源的管理便成为我国人口老龄化发展的迫切需求。本章便围绕人力资源管理和老年服务人力资源管理基本内容进行阐述。

第一节　人力资源管理概述

一、人力资源管理的基本概念

(一)人力资源的概念

在经济学上,资源是指为了创造物质财富而投入于生产活动中的一切要素。现代管理科学认为,生产活动需要四大资源:人力资源、经济资源、物质资源和信息资源。其中人力资源是生产活动中最活跃的因素,也是一切资源中最重要的资源,被经济学家称为第一资源。

人力资源从广义上定义为智力正常的人。以下有各学者给出狭义的定义:

(1)能够推动整个经济和社会发展的劳动者的能力,即处在劳动年龄的,已直接投入建设和尚未投入建设的人口的能力。(清华大学　张德)

(2)包含在人体内的一种生产能力,它是表现在劳动者身上的、以劳动者的数量和质量表示的资源,它对经济起着生产性的作用,使国民收入持续增长。它是最活跃最积极的主动性的生产要素,是积累和创造物质资本、开发和利用自然资源、促进和发展国民经济、推动和促进社会变革的主要力量。(南京大学　赵曙明)

(3)一个国家或地区有劳动能力(体力劳动或脑力劳动)的人的总和。

(二)人力资源的特点

人力资源具有以下的特点:

1. 人力资源具有能动性

这是人力资源区别于其他资源的最根本所在。许多资源在被开发的过程中是完全被动的,而人力资源在被开发过程中具有能动性。这种能动性主要表现在:主动学习,主动服务。

2. 人力资源具有动态性

从总体上看,人有其生命周期,不能长期蓄而不用,否则会荒废、退化。而作为人力资源,人能够从事劳动的自然时间又被限定在其生命周期的中间一段;在不同年龄段,能从事劳动的能力也不尽相同。从社会角度看,人力资源的使用也有培养期、成长期、成熟期和老化期;不同年龄组的人口数量及其间的联系,也具有时效性。

3. 人力资源具有两重性

人力资源既是投资的结果又能创造财富,它具有既是生产者又是消费者的两重性。

用于对人力资源的投资包括教育投资、卫生健康投资和人力资源迁移投资等。人必须接受教育和培训,必须投入财富和时间,投入的财富构成人力资本的直接成本的一部分。人力资本的直接成本的另一部分是对卫生健康和迁移的投资。

从生产与消费的角度来看,人力资本投资是一种消费行为,消费行为是必需的,先于人力资本收益,没有这种先期的投资,就不可能有后期的收益。

4. 人力资源具有持续性

一般来说,物质资源的开发只有一次、二次开发,形成产品使用之后,就不存在继续开发的问题了。但人力资源则不同,使用后还能继续开发,使用的过程也是开发的过程,而且这种开发具有持续性。人在工作以后,可以通过不断地学习更新自己的知识,提高技能,不断充实和提高自己。因此,人力资源开发应该是一个连续不断的过程。

5. 人力资源具有智力性: *学习积累和经验传承*

人不仅具有能动性,而且拥有丰富的知识与智力内容。人把物质资料作为自己的手段,在改造世界的过程中,创造了工具,通过自己的知识与智力,使自身能力不断扩大,创造数量巨大的物质资源。

6. 人力资源具有时代性

人是构成人类社会活动的基本前提,一个国家的人力资源,在其形成过程中受到时代条件的制约。人从一生下来就遇到既定的社会发展水平,从整体上制约着这批人力资源的数量与质量;他们只能在时代为他们提供的条件下努力发挥其作用,这就是为什么当前生产力水平相同的国家之间,其人力资源素质之间也存在差距的原因。

7. 人力资源具有社会性: *社会工作、社区工作*

由于每一个民族(团体)都有其自身的文化特征,每一种文化都是一个民族(团体)共同的价值取向,但是这种文化特征是通过人这个载体而表现出来的,由于每个人受自身民族文化和社会环境影响的不同,其个人的价值观也不相同。

(三)人力资源的构成

1. 人力资源数量

人力资源数量是对人在量上的规定,是指一个国家或地区拥有的有劳动能力的人口资源,亦即劳动力人口的数量。

2. 人力资源质量

该指标是人力资源在质上的规定,具体反映在构成人力资源总量的劳动力人口的整体素质上,即指人力资源所具有的体质、智力、知识和技能水平,以及劳动者的劳动态度,一般体现在劳动者的体质、文化、专业技术水平及劳动积极性上。

二、人力资源管理的作用和内容

(一)人力资源管理的概念

所谓人力资源管理,就是对组织中的人进行管理,即对人力资源进行管理,以实现组织目标。具体地讲,人力资源管理就是运用现代化的科学方法,对与一定物力相结合的人力进行合理的组织、培训和调配,使人力、物力经常保持最佳比例,同时对人的思想、心理和行为进行恰当的诱导、控制和协调,充分发挥人的主观能动性,使人尽其才、事得其人、人事相宜,以实现组织的目标。

(二)人力资源管理的作用

从上述人力资源管理的概念可得出人力资源管理的五个作用:

1. 获取:人力资源规划

包括招聘、考试、选拔与委派。

2. 整合 (conformity):和睦相处、协调共事、取得认同

使被招收的员工了解本机构的宗旨与价值观,接受并遵从其指导,使之内化为员工的价值观,从而建立和加强他们对组织的认同感与责任感。中国机构普遍对这一方面工作重视程度不够,其实这一工作的重要性实在不可低估。

3. 保持和激励:工资、奖励、福利

在一定的考核基础上,向员工提供与其业绩相匹配的奖酬,增加其满意感,使其安心并积极工作。

4. 控制与调整:人力绩效管理、素质评价;晋升、调动、奖惩、解雇

评估他们的素质,考核其绩效,做出相应的奖惩、升迁、离退和解雇等决策。

5. 开发 (development):能力、素质、技能的培养和提高

(三)人力资源管理的内容和程序

人力资源管理包括以下八个方面的内容和程序,图 6-1 表示了人力资源管理活动中的主要内容和程序。

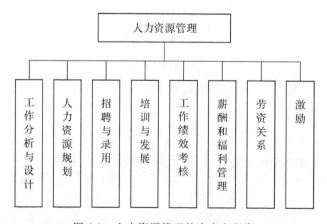

图 6-1 人力资源管理的内容和程序

1. 工作分析与设计

为了实现组织的战略目标,人力资源管理部门要根据组织结构确定各职务说明书与员工素质要求,并结合组织、员工及工作的要求,为员工设计激励性的工作。

2. 人力资源规划

根据机构的总体战略目标,分析经营环境变化对人力资源供给和需求的影响及状况,利用科学的预测方法,制定必要的政策和措施,以确保自身在需要的时间和需要的岗位上获得各种所需的人力资源(包括数量和质量两个方面),并使机构和员工个体得到长期的利益。

3. 招聘与录用

根据人力资源规划或供需计划而开展的招聘与选拔、录用与配置等工作是人力资源管理的重要活动之一。这是人力资源管理的第一步,这一步又分为根据需求制定选人的标准、确定选聘对象并初步进行预测、面试并聘用安置等几个过程。

4. 培训与发展

员工培训与开发是教导雇员如何完成其目前或未来的学习,为将来工作做好准备。培训重在目前的工作技能,而开发则是对员工未来的工作技能,以及员工职业开发。培训与开发主要目的在于通过提高员工们的知识和技能水平去改进组织的绩效。

5. 工作绩效考核

组织通过绩效管理工作衡量其员工的工作绩效,并把这些评价传达给他们。其目的在于激励员工们继续恰当的行为并改正不恰当的行为。绩效评价结果可以给管理部门提供有关决策的依据,如晋级、降级、解职和提薪等。

6. 薪酬和福利管理

薪酬包括工资和福利及奖金等。工资是员工所得的薪水;津贴是提供给员工的、在工资以外的某种报酬形式,如健康保险等;奖金是奖励员工恰当工作行为与超出劳动定额以外的工作结果。

7. 劳资关系

工会代表员工与资方就有关员工的报酬、福利、工作条件和环境等事宜进行谈判。

8. 激励

在人力资源管理中对员工的激励是人力资源管理的重要内容,并需根据工作计划和目标设置短、中、长期的激励机制。

第二节 老年服务人力资源管理

一、老年服务人力资源的组成和特征

(一)老年服务人力资源的概念和组成

老年服务人力资源的概念,是从人力资源概念衍生出来的。老年服务人力资源就是指专门为老年服务的劳动者及这些劳动者所具备的智力、能力、思想觉悟水平的总和。老年服务人力资源,从概念上可以从广义和狭义两个方面进行阐述。

在广义方面,老年服务人力资源是指专门进行老年服务的人员。广义的老年服务人员的内涵较宽泛,既包括养老专职人员,如社区养老服务管理人员、养老机构专职服务人员、医护卫生人员、家政服务人员以及参与到社区老年服务的所有相关人员如志愿者等。

在狭义方面,老年服务人力资源是专指养老服务专职人员。养老服务专职人员则是指在从事老年养老服务的管理人员、医护人员及家政人员等。

(二)老年服务人力资源特征

老年服务人力资源的特性首先是完全具备人力资源普遍特性的,但是由于养老服务人力资源本身的内涵和外延,因此除上述特性外,其还表现出自身特性。

老年服务工作者,必须具备以下条件和特点:

(1)首先,应当具有良好的职业操守,乐于奉献,乐于服务,同时在工作中具有很强的责任感。

(2)其次,具备专业化和全面丰富的知识和技能。要求老年服务者的工作方法必须多样化,不仅要掌握基本的医疗救护知识,同时还要掌握养生、文体娱乐等方面的知识和技能。

(3)最后,应提供综合性服务。在为老年人服务的时候,老年服务工作者不仅需要提供专业的知识技术服务,同时需要提供专业的心理咨询服务,不仅关注老年人的身体健康状况,同时更加关注于他们的心理健康状况,从而更好地帮助老年人解决家庭沟通问题及社会关系、社会角色转换问题。

二、我国老年服务人力资源存在的问题

虽然我国老年服务经历了一定时期的发展,但是老年服务人力资源还是存在很多问题,目前,由于政府还无力承担老年服务队伍建设和运转的费用,以及老年服务队伍缺乏规范的管理及保障机制,我国老年服务专业队伍建设和所需的人才极度匮乏,难以实现一支以社会工作者、专业人员为主,辅以志愿者的专业化老年服务队伍。具体表现有老年服务人才的专业水平普遍较低,数量不能满足需求,职业标准出台晚,待遇低,社会地位低,人员流动性大,志愿者队伍参差不齐等。

(一)专业化水平低、人员配置不合理

老年服务人员,不仅要充满爱心,具有良好的职业道德规范,而且应具备一定的保健、护理、康复知识和技能,掌握各种现代化电器设备的性能和使用方法,同时善于对被照料的老年人进行心理疏导。但很多老年服务人员上岗前也没有培训,使得这些职业护理员的工作主要也就是帮助老年人做家务和一些简单护理,缺少对老年人的精神护理。因此,应该投入更多的资金和人才发展专业教育,大力推进老年服务工作职业化,尽快建立起适应老年服务事业拓展需要的高素质的老年服务工作者队伍。加快引进和培养一支适合老年服务事业发展需求、结构合理、德才兼备的专业管理队伍,可以采取多种方式方法,不拘一格聘请、引进优秀人才,服务于老年服务事业。

专职的老年服务工作者的配置应按社区规模,即社区老年人口、社区面积和社区类型来配备。工作量大、面积大、老年人口多的社区应增加专职工作者的人数。但在大部分的地区,老年服务人员少、配置低,很多是根据社区数量配置人员,不合理的配置会直接影响到社区养老工作完成与否和质量的好坏。

(二)职业标准出台晚,待遇低,社会地位低

老年服务工作者在我国长期以来都不是一种职业类型,以往国家颁布的《行业分类》和

《职业分类》中都没有老年服务工作者的职业分类,这就让这一行业变得十分尴尬。这种职业身份不明确的直接后果是社区专职工作者的资格认定和职称评定难以解决,导致晋升机制的缺失,也不能保证有相应的待遇和福利。老年服务不仅工作量大,福利待遇差,而且社会地位不高,自然就有想跳槽的想法,吸引并留住人才非常困难。大多数人并没有长期工作下去的愿望,只是作为过渡时期的临时工作,一旦遇到更好的工作,则会马上跳槽。这种待遇制度的缺失和不完善造成了专职工作者队伍的恶性循环,难以提高其专业化程度,从而不利于整体水平的提高。

(三)人员流动性大

发达国家对从事老年服务人员专业教育要求比较高,如社区工作者要有专业理论课程支撑(如社会学、社会工作、社会心理学等知识)。这种高要求使得国外老年服务者流动性很低,工作者大都把养老服务工作当做自己的职业对待,而不是生存的手段。

目前,在中国人民大学已开设了老年学专业教育。中国人民大学老年学研究所是教育部批准的全国第一个正式设立老年学专业的高校研究机构,其学科特点是多学科性、理论性、实践性和应用性。但是,高校学习课程重理论、轻实践,开设的一些课程基本上都是理论型的,学生的动手能力差,很多知识在实践中都无法应用。另外,很多年轻人都认为毕业后去基层从事老年服务工作不能体现个人价值,不愿从事相关工作,或者工作不称职者大有人在。根据调查显示,每年都会有大量的专业人才离开工作岗位,人才流失使得专职老年服务工作者专业化水平无法得到提高。

(四)老年服务志愿者队伍存在的问题

1. 发展时间短,参与人数比例低,结构相对单一

老年服务人力是综合性的团队,其中志愿者是不可或缺的部分,可以弥补对于专业多元化的要求。而我国志愿者的人数远远低于国际水平,其中参与老年服务的志愿者比例更低。国际上志愿服务活动的平均参与率都在 10% 左右,发达国家一般是 30%～40%,而我国城市人口参与率只有 3%。在国外,志愿者除了乐意为社区提供免费服务的奉献精神以外,还需要掌握相关的社区知识和实践,并且只有累计工作到一定时间以上,才能颁发志愿者认证书,这种高起点和高要求有利于志愿者队伍的发展和壮大。而我国的社区志愿者服务的频率调查中显示以一次或偶尔参与为主,持续性不高。社区志愿者中多数为退休的老年人,中青年居少,结构过于单一。

2. 管理体制不健全,运行效能低

志愿者工作本身具有随机性、义务性和短期性,这些特点使得志愿者队伍管理比较困难。这主要体现在:

(1)缺乏管理制度保障。首先,管理制度缺乏规范性,在志愿者组织管理中,成员的招聘、培训、流动、退出程序随意性较大,全国没有统一的准入口径,各个部门各自为政,管理体制缺乏统一性,政府督导体制力度不够,造成巨大的资源浪费;其次,缺乏有效的财政管理监督机制,财政收支透明度不够,制度规章约束力不足;再次,缺乏有效的登记注册制度,注册方式混乱;最后,缺乏有效的培训制度,成员技能差。

(2)缺乏法律制度保障。近些年来,社区志愿服务在我国得到了快速发展,部分省、市为规范社区志愿服务工作,适应快速发展的社区志愿服务形势,相继颁布了地方社区志愿服务

条例或规章。但是,全国性的法律法规尚处于空白状态,使得志愿服务缺乏法律支撑,阻碍了志愿服务的有序健康发展。

(3)缺乏社会保障制度。突出表现在社区志愿者合法权利得不到有效维护,社区志愿者权利与义务出现明显的不对等。

3. 活动经费拮据

我国社区志愿服务事业刚刚起步,各方面制度、措施还有待完善。由于我国绝大多数的志愿活动都是义务的,只能靠自己筹集资金,维持运行。由于资金不足,社区志愿者队伍的招募、培训、管理、志愿者基本社会保障等不得不流于形式,成为短期行为。

4. 服务意识不强,技能水平低

广大居民对于志愿者和志愿活动的了解不深刻,对志愿服务者的权利与义务关系理解不清。有的服务对象将志愿者视为无偿劳动力滥用,让志愿者超时服务,有的志愿者则缺乏对老人的爱心,缺乏职业道德,把志愿服务当做是对服务对象的施舍。更深层次的原因则是没有形成普遍的价值观。目前,我国社区志愿者队伍整体技能水平不高,知识基础薄弱。调查表明,社区志愿者队伍的教育水平偏低,以高中及以下为主。部分地区受形式主义的影响,社区志愿者队伍建设过分追求数量和速度,致使社区志愿者队伍建设出现未培训上岗、人员流失严重等严重问题。

5. 志愿服务的可持续发展能力弱

首先,政府行政化干预过多,志愿服务组织自主性弱。社区志愿服务组织开展的活动很多都是配合上级政府的任务要求或配合社会性的大型活动开展的,以社区为本位的、日常性活动相对较少。其次,社区志愿者队伍不稳定,人才流失尤其是骨干人才流失严重。最后,社区志愿服务衡量统计工作不足,付出回报机制失衡,尤其是激励机制单薄,目前,我国对志愿服务者的激励机制主要有两个特点:一是采取榜样激励(精神激励)的单一化形式;二是沿用传统的整齐划一的简单化方式。志愿者成员积极性不高,服务持续性不长。

三、我国老年服务人力资源的政策

通过制定相关法规和政策可以引导老年事业的发展方向,规范老年事业的发展。法规政策可以规范老年人的各项权益,保障老年权益得以实现;可以规定老年服务机构的各种条件和职责、服务的基本要求等。

目前我国老年事业管理的政策法规主要有 1996 年 8 月第八届全国人民代表大会常务委员会第 21 次会议通过并于同年 10 月 1 日正式施行了《中华人民共和国老年人权益保障法》,使我国老年人权益保障工作上了一个新的台阶,2012 年 12 月 28 日第十一届全国人民代表大会常务委员会第 30 次会议修订。2000 年之后又相继出台了《中共中央、国务院关于加强老龄工作的决定》、《中国老龄事业发展"十五"计划纲要(2001—2005 年)》、《社会福利机构管理暂行办法》和《老年人社会福利机构基本规范》等。2001 年 3 月 1 日起,由国家民政部颁发的《老年人社会福利机构基本规范》开始实施,为我国的福利机构立下了统一的服务标准和规范。规范考虑到中国的地域差异比较大,对福利机构的硬件标准没有过多地强调,而主要强调了服务质量的软件标准,在这一方面可操作性比较强。它的出台,对于完善养老机构服务质量的监管起到了里程碑性质的作用。

吉林、山西、浙江、河南等地相继出台了有关养老机构、老年服务人力资源的政策和法规,如2013年各省就颁布了关于薪酬、培训、专业学生入职奖励等方面的政策,如山西省民政厅、编办、财政厅、人力资源社会保障厅印发了《关于公办社会福利机构聘用护理人员基本薪酬待遇》的通知(晋民发〔2013〕40号),吉林省民政厅、财政厅、人力资源社会保障厅印发了《关于加强全省养老护理员培训工作的实施意见》(吉民发〔2013〕10号)、浙江省民政厅、财政厅、教育厅印发了《浙江省老年服务与管理类专业毕业学生入职奖补办法》(浙民福〔2013〕113号),为社会福利事业向多元化发展创造了良好的政策环境。但是政策法规的细化需要加强,政策法规之间的衔接还需要统筹考虑,政策法规的落实还要各方面的共同努力。

第三节　老年服务人力资源开发

一、老年服务人力资源开发

老年服务人力资源开发包括老年服务人力规划、培训和使用管理,三个组成部分紧密联系,并且和其他组成部分协调组成老年服务系统。

老年服务人力资源规划是"为实现预定目标,改善老年人群生活质量,预测需要老年服务人力的数量和质量的过程"。老年服务人力规划通过老年服务人力政策指导老年服务人力规划、培训和管理过程。

老年服务人力资源培训是人力资源开发过程中一项最基本的功能。对老年服务人员进行基础和专业知识训练,使得培训对象在数量和技能方面能适应老年服务的需要。培训需要整个老年服务系统及社会经济部门,特别是教育部门的密切合作。培训类型包括:岗位培训和岗前培训。

老年服务人力管理,制订老年服务人力计划、培训老年服务人员,最终目的是为了人力的使用。充分发挥人力的作用是实现老年服务人力发展的最终目的。老年人力管理的内容主要为:对人员的招聘、选拔、晋升、激励、流动、定编、使用和评价等。通过管理促进老年服务人力资源的合理使用,提高人员的积极性,使有限的人力资源产生最佳的效能。

二、老年服务人力资源开发的背景

在我国人口老龄化大背景下,国家投入资金支持社区居家养老服务中心、养老机构等建设,并在土地、税收上予以优惠,鼓励民间资本开办养老院及其他老年服务机构。与国家大力开展养老服务机构在硬件建设相比,老年服务软件建设,即老年服务人员队伍建设还存在一定的问题。养老机构的发展离不开完善的硬件和软件条件,两者互为条件、相辅相成、缺一不可。当前我国老年服务机构在硬件建设上已经初具规模,进入了快速发展期,而老年服务机构在服务人员队伍建设上则缺乏长期规划,不能满足日益增长的硬件建设的需要,且当前服务人员素质能力不能适应老年人出现的新需求,专业化老年服务人才培养刻不容缓。

2003年经国家教育部批准,中国人民大学正式设立了老年学专业,旨在培养能够从事老年学及相关学科研究、教学、管理、对外交流的高级专业人才,使他们既能从事各项老龄问题的研究,又能培养和培训老年服务人才,还能指导各项老年服务与管理工作。另外,一些高校在本专科阶段对个别专业学生开设了老年工作相关课程,如北京大学心理学系开设了老年心理学课程;中国人民大学人口学系的公共事务管理专业开设了老龄事业管理课程;北京大学社会学系的社会工作与管理专业与北京青年政治学院的社会工作专业开设了老年社会工作课程,首都医科大学和北京中医药大学的医疗系开设了老年医学课程。

1999 年,大连职业技术学院率先在国内开办老年服务与管理专业,培养具有基础理论、专业知识和技能的应用型老年服务与管理人才。此后,陆续有长沙民政职业技术学院、北京城市学院等十余所学校开办了同类专业。此专业的开设是对社会需求的积极应对。从我国社会的可持续发展情况看,老年服务人才的培养培训在 21 世纪应是一门有着广阔前景的朝阳性事业。

三、老年服务人力资源开发存在的问题

(一)老年服务人力规划的问题

国家对于老年服务人才培养的规划缺乏具体可行的指导实施方案。我国老年服务机构工作人员配置比例约为每五张床位需要一名老年服务人员,依照我国养老机构 2015 年发展到 600 万张床位的目标,全国约需要养老服务人员 120 万名左右,而 2011 年数据显示,全国现有养老护理员仅 30 多万人,其中取得职业资格的不足 10 万人,老年服务行业巨大的人才缺口在一定程度上限制了我国老年服务机构的发展。数量较大的人才缺口需要国家教育、人力资源与社会保障部门出台具体应对之策,但是当前我国缺乏明确的措施鼓励、引导高素质人才从事老年服务行业。在人才培养的目标、教学计划、教学实践等环节缺乏明确指导和具体规划。在职人员培训及职业资格认证制度上欠缺具体方案,推广力度较弱,落实情况不佳。

(二)我国老年服务人力培训存在的问题

1. 本科层面的缺失使我国老年服务人才培养体系缺乏完整性和系统性

当前我国老年服务管理人才培养体系中缺少本科层次人才的培养,办学层次较低,多为中专或大专;办学模式多以职业教育为主。另外,国家对于这样一个社会需求量大的新专业还没有统一的人才培养目标与大纲,缺乏统一的培养培训教材,缺乏完善的办学条件,缺乏高素质的专业教师。普通高等教育本科层次位于研究生教育和职业教育之间,不同于研究生教育偏重老年政策、老年人问题的研究,注重我国老龄化社会宏观问题的研究,也区别于职业教育阶段注重学生老年服务技能培养,本科教育培养出来的学生应该兼具一定的研究能力和熟练的专业技能,并且具备基本管理素养,同老年服务相关的护理、社会工作专业已经形成较为成熟的人才培养体系,但是针对老年服务相关专业人才培养、课程设置相对较少。本科层次人才培养的薄弱使得我国老年服务人才培养体系中欠缺了重要的承上启下环节,同样也令老年服务队伍缺少人才储备和中坚力量的培植。

2. 社会对服务行业认知误区导致老年服务专业招生困难、生源质量不高

各个学校老年服务与管理专业面临着招生难的困境,尤其是发达地区学生报考情况较差,因此学校将主要招生名额放在偏远地区的农村学生,但招生情况依然不理想。虽说有专业成立时间较短、宣传不足的原因,究其根本,社会上普遍认为老年服务行业是"伺候人"的工作,但现实情况并非如此,经过专业培养的学生,主要从事医疗服务和机构管理工作,人们

对于老年服务工作的认知误区是招生困难的重要原因。

3. 高校人才培养缺乏规范的教学计划与专业化教学资源及师资队伍

综合当前各高职院校人才培养方案,老年服务与管理专业主要分为老年护理、养老机构管理、老年社会工作三大专业方向,三个专业方向分别隶属于医学、管理学及社会工作学科,都有相应的各层次专业人才培养。老年服务管理专业是基于以上三个专业成熟的人才培养方案基础上,结合老年人特点和实践经验成立的综合性学科。由于发展时间较短,相应的专业教材和相关研究成果还不完善,缺少统一的教学标准。整体的师资力量并不强,副教授及以上职称人数较少,学历水平基本上以硕士研究生为主。"双师型"教师,即参与生产或服务实践,并运用实践经验指导研究和教学的教师,是职业教育教师队伍中的骨干力量。养老服务管理人员理论知识水平不高,导致老年服务管理专业中"双师型"教师稀少,教学实践环节较弱。

(三)老年服务人力资源管理的问题

老年服务专业毕业生从事本专业工作人数较少,专业人才流失严重。由于社会上对老年服务行业认知上的偏见,加之老年服务工作强度大,待遇相对较低,在招生本就困难的背景下,人才流失现象严重,毕业3~5年内仍从事本专业的人寥寥无几。而老年服务体系涉及管理机构、养老机构、老年医疗中心、护理院等跨部门和系统的机构,像医学专业、护理专业毕业生,本身在我国就已经处于人才紧缺的状况,毕业后能进入医院工作,待遇、工作强度、社会地位等方面相比从事老年服务要具有很大优势,而进行跨部门和系统的管理存在困难,同时对于老年服务产业刚刚兴起的行业,对于职业的规划、管理,如招聘、选拔、晋升、激励、流动、定编、使用和评价等,还未形成系统,造成人才缺乏可持续发展,人才流失严重。

三、完善老年服务人才资源开发的对策

(一)制定指导性的、可操作性的长期人力建设规划

针对目前我国老龄化的形式和老年服务人才紧缺的现状,政府各个部门通力合作,制定具有指导性及操作性的长期规划。我国养老服务体系建设"十二五"规划中提出鼓励老年服务管理及医疗护理人才的培养,加强学生专业素养、实践能力培养,推行养老护理员职业资格考试认证制度,发展社工、志愿者队伍。可见,国家对于老年服务人才建设具备一定宏观层次的规划和布局,但是缺乏指导实际操作的具体政策。老年服务人才培养应着重从以下几个方面规划:完善现有人才培养体系,优化教学资源质量,提高教学水平,增强师资力量,逐步扩大老年服务与管理专业及相关护理、家政专业招生规模;着重建立完备的毕业生就业保障措施和优惠的就业政策吸引老年服务人才长期从事老年行业;在职的老年服务人员应由社会保障部门或老年服务机构定期组织进行培训,加强职业资格认证教育。

(二)加强本科层次人才培养,建立系统的老年服务管理人才培养体系

本科阶段老年服务管理人才培养应在着重加强学生在某一项专业技能上的学习,兼有基础的管理学知识,在具备解决实际问题能力的同时,还应该有一定的研究能力,能够对特定问题进行理论和实践上的探讨。这就要求在老年服务人才培养上应该根据实际工作需要设立不同的专业方向,包括老年护理、老年服务机构管理、老年生活服务管理等,在经过基础课、必修课学习后,学生根据自己的能力和兴趣选择不同专业方向进一步学习。重新设立新

的专业,从专业论证、划分到教学资源建设需要很长的发展过程,但是基于我国老年服务人才短缺的现状,应该开辟人才培养的新路子,在现有专业人才培养基础之上,设立老年服务方向,解决当前专业人才培养不足的困境。现有的护理学、管理学等相关专业人才培养已经相对成熟,教学资源丰富,师资力量雄厚,只要在专业课程设置上对老年学相关知识有所偏重,注重老年服务方面的实践,培养出来的人才完全能满足老年服务机构的需求。

制定鼓励性政策,扩大老年服务人才招生规模,提高生源质量。人才数量上的巨大缺口首先需要在现有高校招生基础上扩大招生规模,提高学生质量,并且同时鼓励相关专业毕业生从事养老服务行业。观念的转变需要政府树立先进典型人物开展宣传,进行正面引导,同时学校在招生时就应该对学生在专业学习、就业前景等方面进行详细的介绍。老年服务人员在我国属于紧缺型专业人才,应该在政策上鼓励招生。

(三)统一教学质量标准,提高师资力量,完善配套教学资源建设

当前我国已经有 20 余所院校开设老年服务与管理专业,已经具备一定的规模,各个学校也形成了一定的理论和实践研究成果,在特色办学方面也初步显现出一定的成效。各个院校间组织学术交流、教学研讨等相关活动,协商建立老年服务管理专业统一的教学标准、编写教材、教学级研究人才交流等,实现老年服务管理专业合作交流、共同提高的局面。加强老年服务管理专业教师队伍建设,不仅应该扩大专业教师规模,更应该着眼于提高现有教师实践能力,扩大"双师型"教师数量,高校可以考虑聘请老年服务机构管理人员和专业技术人员作为校外教师,参与学生实践环节的教学。老年服务管理专业注重学生实际操作能力的培养,各高校都建设有相应的教学实践实训基地,供学生进行专业教育及实习,但是相对而言建设费用较高,各高校应注重加强校企合作模式的构建,让教学课堂走进老年服务机构,搭建学生同老年服务机构间互相了解和沟通的桥梁。

(四)加强人才管理,制定相应的就业保障措施,鼓励长期从事老年服务行业

由于人力资源具有需求性、情绪性和可塑性,这就要求人力资源的管理必须实施以人为本的管理,尊重人的权利,满足人的需求。再加上现代的员工具备很好的文化素养,追求人性化、多样化,因此人力资源的管理就应当注重员工的情感,看重员工的真正需求,尊重员工的权利,确立以人为本的管理导向,激励员工积极的情绪,满足员工个性化、多样化、人性化的需求,赋予员工以权利人应有的权利。导向的正确是战略性人力资源管理成功的根本。

老年服务人力资源管理,同企业中的人力资源管理既有相同点,又存在差异性。企业对员工的管理,是从企业目标出发,在满足企业目标的前提下,尽量兼顾员工个性需求。而老年服务人力资源管理同样要从老年服务的整体目标出发,将人力资源的开发与管理纳入到整个体系中来,在实现养老服务目标的同时,最大限度地满足工作人员的需求。

由于老年服务机构多为非营利性机构,因此就不能像企业那样将薪酬激励和升值空间作为员工激励的主要方式,而是应该从个人价值实现、社会荣誉与声望等方面作为提升员工满意度的方式。

针对老年服务管理毕业生人才流失的现象,需要社会各界通力合作,建立完善的保障和鼓励机制,留住人才长期从事养老服务的同时,吸引待业人群从事老年服务行业。要使养老服务人员长期服务于老年机构,需要有力的物质激励措施。老年服务机构要留住优秀人才,在提高工作人员福利待遇的前提下,更应该对员工进行规范的科学化管理,引入绩效管理,

通过组织文化留住员工。特别应注意吸收高等院校培养的社会工作专业的毕业生,丰富人才结构。政府要制定优惠政策,鼓励和支持大量社会工作、老年医学、康复医学、老年心理学等专业的大中专学生从事老年服务事业,提升行业的专业素质。

相关的法律政策等必须在老年服务人力资源管理与服务开展的背景下进行设计出台,构建老年服务体系人力建设的保障和支持体系,从而使得老年服务工作的开展更具规范性。这样的体系主要包含以下几个方面:第一,完善相应的老年工作者管理机制,着手制定纲领性的老年服务人力资源建设规划,这样的规划将成为重要的管理手段,同时也是一项关键的基础工作。比如,可将城市社区养老人力资源建设规划纳入城市社区建设规划之中,以保证城市社区工作者队伍建设与社区建设同步发展。第二,做好社区优秀人才的稳定工作。这要求社区组织加强对优秀人才的重视,及时发现问题,解决问题,政府应该出台措施引导未就业群体前往老年服务机构就业,对失业人群进行免费培训,在社会保险缴纳、待遇上予以适当优惠等。

▓▓▓ 案例分析 ▓▓▓

民办养老机构人力资源管理问题探究
——基于江苏省 C 市 T 区的实证调查

据江苏省 C 市老龄办公布的数字,该市在 1985 年已进入老龄化城市行列,比全国提前 15 年。现在,C 市 60 岁以上老年人口 64.28 万人,占全市人口总数的 17.91%,而且每年以 3.6% 比例增长。老龄化、高龄化、空巢化,是新世纪新阶段老龄化的显著特点。在民政部门“社会福利社会办”的口号下,许多民间养老机构逐渐发展起来,成为国家和集体开办的养老机构的重要补充,在解决养老问题上发挥着越来越重要的作用。民办养老机构的管理状况,尤其是其人力资源管理成为人们关注的焦点。民办养老机构的人力资源主要包括:管理人员、医生、护士、护工等。管理人员的管理水平直接反映着一个机构的运营水平,关系到上级有关政策、业务标准和各种决策能否落到实处,关系到一般护理服务人员队伍的建设和作用的发挥等;而医生、护士和护工是临床一线业务管理的中坚力量,其整体素质和实际工作能力如何关系到老人实际接受到的服务质量和满意度,关系到养老服务机构的社会效益和经济效益。为了解这方面的信息,特在江苏省 C 市 T 区对康福、秋橙、同心、苑北、为亲(均化名)等 5 所民办养老机构进行了抽样调查。

一、研究方法和研究对象

本次研究主要采取了问卷调查、深度访谈和文献分析相结合的方法。选取了 C 市 T 区 5 所民办养老机构作为研究对象,并对老年公寓的负责人、工作人员和入住老人分别进行了访谈或问卷调查,从不同层面反映老年公寓人力资源管理的现状与面临的主要问题。选取以上研究对象,主要基于以下几点认识与考虑:一是根据市民政局的统计资料显示,T 区共有 17 所养老机构,其中民办的就有 12 所,占了 71%,而从中选取的 5 所是 T 区较为典型的、具有代表性的;二是 5 所民办养老机构规模不一、管理模式各具特色,这样可以避免以偏概全,就人力资源管理问题深入挖掘其共性,更为真实、可靠;三是老年公寓属于非营利性的服务性行业,而服务人员则是能否促进服务质量完善的关键,因此,民办养老机构的人力资源管理有其深刻的研究价值。

二、民办老年公寓人力资源状况所面临的主要问题

(一)护理人员供小于求

由此次调查可看出,除医护人员在日常检查和突发状况下工作外,其余的日常护理工作都是由机构的陪护人员来承担。平均每人要照顾10~12位老人,其中介护的老人占16%、介助老人占40%、能自理的老人占44%(所谓自理,即日常生活行为完全自理,不依赖他人护理的老年人;所谓介助,即日常生活行为依赖扶手、拐杖、轮椅和升降等设施帮助的老年人;所谓介护,即日常生活行为依赖他人护理的老年人),由此可见护理人员的工作负担之重。此外,服务人员的数量势必对老年人的照顾程度会有所影响(见表6-1)。

表6-1　工作人员数量调查表

分类 \ 名称	康　福	秋　橙	同　心	苑　北	为　亲
入住老人数	31	51	43	45	30
行政管理人员	3	2	2	8	2
医护人员	1	1	1	0	0
陪护人员	2	4	4	4	3

(二)员工学历较低,素质不高,知识更新缓慢(见表6-2)

本次调查中,大部分工作人员的学历都在高中以下,而陪护人员中文盲则占多数,他们大多来自贫困农村,且均多为40~60岁的无业或下岗妇女。这是制约民办养老机构发展的一大弊端。对于大字都不识的人,又如何给他们传授护理知识,如何让他们讲究科学方法呢?在现代民办养老机构管理中,对于护理人员的要求,不仅仅存在于"勤、实、灵、爱"这四个大字上,而更需要的是注重员工的"素质"意识,德才兼备。老年护理已日趋走向产业化,国家也出台了养老护理员执业标准,从现实来讲,养老护理已经成为一种职业技能,因此加强护理人员自身素质是形势所需、实际所需。

与此同时,养老机构的专业化水平与养老机构管理者的素质紧密相关,管理者的专业素质往往决定并带动养老机构从业人员的专业化水平。然而,从现实的情况看:有相当一部分养老机构管理者专业知识和专业水平都存在着先天不足的问题。有的属于半路出家,与其工作岗位的专业要求尚有距离,尽管他们的工作热情很高,对老人也倾注了一片爱心,但由于缺乏专业知识,苦于不知从何干起,所以在工作中普遍存在重硬件、轻软件的问题;工作缺乏计划性、条理性,许多工作做了,却没有记录,没有台账;对老人的服务只满足于吃饱、穿暖,而没有从其心理需求、精神慰藉、康复娱乐等深层次考虑,以至于养老院的房子虽然造得很漂亮,但老人的入住率并不高。究其原因就是由于管理者专业素质不高,很难带出一支专业化的服务队伍,因而很难向服务对象提供专业化、标准化的服务。

表6-2　工作人员学历调查表

学历 ＼ 人数 ＼ 名称	康福	秋橙	同心	苑北	为亲
文盲	2	1	2	2	1
小学	1	1	2	4	1
初中	0	1	0	3	2
高中	2	3	2	3	1
高中以上	1	0	1	0	0

（三）工作时间较长，易产生疲劳感（见表6-3）

除部分行政管理人员和医护人员是本地人，拥有自己的住所外，大多数陪护人员在公寓是享受包吃包住待遇的，这也就意味着他们的工作时间是24小时。他们的工作性质不同于其他，几乎是没有固定休息、工作时间可言，因为只要老人有需要，他们就必须竭尽所能地给予帮助。因此，一个晚上起床三四次工作，对他们来说是不足为奇的。而工作时间的长短，取决于机构工作人员的配合程度以及管理分配。

表6-3　工作时间调查表

时间 ＼ 人数 ＼ 名称	康福	秋橙	同心	苑北	为亲
8小时以下/日	1	1	1	4	0
8～12小时/日	1	2	0	1	2
12～18小时/日	1	1	1	3	0
18～24小时/日	3	2	4	4	3

（四）考核方法单一，体系不健全

现代人力资源绩效管理的思想和方法揭示了人事管理和劳动生产率以及工作绩效之间的关系，通过有效的人力资源绩效管理可以提高员工的劳动生产率和工作绩效，从而达到提高企业绩效的目的。这对于民办养老机构来说，也不例外。在走访过程中，"绩效考核"这一词对大多数行政管理人员来说很陌生。大部分对员工的考核就仅限于自己的观察，凭借自己对员工主观感觉来评价一个员工，并根据机构盈利情况决定员工薪酬。

（五）培训保障不得力

我国于2007年颁布了《养老护理员国家职业标准》，将养老护理员的职业定义为"对老年人生活进行照料、护理的服务人员"。《养老护理员国家职业标准》将养老护理员分为初级、中级、高级、技师（分别对应国家职业资格五、四、三、二级）四个等级，并对养老护理员的培训时间及内容、职称考试申报条件、鉴定方式等做出具体规定。调查显示，只有不到一半的护工获得养老护理员资格。"构成人力资源或人力资本的并不是人的数量，而是劳动者的健康状况、价值观念、知识存量、技能水平等。"对于一个组织，需要不断地进行人力资源的开发，而职工教育培训就是人力资源开发的最为可靠的途径。据老龄办主任透露，民政部门每年都会开设护理培训课程，但由于培训次数少、多理论、少实践,参加培训的人根本无法消化。虽然陪护人员依靠生活经验和家庭护理经验为老年人提供了较为细致的护理工作,但是由于缺乏科学的职业培训,无法为对象提供科学有效的服务,难以在组织内部营造更为高尚的文化氛围。

（六）招聘方式单一,渠道不畅通

据调查,老年公寓中的员工招聘90%是通过熟人介绍的。护理工作,尤其是做老年人的护理工作,本身人才选择范围狭窄,且传统观念就以为,只需要一定的生活经验和家庭护理经验就可以胜任这项工作,因此对于培养和聘请专业护理人员的需求并不是很大,至少在民办养老机构中,让管理人员花重金聘请一个科班的专业护理人士是很难做到的。如此一来,就走入一个恶性循环。

（资料来源:吴丹,《社会工作》,2010,(5)）

思考题:

1.C市T区民办养老机构在人力资源配置上存在的问题对我们有何启示?

2.针对存在的问题,从人力资源管理的角度应该采取何种对策?

（赵新平）

第七章　老年服务与信息管理

第一节　信息管理概述

一、信息

(一)信息的概念

人们的生活和工作无时无刻都离不开各种各样的信息,正如人类每时每刻都离不开空气一样。在日常生活中,我们经常提到的消息、情报、资讯、简讯、音信、数据、资料、知识等词,就是信息的同义词或近义词。我国古代诗句中有"梦断美人沉信息,目穿长路倚楼台"(南唐诗人李中《暮春怀故人》),说的是一个人缺乏知己的信息,产生了失落、茫然的情绪。今天处在信息爆炸、科技飞速发展、经济竞争激烈的时代,信息对我们来说更是重要。

《辞源》对信息的解释是消息,《辞海》的解释是音信。"信息"作为一个科学术语,最早由哈特莱(R. V. Hartley)于1928年在其《信息传输》一文中开始使用。20世纪40年代后期,伴随着信息论、控制论的产生,"信息"成为一个科学的概念,应用于自然科学和社会科学的许多领域。例如,在系统论中,信息被认为是系统内部联系的特殊形式;在信息论中,信息被看做是可以获得、变换、传递、存储、处理、识别和利用的一般对象,它能为实现目标排除意外性,增加有效性;在经济学和管理学中,常撇开具体的对象,把信息泛指为一般的数据、资料、消息、情报、知识等。

从理论上讲,信息是事物运动的状态和方式;它不是事物本身,而是客观事物的反映或再现。如果从管理学和计算机应用相结合的角度来说,信息是有意义的数据,是经过收集、记录、处理和存储的可供检索的事实与数据。信息反映事物的状态与特征,不同的事物有不同的特征,并在不同的条件下发生变化,这种特征与变化就是信息。人们正是通过获取和识别这些信息来认识不同事物的。

在世界银行的《世界发展报告》(1998年)中,对数据、信息和知识作了明确的定义:数据是未经组织的数字、词语、声音、图像;信息是以有意义的形式加以排列和处理的数据(即有意义的数据);知识是用于生产的信息(即有价值的信息)。它比较清晰地阐明三者间的递进关系,即在数据的基础上形成信息,在信息的基础上形成知识。信息是知识的原料,知识是信息加工提炼的结晶。

(二)信息的特征

1. 客观性

信息是一种不以人的意志为转移的、客观存在的事物的反映,不是杜撰的、虚无的。信息与其相应的物质、能量"三位一体",共同构成事物的三个基本方面。

2. 普遍性

信息是事物运动的状态和方式,只要有运动的事物存在,就必然有信息产生。信息既存在于有机界,也存在于无机界;既可以是物质的特征和物质运动状态的反映,也可以是人类大脑思维的结果。总之,信息是普遍存在的。

3. 依附性

信息能够体现物质和能量的形态、结构、状态和特性,但本身不能独立存在。信息必须依附于一定的介质而存在,如借助于文字、图像、胶片、磁带、声波、光波等物质形态的载体。

4. 可识别性

信息能够通过人的感觉被接受、识别和利用。比如,物体形态的信息由视觉感官感知,声音信息则由听觉器官识别,人的各种器官都是信息的识别工具与接收器。

5. 可存贮性

信息不但可以通过人的大脑进行隐形存贮,也可以通过物质载体加以显性存贮,而且还可以用现代信息技术设备来存贮。

6. 可转换性

信息可以从一种状态转换为另一种状态,即各种信息载体形式是可以相互转换的,比如,物质信息可以转换为语言、文字、图像、记号、代码等。信息的这种可转换性也同时决定了信息具有可传递性。

7. 共享性

信息人人都可以享用,而且可以跨越时空为传播者和接受者共同享用。随着信息技术以及信息网络的飞速发展,人类共享信息越来越方便。

8. 知识性

信息经过人们的智力加工,去粗取精、去伪存真可以成为人类公认的知识。

9. 时效性

信息不是一成不变的,它的发展变化非常快,常常是"稍纵即逝、瞬息万变"。因此,人们在获取、交流使用信息的过程中必须尽量加快速度,以免过期。

(三)信息的类型

信息内涵非常广泛,我们可以从不同角度对信息进行分类:

1. 按信息产生的来源分类

信息可以分为自然信息和社会信息。自然信息是自然界一切事物存在方式及其运动变化状态的反映,根据自然界中的物质是否有生命,自然信息还可以进一步划分为物理信息和生物信息。社会信息是对人类社会发展变化状态的反映,包括政治信息、经济信息、军事信息、科技信息、思维信息、社会生活信息等诸多方面,而且每一类还可以细分。

2. 按信息产生或针对的时间分类

信息可以分为历史信息、现时信息和未来信息。历史信息是已经发生、成为历史的信息,如历史记载、档案材料等人类历史上的信息,包括迄今为止人类创造出来的全部文化遗产。现时信息是指最近发生或正在发生、发展变化的信息。未来信息是指尚未发生的信息,如人类对于未来发展的关注以及未来学、预测学等学科的研究内容。

3. 按对信息的感知方式分类

信息可以分为直接信息和间接信息。直接信息是直接从事物中获取的信息;间接信息是由直接信息之中产生并加工出来的信息。

4. 按信息的运动状态分类

信息可以分为动态信息和静态信息。动态信息是指时间性很强的新闻和情报等,反映事物的发展、变化状态;静态信息是指那些已成为比较稳定的历史文献、资料和知识的信息,反映事物相对稳定的状态。

5. 按信息的逻辑层面分类

信息可以分为语法信息、语义信息和语用信息。语法信息是指认识主体单纯从感知事物运动状态及其变化方式的外在形式中获得的信息,告诉你"是什么形式";语义信息是指认识主体从领悟事物运动状态及其变化方式的逻辑含义中获得的信息,告诉你"是什么意思";语用信息是指认识主体从判断事物运动状态及其变化方式的效用中获得信息,告诉你"有什么用处"。

6. 按信息产生的先后及其加工深度分类

信息可以分为一次信息、二次信息、三次信息。一次信息是指未经加工的原始信息。原始信息产生于人类直接从事的政治、经济、文化等活动,是零星的、分散无序的,往往无法进行存储、检索、传递与应用,需要进一步加工处理后才能使用,如会议记录、统计表格等。二次信息是指对原始信息进行加工处理并使之变成有序的、有规则的信息,如文摘、索引、数据卡片等。三次信息是指在一次信息、二次信息的基础上,经过研究、核算产生出的新的信息,如研究报告、综述等。

(四)信息的载体与形态

信息无处不在,但信息本身是看不见、摸不着的,它只有依附于一定的物质载体才能体现出来。人类接触载体,然后才知载体中所承载的信息内涵。

根据载体的特征,可以把信息载体分为两大部分:一部分是人类认识主体感官表达的表意型载体,如语言、文字、符号、形体、表情等;另一部分是人的感官无法直接感知的,需借助于一定的物理设备才可以存贮的承载型物质载体,这一部分载体又可以分为两大类:即无形的承载型物质载体(如声波、电磁波、网络等)和有形的承载型物质载体(如甲骨、简牍、纸张、磁带、光盘、U盘等)。信息载体的演变直接导致了信息形态的变化。目前,信息已由最初的文字形态演变成数据、文本、声音、图像等多种表现形态。

1. 数据

在这里,"数据"并非单纯指"数字"。从信息科学的角度来考察,数据是指电子计算机能够生成和处理的所有事实、数字、文字、符号等。当文本、声音、图像在计算机里被简化成"0"或"1"的代码时,它们便成了数据。

2. 文本

文本指书写的语言,即"书面语",它是相对于"口头语"而言的。从技术上说,口头语言只是声音的一种形式,而文本既可以用手写,也可以用机器来汇编并印刷出来。

3. 声音

声音指人们用耳朵听到的信息。目前人们听到的基本上是两种信息:即说话的声音与音乐。无线电、电话、唱片、录音机等都是人们用来处理这种信息的工具。

4. 图像

图像指人们能用眼睛看得见的信息。可以是黑白的，也可以是彩色的；可以是照片，也可以是图画；可以是艺术的，也可以是纪实的；还可以是一些表述或描述、印象或表示。经过扫描的一页文本和数据的图像，也可视为一个单独的图像。此外，图像还可分为静态与动态的、自然的与绘制的等。

需要指出的是，信息表现的形态不是一成不变的，也就是说，文本、数据、声音、图像能够相互转换。一幅图可能相当于 1000 个字，并由 10 万个点组成。"点"可能是数字、文字或符号。记录别人口授的语言，便把声音变成了文字。当数字化了的信息被输入计算机或从计算机被输出时，数字又可以表示上述这些形态中的任何一种或所有的形态。

二、信息资源

(一)信息资源的概念

资源就是人发现的有用途的和有价值的一切物质与非物质的要素总和。信息资源作为"信息"与"资源"的结合概念，是社会资源中一种重要的资源。狭义而言，信息资源是文献、数据和知识，即知识信息内容本身。广义地讲，信息资源是指信息活动中各种要素的总称，包括信息、设备、技术与信息生产者等。信息生产者是为某种目的生产信息的劳动者，不仅包括从事原始信息的生产者，而且包括从事信息加工或再生产的劳动者。信息技术是能够延长或扩展人的信息能力的各种技术的总称，是对声音的、图像的、文字的、数字的和各种传感信号的信息进行获取、加工处理、存储、传播和利用的能动技术。信息技术作为生产工具，对信息搜集、加工、存储和传播提供支持与保障。在信息资源中，信息生产者是最关键的因素，因为信息和信息技术都离不开人的作用，信息是由人生产和使用的，信息技术也是由人创造和使用的。

在国外，有人将信息资源简单地分为两个基本部分：信息内容与信息管道。也有人将信息资源分为四个组成部分：信息源、信息服务、信息产品和信息系统。

(二)信息资源的特征

信息资源作为经济资源，与物资资源和能源资源一样，具有经济资源的一般特征。如有用性，它可以满足人类需求，作为生产要素，具有价值和使用价值。传统的人类经济活动主要依赖于物质原料、劳动工具、劳动力等物质资源和能源的投入。在信息时代和知识经济时代，信息本身成为一种重要的生产要素。其次，稀缺性，因为信息资源的开发需要相应的成本投入，也是有限和不能自由取用的。不经过人的开发，信息不会变成资源，而开发是需要付出劳动的。再次，多用性，选择不同的信息资源使用方式、途径，产生的效果将大为不同。

信息资源，作为与物资资源和能源资源不一样的资源，还具有来自于信息的特点。

1. 共享性

指在消费和使用中具有非排他性、无损耗性、无竞争性。物资资源和能源资源的使用表现为占有和消耗。当物质资源或能源资源的量一定时，使用者存在明显的竞争关系，即资源一旦被人使用，其他人就只能少使用或不使用。而信息资源则不存在这种竞争关系，一人对它的使用不影响他人的使用。

2.时效性

信息资源比其他任何资源都更具有时效性。一条及时有效的信息可能价值连城,使濒临倒闭的企业扭亏为盈;一条过期的信息则可能分文不值,甚至使企业丧失发展的机会,酿成灾难性的后果。

3.驾驭性

信息资源具有开发和驾驭其他资源的能力,无论是物资资源或能源资源,其开发和利用都有赖于信息资源的支持。人类利用信息资源开发和驾驭其他资源的能力,受科技发展水平和社会信息化程度的影响和制约。

4.累积性和再生性

信息资源具有非消耗性,一旦产生,不仅可以满足同时期人类的需要,还可以通过信息的保存、累积、传递,达到时间点上的延续。信息资源还具有再生性特征,在满足社会需求和利用的同时,还会产生出新的信息资源。

(三)信息资源的类型

信息资源的内容十分广泛。人们既可根据信息的来源,也可根据对信息资源的不同认识和理解,将信息资源划分为不同的类型。

1.按信息资源的具体形态分类

可分为有形信息资源和无形信息资源。有形信息资源包括信息生产者、信息消费者、信息开发者、信息存储介质、信息设备、信息机构等。无形信息资源包括信息内容本身、信息处理软件、信息系统管理软件以及信息机构运行机制等。

2.按信息资源所处的空间区域分类

可分为国际信息资源、国家信息资源、地区信息资源、单位信息资源等。国际信息资源是指通过网络将分布在世界各国的信息资源链接起来,形成全球共享的信息联合体。国家信息资源是一个国家信息资源的总和。地区信息资源是某个省、市、部门或系统的信息资源的总和。单位信息资源则是某一企业、事业单位拥有的信息资源的总和,是实现国家信息资源、地区信息资源、系统信息资源共建共享的基础和前提。

三、信息管理

(一)信息管理的含义

信息管理是人类为了收集、处理和利用信息而进行的社会活动。作为人类管理活动发展的一个阶段,人们对信息管理的重视是最近半个世纪的事。社会对信息作用的认识日益深化,导致组织和政府都把信息管理活动作为管理活动的重要内容。信息作为个人、组织和社会生存与发展的战略资源地位的认识,正在成为共识并指导人们的信息活动。

从狭义上说,信息管理就是对信息的管理,即对信息进行组织、控制、加工、规划等,并引向预定目标。显然,这主要是从实用的角度来说的,强调的是信息的搜集、整理、存储和服务等信息工作环节,与以往科技信息工作的含义相同。

从广义上说,信息管理不只是对信息进行管理,还涉及对信息活动的各种要素(如信息、设备、信息机构和人等)进行合理组织与控制,以实现信息资源的合理配置,从而有效地满足社会需求的过程。由于信息活动中的各种要素,又被视为信息资源的内涵,因此,信息管理也就是信息资源的管理。

我们认为,信息管理的定义是个人、组织和社会为了有效地开发和利用信息资源,以现代信息技术为手段,对信息资源实施计划、组织、指挥、控制和协调的社会活动。这一定义概括了信息管理的三个要素:人员、技术、信息;体现了信息管理的两个方面:信息资源和信息活动;反映了管理活动的基本特征:计划、控制、协调等。

(二)信息管理的对象、类型

1. 信息管理的对象

信息管理作为一种社会活动,是由信息活动主体、活动对象、活动手段等要素构成的。在信息管理活动中,表现为信息人员利用掌握的信息技术,控制、利用信息资源以达到组织目标的活动过程。

(1)信息资源。

信息资源是经过人类开发与组织的信息、信息技术、信息人员要素的有机集合。在信息资源要素中,信息无疑是构成信息资源的核心要素,它是信息管理的对象。信息内容以声音、图像、图形或文字等记录符号表达与描述出来的事物运动状态及其变化形式,以消息、资料、知识等形式被人们处理和利用,或者以文献、实物、数据库等载体被人们记录和传递,是个人、组织和社会进行决策的重要依据。信息管理的根本目的是控制信息内容及其流向,实现信息的效用与价值。但是,信息并不等同于信息资源,因为要使信息实现其价值和效用,就必须凭借信息人员的智力条件以及信息技术和其他技术手段。信息人员是控制信息资源、协调信息活动的主体。而信息收集、处理、存储、传递与应用等信息运动过程都离不开信息技术的支持。没有信息技术作为强有力的手段,要实现有效的信息管理是不可能的。由于信息活动本质上是为了形成、传递和利用信息资源,所以信息资源是信息活动的对象与结果之一,它们是构成信息管理的一个主要方面,也是任何一个信息系统的基本要素。

(2)信息活动。

信息活动是指人类社会围绕信息资源形成、传递和利用而开展的管理活动与服务活动。从过程上看,信息活动可以分为两个阶段:①信息资源形成阶段。其活动包括信息的产生、记录、传播、收集、加工、处理、存储等,目的在于形成可资利用的信息资源。②信息资源的开发利用阶段,以对信息资源的检索、传递、吸收、分析、选择、评价、利用等活动为特征,目的是实现信息资源的价值,达到信息管理的目标。

2. 信息管理的类型

由于信息管理的内容、范围十分广泛,因此常常需要从多方面、多角度去考察信息管理,它的类型也就多种多样了。

(1)按信息的内容,大致可分为军事、政务、经济、科技等领域的信息管理。

(2)按信息载体,可分为文献管理、数据管理、网络管理、多媒体管理。

(3)按信息的层次,可分为宏观管理、中观管理、微观管理。

(4)按信息交流活动环节,可分为信息生产、信息收集保管(信息资源建设)、信息资源程序开发、信息配置传递服务、信息吸收利用等环节的管理。

(5)按信息管理阶段,可分为手工管理、系统与技术管理、资源管理、知识管理。

可见,信息管理的外延非常宽广,人们可以从不同范围、不同角度、不同层次去认识,从而得出对信息管理本质的看法。从信息管理的发展历程来看,信息管理始终是沿着"存(保存、存留）——理（整理、加工）——传（传播、传递）——找（查找、检索）——用（利用、使用）"这一轨迹向前发展。因此，完全可以说，信息管理的实质是对从信息生产到信息消费（利用）全部过程中各种信息要素与信息活动的组织与管理，以便最大限度地满足社会对适用信息的需求。

第二节 老年服务信息管理

一、老年服务信息管理的内容

人口老龄化的快速发展，给我国社会发展带来了严峻挑战。根据第六次全国人口普查，我国 60 岁及以上老年人口约 1.78 亿，占总人口的 13.26%；2015 年，老年人口将达到 2.21 亿，约占总人口的 16%。老年人口社会抚养负担将进一步加重，需要积极应对人口老龄化。其次，无论城乡，家庭小型化、空巢化现象普遍，家庭养老功能逐渐弱化，社会养老需求急剧增长。第三，老年群体自身存在多种物质、精神上的需要，老年人的物质文化需求不断增长。在此背景下，利用现代信息技术，加强老年服务信息管理，利用信息化手段搭建高效的养老服务平台，提高我国老年服务工作水平，具有十分重要的意义。

《中国老龄事业发展"十二五"规划》提出：加快居家养老服务信息系统建设，做好居家养老服务信息平台试点工作，并逐步扩大试点范围；建立老龄事业信息化协同推进机制，建立老龄信息采集、分析数据平台，健全城乡老年人生活状况跟踪监测系统。《社会养老服务体系建设规划（2011—2015 年）》也提出：以社区居家老年人服务需求为导向，以社区日间照料中心为依托，按照统筹规划、实用高效的原则，采取便民信息网、热线电话、爱心门铃、健康档案、服务手册、社区呼叫系统、有线电视网络等多种形式，构建社区养老服务信息网络和服务平台，发挥社区综合性信息网络平台的作用，为社区居家老年人提供便捷高效的服务；在养老机构中，推广建立老年人基本信息电子档案，通过网上办公实现对养老机构的日常管理，建成以网络为支撑的机构信息平台，实现居家、社区与机构养老服务的有效衔接，提高服务效率和管理水平。这些文件为老年服务信息管理指明了方向，提供了支持。

老年服务信息管理就是要以"老有所养、老有所医、老有所教、老有所学、老有所乐、老有所为"为目标，通过收集老年人需要的信息和老年人相关的信息资源，利用计算机、网络等现代信息技术进行数据存储、处理、传递和分析，为老年人提供各种生活服务、日间照料、医疗卫生、文化教育等服务，为老年工作提供服务及决策所需的各种信息，努力形成全面、丰富内容的老年服务信息网络和信息管理系统，实现养老需求和社区、养老机构的有效对接，帮助构建居家养老为主、社区养老为支撑，以机构养老为补充的社会养老服务体系。

老年服务信息管理的对象主要是信息资源和信息活动。信息资源主要包括信息内容本身，广义地讲还包括技术设备和信息的生产加工者。信息内容不仅是人们日常生活和工作的迫切需求，也是实现科学化管理和领导决策的重要基础和依据。信息活动是指从信息资源的生产形成，到传递和利用，实现资源价值的整个过程中的管理和服务活动。

老年服务信息管理的内容，围绕老年人、老龄管理部门和养老为老服务机构展开，概括

地讲,主要包含以下两个方面:

1. 满足老年人的信息需求

围绕老年人的主要需求,如养老的经济需求、治病健身的医疗需求、日常生活的照料需求和思想感情交流的精神慰藉需求等,为老年人提供信息服务。根据老年人生理、心理特点,只需简单、方便的操作,利用老年手机或者电脑等终端设备,即可访问画面简洁、字体清晰的老年信息网站,获取所需的功能,如:

获取衣、食、住、行等各种产品或服务信息,并可发出订购指令,比较方便地完成网上购买行为,在家接收所购产品或服务。

访问互联网世界,足不出户就可迅速了解各地新闻、各种信息,接触到外面的世界,可以进行听歌、看视频、免费通话、玩游戏等多种活动。

接受远程教育。21世纪是人人学习的社会,终身学习是社会的必然趋势。老年人通过网络,能够学到自己所需的各种知识和技能,并不断完善自己。

接受远程医疗。老年人一般患病率较高,许多人患有高血压、糖尿病等慢性病。远程医疗,应该成为老年人得到医疗服务的主要途径之一,远程医疗应该为老年人提供多渠道、全方位的医疗服务。

2. 加强老龄部门和养老相关机构的信息化,提高管理和服务水平

随着我国老龄化程度的加深,老年人口基数不断加大,与老年人相关的人口信息、医疗服务信息、日常生活需求信息和教育文化需求信息大量而繁杂,建立社会养老服务体系的任务非常艰巨。因此,老龄部门和养老相关机构应该利用现代信息技术,加快信息化水平,如建立老年信息系统、使用各类管理软件等,不断提高老年工作决策水平和服务水平。

通过建立老年服务信息系统,收集相关部门、养老机构和社区等渠道的相关信息,掌握老年人相关信息,并不断进行分析、预测,及时为老年服务和管理工作提供信息支持。老年服务信息系统,应该包括基础信息数据库、养老设施数据库、服务管理信息系统等,其中基础数据库应当与公安、民政、卫生、社会保障等部门有动态传输,特别是要融入人口信息系统、居民电子健康档案、医院和社区卫生机构的电子病历信息系统等。

福利院、养老院等机构通过使用管理软件,实现服务管理准确、高效,设施设备、人员队伍和相关服务等各类数据直报上级管理部门。

二、老年服务信息管理的作用

21世纪是一个信息化的时代,人们对信息管理的重视程度越来越高,信息管理也在各行各业发挥越来越大的作用。在老年服务领域,信息管理同样可以大显身手,发挥现代信息技术为人类应起的作用。利用先进的信息科技手段,采集老人全面信息(如基本信息和健康信息等),整合各方服务资源(如家政服务、老人GPS手机定位等),实现智能化的资源匹配和统一调度,实现居家、社区与机构养老服务的有效衔接,为老年人提供服务获取的便捷通道,提高老年人服务品质和水平,同时能够提升政府监管职能和施政管理水平,为政府决策提供老年人需求情况、服务供应情况、养老产业发展情况、政府资金投入和使用情况等的数据支持。

1. 突破时空限制,快速传输老年服务信息

通过互联网络,各种老年服务的信息可以突破时间、空间的界限,以快速、多种方式进行传播。服务信息可以随时更新，可以实现传者与受众间的即时互动，通过音频和视频可以进行面对面式的直接沟通、交流。

2. 实现老年服务信息共享，保障老年服务管理准确、高效、实时

利用计算机和互联网络等先进技术手段，收集公安、民政、卫生等部门数据，建立老年人口数据库，建立老年服务信息管理系统，可以实现老年服务信息为各部门和养老机构共享，减少重复工作，提高工作效率，从而保障老年服务管理准确、高效、实时。

3. 科学分析、预测老年人数据，为科学决策提供依据

老年人的人口信息、医疗服务信息、日常生活需求和教育文化需求等信息，大量而繁杂，对它们的分析、预测，如果使用低层次的、人工的传统办法，困难极大，速度也慢，难以适应现代科技基础上的社会、政治、经济运行的要求。利用信息技术手段，能及时分析、处理，为科学决策提供科学依据。

4. 有效监督老年服务管理工作

利用信息技术建立数据库，可以实时记录老年服务初始和服务过程中产生的数据，提高了数据收集的质量。利用它进行老年服务管理和监督评价，可以减少甚至杜绝数字造假，得到比较公正、真实的结果。对服务过程中的纠纷和问题，可以进行回溯查询，得到有效处理。

三、老年服务信息管理的组织与规划

1. 信息管理的组织机构

信息管理机构是实施信息收集、加工、储存和传递等信息管理活动的组织机构。建立与现代管理业务相适应的组织机构是实现信息管理战略任务的关键。常见的信息服务机构，有非盈利性的图书馆、情报所、统计局和其他政府信息服务机构，以及盈利性的各类咨询公司。

随着信息化的步伐进入各个领域，政府、企事业单位也建立了信息管理的组织机构。信息管理职能扩张，出现了五种职能部门：信息使用部门、信息供应部门、信息处理部门、信息咨询部门和信息管理部门。其中，信息管理部门是处于核心地位的部门，它从综合角度协助各业务部门进行信息管理，承担信息的汇总与收集、管理与检索、分析与处理、沟通与协调等四项任务。它在机构领导的支持下，制定信息资源开发、利用和管理的总体规划，负责信息系统的开发、维护和运行管理，信息资源管理的标准、规范、规章制度的制定、执行和修订，以及信息技术人员和职工的信息教育培训等工作。

信息管理的组织结构模式有三种：集中式、分散式和集中分散式。集中式模式是设置一个信息中心，对信息的收集、加工、检索和传递等活动进行集中统一管理，它适合于中小型企业或机构。分散式模式是在各职能部门内设置信息源，信息流在各部门间传递。集中分散式模式则不仅设置独立的信息中心，还在各职能部门设置不同层次的信息管理机构，它适合于大型或特大型企事业单位。

对于信息管理的组织体系，国外大多将信息主管部门设置为独立的一级部门，并成立由首席信息官（Chief Information Officer，CIO）牵头、最高领导和各部门负责人参与的信息化委员会。其中，信息部门下设系统开发部（面向应用，负责软件开发）、系统运行部（面向机器，负责信息系统运行）和信息资源部（信息管理核心部门，负责组织信息资源）。

2. 信息规划的方法、步骤

信息规划就是要将本机构业务管理逐步实现信息化，就是通过组织、协调，将机构内外不同的信息系统、分散的数据，进行统筹安排、合理利用，达到信息共享，提高工作效率，从而避免众多应用各自为政、出现一个个信息孤岛、信息不能共享的现象，也避免软、硬件重复投资造成大量的资源浪费。信息化工作，无论对一个部门，还是对一个机构，都是一项涉及面广、任务繁重的系统工程。它要求将新的管理理念、流程和职能，通过信息技术和计算机网络，实现业务流程数字化和网络化，从而减少人为因素的不良影响，发挥技术因素的高效作用。实质上是一种对原来工作的流程再造、职能再造、组织结构调整（建立与信息化相适应的组织结构和文化），以实现效能的提高。信息化工作需要最高决策层的支持和有远见的领导者。

信息规划需要以本机构（或部门、单位）的发展战略和各部门的业务需求为基础，吸收同类型机构信息化成功的经验，掌握信息技术发展的趋势，提出信息化的近期规划和远期规划，同时还要提炼出信息化的目标及整体战略，能够全面而系统地为本机构的信息化进程做好铺垫。信息规划需要完成以下几方面的工作：

（1）调研工作：包括对本机构信息化基础、行业发展形势等相关信息的收集、整理。这是信息化规划的前提。因而，这一步在整个信息化规划制定过程中所起的作用至关重要，如果调研所收集的信息不准确、不真实，与实际存在的问题有较大出入，后期的规划反而会起到适得其反的作用。

（2）信息分析工作：对前期调研所收集的信息进行分析，从中提炼出机构的发展战略、管理模式和关键业务流程。发展战略决定了信息技术对机构业务板块建设的支持方式；管理模式决定了机构内部、业务板块管理层、业务执行层不同的职能配置，进而决定了信息建设总体架构（应用范围和部署方式）；关键业务流程的分析将决定相应应用系统模块功能与数据模型。

（3）业务架构：从机构职能上进行梳理，纵向分析管控的合适度，是否管得好，是否管得住，是否更好地支持机构战略。同时，还应该以供应链流程为主线，横向分析供应链的效率（时间、质量、成本、客户满意度），明确流程是否以客户为导向。

（4）应用系统规划：应用系统规划分为应用架构规划和数据架构规划两部分。应用架构目的是建立机构的业务架构与具体的 IT 应用系统之间的关联，是定义机构向业务部门提供的整体的应用系统和功能。数据架构规划，主要是定义良好的数据模型，它可以反映业务模式的本质，确保数据架构为业务需求提供全面、一致、完整的高质量数据。

（5）基础设施规划：基础设施规划分为网络与硬件两部分。信息平台的基础设施建设是所有信息化的基础，是企业信息化实施的第一步。只有基础设施建设符合机构的发展需求，才能为业务运行提供高质量的软硬件平台。

（6）系统实施规划：经过前一个阶段的信息收集、分析和整理，接下来便是生成系统实施规划。主要包括应用实施规划、主计划、信息化治理模式、投资规划。系统实施规划就是信息化规划的最终文本文件。

3. 信息规划的主要内容

(1)信息建设的背景分析。

阐明进行信息建设的基础和现状,分析存在的问题和努力方向。

(2)指导思想与设计原则。

指导思想:立足用户的发展战略目标,引入先进管理理念,依托信息技术,实现老年服务相关各方信息交流通畅便捷,工作流程运转高效,服务效率提高。

一般要遵循以下原则:

①整体规划原则:结合用户发展战略,整体规划各项建设内容。

②分步实施、协调发展原则:根据各项建设内容内在逻辑,分步实施,以确保各项内容的协调发展。

③先进性与实用性统一原则:有一定的前瞻性,但不可一味地追求大而全、技术先进。一般应满足未来5年左右业务发展需求,同时考虑技术的发展趋势,为将来留有可扩展、可兼容和可转向的空间。

④兼顾信息共享与数据安全原则:在规划的制定中,一定要坚持信息共享的原则,避免出现信息孤岛。在实现信息资源共享的前提下,注意信息的安全问题,做到两者之间的有效平衡。

(3)主要目标。

规划的主要目标,一般包括建设基础数据库、应用系统、应用信息门户,以及提高技术队伍和工作人员素质等。

(4)风险分析。

在项目实施和推广方面可能存在项目目标不明确、需求发生频繁变化、人员责任不清及频繁流动、产品质量低劣等风险。对各项风险要有相应的预备解决措施。

(5)建设框架。

信息标准与规范:明确信息建设中数据平台、软件设计等所使用的信息标准,制定信息基础设施、应用系统、信息编码和用户的规范,以及信息管理规程。

信息安全体系:包括物理层、网络层、系统层、应用层的安全建设和安全管理措施。

基础设施建设:包括基础管网弱电系统(如布线系统、互联网接入)和数据中心(如基础硬件设备,应用系统的数据汇聚、运行支撑环境)。

应用支撑平台建设:公共数据平台、统一身份认证平台和信息门户。

各类应用系统建设:这是规划中面向应用的主体部分,包括各类业务管理系统。

应用集成建设:将上述应用系统进行集成。

运行维护体系:包括组织领导机构、技术队伍等。

(6)实施计划。

在总体规划基础上,根据实际情况,分步实施各项内容。

四、老年服务信息标准与信息安全

1. 信息标准的概念与分类

信息工作的规范和统一,信息产品的生产、交换和使用等的标准化,是保障信息交换传播、实现信息资源共享的前提和基础。

对标准的定义是为了在一定范围内获得最佳秩序,经协商一致制定并由公认机构批准,共同使用的和重复使用的一种规范性文件。

信息标准是专门为信息科学研究、信息生产、信息管理等信息领域所制定的各类规范和行动准则,是解决"信息孤岛"的根本途径,也是不同信息管理系统之间数据交换和互操作的基础。

信息标准根据不同分类原则和方法,可以分为多种类型:

按照标准适用范围不同,可以分为国际标准、地区标准、国家标准、地方标准、部门标准和企业标准。

按照标准主题不同,可以分为基础标准、产品标准和方法标准。

按照标准职责不同,可以分为强制性标准和推荐使用标准。

按照信息标准化涉及的内容不同,可以分为普通信息标准和专门信息标准。像国家信息交换标准编码(如 ASCII 和 GB 2312—80 等)和国际物品条形编码之类,内容涉及面比较广泛的信息标准是普通信息标准。专门信息标准则一般涉及某一专门信息领域,如计算机互联系统信息安全问题的 ISO 7498—2 国际标准、国际疾病分类标准(ICD)。

2. 老年服务信息标准的内容

老年服务信息内容很多,涉及老年人口与经济信息、医疗服务利用信息、民政救助信息和社会保障信息等。国内外对老年服务的专门信息标准制定和研究还不多。在信息系统开发与管理过程中,如果没有一个健全、完整、系统的标准,将来系统信息的交流、系统间信息交流、系统外信息交流会出现通道不畅的问题。因此,有必要加快老年服务相关信息规范、标准的研究和制定。目前,老年服务相关的信息标准有:

(1)行业规范方面的标准,包括涉及老年服务相关的人口与经济、民政业务、社会保障以及医疗服务利用等方面,如:国际疾病分类 ICD—10、国标 GB/T 24433—2009 老年人残疾人康复服务信息规范。

(2)软件设计开发方面的标准,主要有《国家经济信息系统设计与应用标准化规范》、国标 GB 7026—86《标准化工作导则——信息分类编码规定》、国标 GB 1526—89 ISO 5807—1985《信息处理——数据流程图、系统流程图、程序网络图和系统资源图的文件编制符号及约定》、国标 GB 8567—88《计算机软件产品开发文件编辑指南》、国标 GB 8566—88《计算机软件开发规范》、国标 GB 9385—88《计算机软件需求说明编制指南》、国标 GB 9386—88《计算机软件测试文件编制规范》等。软件接口方面有数据接口 ORACLE,XML,HL7 等;应用接口 Soap,Web Service,COM/DCOM,J2EE 架构等。

(3)其他相关国家法规,如《中华人民共和国计算机信息系统安全保护条例》、《中华人民共和国保守国家秘密法》、《中华人民共和国统计法》、《中华人民共和国电子签名法》等。

3. 信息规范内容

信息规范包括基础设施规范、应用系统规范、信息编码规范、用户规范和信息化管理规程等方面,它与信息标准构成立体的规范体系。其结构如图 7-1 所示。

信息化管理规程:指规划单位在信息系统建设和运行中应遵守的管理规范,如新建业务系统要有报批制度,只有符合标准规范的系统才能开发实施,对已有不符合规范要求的系统要有计划地改造为符合标准规范的系统;业务系统的运行后台需要建立严格的运行管理和技术操作制度,并建立具备一定资质的技术保障和管理队伍;业务系统的运行前台需要建立

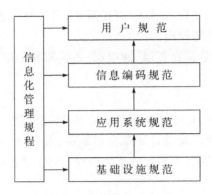

图 7-1 信息规范示意图

培训、考核及使用规范,保证用户能够有效、准确地使用信息系统。

基础设施规范:基础设施包括计算机硬件系统(包括服务器、个人计算机、其他设备等)、计算机软件系统(包括操作系统、数据库平台、应用平台等)和网络基础设施与服务。它要求选购硬件、软件时必须慎重,不仅要看同类设备的性能价格比,还要看该产品是否为市场的主流产品,是否满足本单位将来一定时期内的需求。制定基础设施规范必须考虑的因素是:

(1)功能指标能否满足本部门信息化建设的需要(是否适合网络计算、稳定性、安全性等);

(2)基本性能能否满足今后若干年的需求(速度、容量等);

(3)是否符合国际、国内标准;

(4)是否是主流产品或者与其他主流产品兼容;

(5)产品的技术支持和服务质量;

(6)是否代表新的发展方向。

应用系统规范:应用系统是面向最终用户的,其质量的高低,直接影响管理效益、效率的提高。无论是购买还是自行研制,应用软件应具有以下性能指标:

(1)适应科学的管理体制,代表先进的发展方向;

(2)数据设计符合信息标准及应用规范;

(3)功能齐全,满足需求;

(4)与相关应用系统的数据交换接口;

(5)提供应用访问接口;

(6)符合一定的应用管理规范,能够与其他应用系统集成;

(7)通用性、扩展性,易操作;

(8)信息安全性能;

(9)技术文档齐全规范(源程序、技术文件)。

信息编码规范:为数据库设计提供了类似数据字典的作用,为信息交换、资源共享提供了基础性条件。

4. 老年服务信息安全

老年人个人档案、诊疗、财务数据等信息在计算机系统和网络中存储、传递和使用,必须保证它们不被非法使用、篡改,也要防止电压不稳、突然断电和病毒感染等意外原因对系统和数据的破坏。因此,要高度重视信息安全问题,加强信息安全体系建设。

建设原则：在进行安全方案设计时，应遵循需求、风险与代价平衡，综合性与整体性，易操作性，多重保护和可评价性等原则。

信息安全体系建设内容包括物理层、网络层、系统层和应用层的安全建设，以及安全管理体系建设。

（1）物理层安全建设。

保证计算机信息系统各种设备的物理安全是保障整个网络系统安全的前提。物理安全是保护计算机网络设备、设施以及其他媒体免遭地震、水灾、火灾等环境事故以及人为操作失误或错误及各种计算机犯罪行为导致的破坏过程。它主要包括三个方面：环境安全、设备安全、线路安全。

（2）网络层安全建设。

主要包括防火墙、入侵检测和数据传输等方面的安全技术。防火墙安全技术是在网络的边界安装电信级防火墙，并实施相应的安全策略控制，对外公开服务器应集合起来划分为一个专门的服务器子网，设置防火墙策略来保护对它们的访问。入侵检测安全技术可以进行实时的入侵检测，发现违规访问、阻断网络连接、内部越权访问等，发现更为隐蔽的攻击，并及时采取相应的防护手段。

（3）系统层安全建设。

包括操作系统安全技术与安全管理、数据库安全技术等。操作系统本身以及使用中安全设置不当，均可能带来严重的安全隐患，需要从操作系统选择、登录安全、用户安全、文件系统安全、注册表安全、RAS安全、数据安全、各应用系统安全等方面制定强化安全的措施。采用主流的数据库管理系统，以保证数据库的安全。

（4）应用层安全建设。

根据网络的业务和服务，可以采用加密技术、防病毒技术及对各种应用服务的安全性增强配置服务来保障网络系统在应用层的安全。

（5）安全管理体系建设。

成立包括机构领导（或信息主管）、网管技术人员、各项应用的操作员代表等多方人员共同组成的信息安全管理组织。建立统一的安全管理制度规范，并加强培训、指导。

第三节　老年服务信息系统

一、老年服务信息系统的开发

信息系统的开发是一个多方面的系统工程，涉及组织、技术、管理、运作方法等许多问题，必须经过充分、成熟的考虑，才能达到预期的效果。

（一）运作方式

信息系统建设是一个系统工程，用户应对信息系统开发方法和过程有所了解，以便采用合理的运作方式。不能将信息系统建设看作是一个单纯的技术性问题，将所有的问题都交给技术人员和开发商解决，否则将导致开发商提供的产品，无法很好地满足用户的要求。

信息系统的开发一般有四种运作方式，即自行开发、委托开发、联合开发和购买软件包。

1. 自行开发

自行开发仅适合于有较强信息技术队伍的用户单位和组织,优点是比较了解本单位业务需求,维护方便、及时,所需费用少,并可以积累开发经验,培养内部专业人才。但大多数单位并不具备自行开发的技术力量。

2. 委托开发

委托开发通常由用户单位或组织、开发商、中介或咨询公司三方参加,适合于信息技术力量弱、但资金较为充足的单位。在开发过程中,需要有组织内部的业务骨干,提出系统的需求,参与系统开发的论证工作,需要多方及时沟通、协商,不断协调和检查。

委托开发建设信息系统后,进一步签订长期业务合同,要求开发商对有关信息技术的业务进行日常支持。采用这种方式容易控制成本,但如果开发商不能对系统很好地理解和管理,也可能给组织带来严重的问题。由于开发双方信息技术知识的不平衡性,如果仅由开发商提出各种建议,开发商就可能对一些不利于工程的问题避而不谈,只报告对自己有利的一面,为今后信息系统的使用埋下隐患。因此,委托开发必须有第三方中介机构,作为工程监理及作为信息系统建设咨询者,参与整个开发过程。

3. 联合开发

联合开发指用户单位内部的信息技术人员与开发商共同开发信息系统。这种开发方式适合用户内部有一定的信息技术人员,但他们对系统的开发规律不够了解,整体实力较弱,希望通过信息系统的开发完善提高自己的技术队伍,便于后期系统维护的组织或单位。因此,相对于委托开发,联合开发可以节约资金,较快提升自身的技术力量。缺点是开发双方在合作中容易出现一些难以协调的利益关系。

4. 购买软件包和二次开发

购买软件包和二次开发指采用现成的软件包,结合自身特点,在软件包基础上进行修改而成。其优点主要是可以减少开发时间,避免从头开始摸索。例如,医院信息系统,在发达国家已有 30 多年的历史,是目前应用最成功的信息系统之一,主要包括医院管理信息系统和临床信息系统,供应商将各个应用程序按照功能集成在一起,做成独立的模块和子系统,用户可以根据需要选购。购买软件包的最大优点是节省时间和费用,而且技术含量高。其缺点是专用性差,往往需要一定的技术力量做软件的改善和接口等二次开发工作,同时还要充分意识到早期用户存在的风险,因为此时各种标准还没有建立起来,选择系统可能不是将来的标准,需要不断修改来适合组织运作的需要。

(二)信息系统开发方法

信息系统开发的常用方法有生命周期法、快速原型法、面向对象法等。

1. 生命周期法

生命周期法,又称结构化法,是信息系统开发常用的、成熟的方法。其基本思想是将开发过程视为一个生命周期,分为几个相互连接的阶段,每个阶段有明确的任务,要产生相应的文档。上一个阶段的文档就是下一个阶段工作的依据。当系统开发出来以后,并不意味着整个系统生命周期的结束,而是意味着根据组织的需要对系统的修改和重建的开始。生命周期法的整个过程可分为以下五个基本阶段:系统规划、系统分析、系统设计、程序开发和系统实施。参与各阶段工作的人员组成有所不同,其中系统分析、系统设计和系统实施是主要阶段。各阶段的主要工作内容如下:

（1）系统规划：收集用户的管理信息，对目前环境、目标、现行系统状况进行调查，明确用户所面临的问题，确定所要开发系统的范畴、系统目标及功能要素；同时还要拟定将开展的工作，它包括系统开发的基本策略和方法、参加人员，进行可行性分析，写出项目计划任务书。

（2）系统分析：在项目计划的基础上，进一步明确系统开发的目标，阐明新系统与组织机构整体之间的关系，将用户的业务功能分解，提出新系统的逻辑方案，详细列出用户的信息需求，其工作成果体现在系统说明书中。本文档将作为用户和 IT 人员沟通的桥梁，同时也是系统设计的主要依据。总之，系统分析要回答新系统具体要做什么，只有明确了问题，才有可能解决问题。

系统分析是研制信息系统最重要的阶段，也是最困难的阶段。困难主要来自三个方面，即对问题的理解、人与人之间的交流和环境的变化。一方面，由于一般系统分析员缺乏足够的关于对象系统的业务知识，在系统调查中往往无从下手，不知该向用户问什么问题，或被庞大的业务数据搞得眼花缭乱；另一方面，用户缺乏计算机知识，不能理解计算机能做什么、不能做什么，虽然很多用户精通业务，但往往不善于把业务过程明确表达出来，不知该介绍什么。两者知识构成不同、经历不同，双方交流困难，最困惑的是环境变化，系统分析员通过分析调查，抽象出系统的概念模型，锁定系统边界、功能、处理过程和信息结构，这些必须适应环境的变化。

（3）系统设计：系统分析阶段要回答的中心问题是系统"做什么"，即明确系统的功能，这个阶段的成果是系统逻辑模型。系统设计要回答的中心问题是系统"怎么做"，即如何实现系统说明书规定的系统功能。系统设计包括总体设计和详细设计。总体设计主要包括计算机及其他硬件配置、网络选择、系统软件的选择、数据库的选择、软件开发工具、应用系统的软硬件结构等。信息系统的总体设计是牵涉到技术性因素较多的工作，要求设计者有足够的信息技术方面的背景知识，需要综合地考虑许多因素，因此最好聘请有经验的信息技术专家、咨询公司等参与协作。详细设计则主要包括编码、输入输出、用户界面、处理过程、安全性设计等方面，所有这些都要依据有效地支持决策的信息基础结构进行，如数据定义和字典、数据模型、数据标准、信息沟通标准等。

（4）程序开发：程序的编写和数据库的实现由程序员来完成。在这一步中，程序员将根据要求用特定的计算机高级语言（如 C＋＋、JAVA、ProC＋＋）进行编程，从细节上加以完善。程序设计有很多技巧，好的程序员对程序设计知识应有较深刻的了解，对所用的编程语言比较熟悉，编写的程序容易理解，同时应尽可能加上注释，建立清晰的文档，便于今后系统的维护和程序修改。由于近年来一些新的软件开发工具的出现，编制程序所用的时间较以前已经减少很多，而系统分析和系统设计的工作时间则相应增加。

程序编制完成后，还要进行细致的系统调试工作，包括单元调试和系统联调。单元调试是指对每一个逻辑程序单元进行测试，通常根据测试表中设置的数据一步一步进行调试工作，以保证每一个程序单元能够完成系统设计预定的功能。系统联调是指对系统的各子系统或模块统一进行测试，看相互之间是否会产生意想不到的影响，整个系统的性能是否良好等。

结构化方法主张程序自上向下实现，及尽量实现上层模块逐步向下，最后实现下层最基本的模块。在实现上层模块时，与这些模块有直接调用关系的下层模块仅给出它们的名字及有关参数传递,保证接口正确即可。

(5)系统实施:系统实施是开发信息系统的最后一个阶段,主要包括新系统的安装、人员培训和系统转换等。系统安装需要做好各种硬件和软件的准备工作。硬件包括计算机服务器、工作站、终端、输入输出设备、存储设备、辅助设备(稳压电源、空调等)、通信设备等;软件包括系统软件、数据库管理系统及各种应用程序的安装和调试。人员培训主要是对用户的培训,这些人往往精通业务,但缺乏计算机知识,应根据他们的基础提前进行培训,使他们逐步适应和熟悉新的操作方法。系统转换是指用户单位从旧系统向新系统的过渡过程,有直接转换、并行转换和部分转换三种转换方式。直接转换是指彻底抛弃旧的系统,从一个确定的时间开始完全使用新的信息系统。这种转换有一定的风险,因为新系统往往存在一定的隐患,只能在使用中加以发现和纠正。并行转换是指新、旧系统并行一段时间后,再使用新系统,这是一种较为安全的策略,因为一旦新系统出现问题,可以使用旧系统来承担工作,但这种方法要求工作人员同时使用新、旧两种系统,使工作量增加而难以实行。部分转换是一种较好的策略,它是将整个系统按一定的步骤,每次转换一个子系统,待稳定工作一段时间后,再转换另一个子系统,最后全面使用新系统工作。目前普遍采用这种系统转换方法。

2. 快速原型法

快速原型法产生于 20 世纪 80 年代初期,是一种实用的信息系统开发方法,适合于中、小型信息系统的开发。其基本思想是:先用快速原型法反复构造一个系统原型,使用户尽早看到未来系统的概貌,在此基础上与用户反复讨论和修改,得出对系统的真正需求,直到开发者确信已完全掌握了用户的需求,才正式开发系统。采用原型开发信息系统可分为四个阶段:

(1)确定用户的基本需求:要求详细定义用户需求,要求设计者在短期内与用户紧密配合,分析用户的主要功能要求,确认实现这些要求的数据规范、界面形式、处理功能、总体结构等,指定基本规格说明。

(2)建立初始原型:根据用户的基本需求,尽快实现一个初始的原型。它能够反映系统的基本特性,而暂时忽略一些次要的内容和细节的要求,但必须是一个实际可执行的系统。它以不多的屏幕画面和少量的实验数据,向用户说明设计开发者对用户基本要求的理解。

(3)运行和修改原型:这是系统开发者与用户进行交流,发现问题的重要阶段。通过用户使用原型系统,让他们实际体验使用系统的感觉,发现与所设想的系统之间的差距,提出新的要求,从而加深设计人员对系统及相互关系的理解。在运行试用原型的基础上,分析运行效果是否满足用户的需求,不断地加以修改。通过用户与开发者的不断交流、讨论,逐步逼近系统的最终要求。

(4)正式开发:将用户和开发者达成意见一致的原型系统作为正式开发的基础,设计用户需要的系统模型,确定系统开发计划,正式进行开发。

使用原型法,要求用户懂得信息系统的作用,能够参与讨论;而系统开发者有丰富的开发经验,懂得如何与客户交流,同时还要有很强的系统构筑工具,可在短时间内开发信息系统原型,并且最好有一套典型的管理数据,用来说明业务。它的主要优点是:在系统开发初期只需提出其基本功能,不必像生命周期法那样在系统开发的初始阶段就要明确定义系统各部分的功能,系统功能的扩充和完善在开发过程中逐步实现;可以有效避免由于开发者和用户的认识隔阂所产生的失败,以用户为主导,而且用户能在较短时间内看到系统的原型;一般不需要很多的专业人员参加,系统开发的成本较低。不足之处是系统开发过程中的管理手段不够规范,不如结构化的生命周期法成熟和便于管理控制。还有,由于用户大量参与,评估标准难以完全合理化,在开发和修改过程中,容易偏离目标,可能损害系统的质量,从而增加了维护的代价。因此,它常与生命周期法结合使用,用原型法进行需求分析,将经过修改、确认的原型系统作为系统开发的依据,用生命周期法进行结构化、规范化的系统开发。

3. 面向对象法

面向对象法是一种新型的信息系统开发方法。其基本思想是,任何现实世界的实体都可以模拟为一个对象,每一对象都有自身的状态和行为,对象的状态可由一组属性值描述,其行为可表现为一组方法。每一个对象都定义了一组方法,允许对该对象进行各种操作。复杂的对象可由相对比较简单的对象以某种方法组成,一组具有相似数据结构(属性)和行为(方法)的对象聚集成一个类,如对象"内科医生"、"外科医生"等,他们属于一个共同的类——医生。一个类是一种抽象,其实质是定义了一种对象类型,它描述了属于该类型的所有对象的性质,描述了一种应用的重要特性。在信息系统开发中,由于分析、设计和编程之间的必然联系,把面向对象概念从面向对象编程,推广到面向对象分析和面向对象设计,就能在方法和表示方法上相对保持一致。

面向对象方法涉及许多重要概念,如封装、继承、消息、多态性等。其中,封装是指在建立总体程序结构时,尽量将程序的各个成分(内部处理)隐藏在单一模块中。对象就是一个很好的封装体,它实现了数据抽象,把数据和服务封装在一起。对象向外提供的界面包括一组数据结构(属性)和一组操作(服务),从外部可以了解它的功能,但其内部实现细节是隐藏的,不受外界干扰。继承是指对象继承它所在类的结构、操作和约束,也指一个类(子类)继承另一个类(父类)的结构、操作和约束。继承体现了共享机制,便于信息组织与分类,简化对象及类的创建工作量。利用继承性,只要在原有类的基础上增加、删除或修改少量数据和方法就可以得到子类。消息是指对象之间相互传递信息的通信方式,完成一件事情的方法就是向有关对象发送消息,一条消息告诉对象做什么,它指出发送者、接受者、需要执行的服务及需要的参数。多态性是指相同的操作可作用于多种类型的对象并获得不同的结果。在面向对象方法中,可以给不同类型的对象发送相同的信息,不同的对象分别作出不同的处理。多态性增强了软件的灵活性、重用性和可理解性。

面向对象方法开发信息系统的过程,可分为以下四个阶段:

(1)系统调查和需求分析:对系统将要面临的具体管理问题及系统开发的需求进行调查和分析。分析人员应与用户一起了解现状与问题,不断交流,仔细分析。分析的模型应当简要而不包含细节,应当得到了系统所要解决的问题,并能被应用方面专家所理解。

(2)面向对象分析:面向对象分析要把问题空间分解成一些类或对象,抽象出这些对象的行为、结构、属性和方法,以及对象之间的关系,并由此产生一个规格说明。在面向对象分析中,直接从问题空间映射到模型。对象抽象了问题空间的事物,使我们对问题空间的理解更直接、更准确和更容易,减少了语义差异和转换。

面向对象分析的基本内容包括标识对象、标识结构、定义主题、定义属性、定义服务等。对象是系统中最稳定的部分,标识对象能产生一个稳定的框架模型,以避免从分析到设计做较大的改动。结构表示问题空间的复杂程度,通常包括分类结构和组装结构。分类结构指

"一般与特殊"结构,同"类属与成员"相对应,如患者包括有各种疾病的患者;组装结构对应于"整体与部分",如组织机构由各行政科室和业务科室等组成。标识结构的目的是便于管理问题空间模型。主题是对问题空间模型的进一步提炼和抽象,一般控制在10个主题以内,使用户和系统分析员在更高层次上观察模型的全貌。定义属性是将所有的对象在对象库中进一步说明,包括描述对象的特征、对象之间连接和约束等,使系统模型变得更加明确和详细。定义服务是指每一对象及类所需的行为,在所有的面向对象分析模型中都有实例的增加、修改、删除和选择服务,另外有计算和监控等基本服务。

(3)面向对象设计:面向对象的分析和设计与问题空间的模型紧密相连。从面向对象分析转到面向对象设计,其实质是对模型的扩充过程,主要作用是对面向对象分析结果作进一步的规范化整理,便于用编程语言实现。面向对象分析的各个层次,如对象、结构、主题、属性和服务是对"问题空间"进行模型化,而面向对象设计则是对"实现空间"进行模型化,其核心是对每个对象的类建立它们的数据结构和算法。面向对象设计可分为四个部分,即问题空间设计、人机交互设计、任务管理设计和数据管理设计。问题空间设计是为了解决一些特定设计所需要考虑的实际变化,往往是对问题空间分析结果进行一些改进和增补,例如把问题空间的专用类组合在一起,引进继承机制等。人机交互设计是根据不同层次的人和精神感受设计相应的用户界面。任务管理设计主要解决进程执行问题,如识别优先任务和关键任务,把它们分离开来进行细致的设计和编码,保证时间的约束性和安全性。数据管理设计包括数据存放和相应的服务。无论采用何种数据管理方案(如关系数据库、面向对象数据库等),每个对象实例的数据必须落实到具体的数据库结构模型中。

(4)程序实现:在面向对象设计期间规定的对象类和它们之间的联系,最后要进入具体的程序设计语言、数据库的实现阶段。所有关键性决策,已在设计阶段做出。面向对象概念可以应用于整个系统开发的生命周期,同样的类能够支持所有开发阶段,程序实现阶段只是增加具体的实现细节。

二、我国老年服务信息系统的基本框架

目前,各地的老年服务信息管理系统建设,应考虑实际需要和发展趋势,构建区域性养老信息和综合服务平台,构建或优化现有社区养老和机构养老信息管理系统,并利用先进的IT智能终端,实现信息的动态化管理,实现老人需求与资源的智能化匹配以及资源的统一调度。系统基本框架内容如下:

1. 老年人基础信息数据库

老年人信息数据库收集老年基本信息、健康状况等数据,它应当与公安、民政、卫生、社会保障等部门的信息系统相联,实现与人口信息、医疗信息系统(包括电子病历信息系统)和居民电子健康档案(疾病管理信息系统)等数据的互联传输、动态更新。目的是掌握老年人相关信息,监测各地区老年人事业的发展,及时进行分析、预测,为社会养老服务体系建设、老年服务和管理工作提供信息支持。

2. 养老机构基础数据库

包括福利院、敬老院、托老院、居家养老服务照料中心(日间照料中心)、老年活动中心等机构的人员、设备、服务能力等数据。目的是掌握养老机构人员队伍现状,为提高队伍服务能力和水平,做好相关培训提供决策依据。

3. 综合服务平台

包括网络平台、个人呼叫终端和社区各种配套服务,服务功能包括老人紧急救援服务、日常求助、老年关怀、健康服务、志愿者服务、老年学堂、老年活动、老年旅游、老年购物和夕阳鹊桥等服务及服务评价系统。

4. 养老机构和社区养老信息管理系统

社区及养老机构的信息管理系统,应当在遵循国际信息标准、国家信息标准和行业信息标准,统一的行业服务规范和标准基础上,设置合适的服务管理、人力资源管理、膳食管理、安全管理、财务管理、物业管理、决策统计等功能,并与基础数据库、综合服务平台及个人终端能够实现动态、实时连接。

5. 个人智能终端

利用互联网、移动通讯网、物联网、有线电视网等手段,建立个人与综合服务平台间便利的动态联系。除了目前用于老年服务求助的老年手机、固定呼叫器等个人终端以外,还可以为老人配备各种家用健康检测、治疗及其他辅助智能终端。这样,既可方便老人的自我保健,又可为信息化平台的构建提供基础数据。

三、我国主要的老年服务信息系统

近年来,尤其是"十二五"以来,我国随着养老(为老)服务体系建设的快速发展,在老年服务信息系统方面的建设也得到飞速发展。如国家层面有民政部建设的国家养老服务信息系统;各省、市、区(县)有专门的养老(为老)服务信息系统,专门或者在民政信息平台中的老龄信息管理系统。在城市,许多街道(镇)、社区建立了社区居家养老服务信息系统。在社区层面的老年服务信息系统,一般包括"一键通"终端、老年人 GPS 定位服务系统、老年人网络家园(网站)等子系统。其中,"一键通"主要是为了推行家政服务、康复护理、生活送餐、精神慰藉等养老服务;定位服务系统是为了满足老年人紧急救助、呼叫等需要;老年网站可以满足老年人各方面的物质和文化生活需要。

1. 国家养老服务信息系统

该系统是民政部利用福利彩票公益金建设的、由社会福利中心承担,其建设目标是落实国家"十二五"规划中关于加强基本养老服务体系建设的总体部署,建立全国养老服务机构信息系统的技术规范体系、管理规范体系,实现全国养老服务业行业管理的信息化,为国家宏观决策和政府行业监管提供全面的数据支持,为社会参与养老服务提供咨询,为老年人提供信息,为养老服务相关人员提供培训等功能。系统建设项目包含下列四个部分:

一是建立养老服务信息化管理系统,其中包括:养老服务机构等级评估系统;老年人能力评估系统;服务质量监控管理系统;机构年检审核查询系统;专业队伍培训系统。

二是养老服务基础数据库,其中包括:养老机构数据;机构入住老人、社区服务数据;养老服务专业队伍数据。

三是建立公众养老服务系统,其中包括:养老服务投诉管理系统;养老服务信息公开系统;老年人网上预定系统;老年人服务产品推介。

四是建立基础支撑平台,其中包括:统一身份管理系统;公共数据交换平台;统一分析和决策支持系统。

此外,还有由企业承担建设的国家养老信息系统,其组成包含养老机构管理信息系统、社会养老服务发展指标监测系统、政府管理系统和养老服务热线等。其中,养老机构管理信息系统主要服务于各养老机构实体。遵循"方便机构、动态掌握、数据为主"的设计原则,秉承"易用、灵活、便捷"的设计思想,为全国各类养老服务机构提供服务管理、人力资源、膳食管理、安全管理、财务管理、物业管理、决策统计、系统管理等功能;社会养老服务发展指标监测系统是根据民政部《社会养老服务发展监测指标体系》,包含人口数据、福利补贴、服务保障、资金保障和队伍建设等五个方面,县、市、省、部四级汇总,最终形成的全国养老服务行业发展指标数据库。它可以帮助各级民政部门掌握养老服务行业发展现状,为各级养老部门在机构建设规划、资金补贴、行业引导、标准设定、政策制定等各方面提供决策支持依据;政府管理系统是提供民政部与各级民政机构之间的政务交流平台,通过报送、发布和查询等多种方式,为中央一级向各省市县及机构之间传达政策、上报和下发文件提供有效渠道,为各级民政之间互相了解中央及各地政策法规,促进全国范围民政管理协同一致提供了良好的沟通机制;公众养老服务热线是全国养老机构与养老对象之间的纽带和桥梁,提供面向全国用户的养老服务信息咨询、服务质量满意度调查、信息公开、老年人网上预定、服务机构网上交流、其他系统信息发布入口等通用功能,是为服务机构提供形象宣传、服务开展的有效场所。此外,还有养老服务机构人才培训管理系统,面向养老服务机构的高级管理者、行政人员、护理员及普通民众提供远程学习、资源共享及宣传服务,促进养老事业的发展。

2. 老龄部门居家养老信息管理系统

指政府老龄主管部门建设的,具有统一老龄人口数据、业务管理功能全面的管理信息系统。它围绕建立和巩固养老保障体系和为老服务体系,为老年人健康、福利、文化、教育、体育以及行业考核提供了一体化的管理平台,可为跟踪和提高老年人生活质量,分析统计老龄事业发展情况,科学制定老龄相关政策,促进经济发展与社会和谐稳定提供高效、便捷的数字手段。它一般包括老年人口信息管理平台、老龄工作行政管理平台、老龄工作数据统计分析平台、老龄事业发展评估系统、老龄工作考核评估系统、老年人生活质量综合监测与跟踪评估系统、居家养老支持系统、人口老龄化态势监测系统等业务系统平台、老龄事业信息网站系统等。它通过互联网将老人、社区、街道与区(市、县)级政府老龄主管部门连接起来,使老人从申报、审批能在网上完成,迅速得到上门服务。该系统主要功能有:

(1)老人档案管理:实现对老人档案的电子化管理,建立老年人档案动态数据库,使政府老龄主管部门可动态地查看和统计老年的状况,为政府决策提供科学依据。

(2)服务对象筛查:采用流程化管理,通过社区初审、街道(乡、镇)复审、区(县)审批三级审核模式,降低各级机构的工作强度和提高工作效率。

(3)老人服务评估:采用科学电子化评估系统,通过综合老人的健康(疾病、自理能力)、经济、年龄、环境等几项重要的评估因素,得出评估指数,为政府所能投入的经费换算成服务时间,使老年人得到合适的补助。

(4)服务补贴管理:以居家养老服务需求评估数据为基础,为符合条件的人办理享受服务补贴,服务到期预警,续办服务、退出老人补贴服务等功能;提供详细的统计分析报表功能。

(5)养老机构管理:对居家养老服务机构各项信息进行科学规范的管理,记录其相关信息,跟踪其变化信息,实现服务机构、服务老人、服务区域划分,提供有详细的报表统计功能等。

（6）服务对接管理：以居家养老服务需求评估数据和养老服务机构数据为基础，系统自动为老人匹配最优的服务机构。

（7）服务监控管理：对养老服务机构的服务质量、满意度、服务结算清单等服务内容进行跟踪和回访，并对回访结果进行考核。

（8）服务结算管理：根据老年人的服务项目、服务时长和服务机构的服务情况，系统自动生成结算报表，为政府财政资金结算提供依据。

3. 社区居家养老服务联网呼叫中心

在民政部大力提倡下，全国推广建设居家养老呼叫服务联网呼叫中心。它一般由呼叫中心（平台）、用户终端以及配套服务体系组成，包括养老服务信息管理、老年人居家呼叫服务和应急救援服务等功能。全国至少有 25 个以上地市建立了类似的老年人服务系统，尽管名称不尽一致，如浙江省杭州市智慧养老呼叫中心、辽宁省鞍山市为老服务网络系统、武汉市社区居家养老服务信息系统等。

一般呼叫中心设在社区，24 小时有人值守，接听老人电话，同时根据老人需求，调度110、120、119、社区网络管理员、社区保安、亲属、邻居、义工、专职服务员以及其他社会服务力量执行相关救援或提供直接的生活照料服务。杭州市智慧养老呼叫中心平台还提供养老服务政策咨询、连接社区老年食堂等公共服务、连接政府购买居家养老服务、连接第三方商业服务、连接心理咨询热线、子女通话服务、主动关怀、连接紧急救助热线以及其他服务等功能。

呼叫终端有移动式的，比如老人手机，可以随身带着；也可以是固定式的，安装在家里。老人有需要时，按相应的键即可通过呼叫中心，找到商家帮忙买米、买油、买菜并送货上门，找人帮忙打扫卫生、维修电器等。老人手机不仅具备普通手机的功能，还有 GPS 定位、收音机等多种功能。有的手机在背面特设 SOS 键，老人在紧急情况时只需轻轻一按，即可接通服务平台，服务人员就能在第一时间为老人提供相应帮助。

▣▣▣ 案例分析 ▣▣▣

居家养老服务是指以家庭为核心，以社区（村）为依托，由社会服务机构或公益性组织向居家老年人提供以生活照料、家政服务、医疗保健、精神慰藉、文化体育等为主要内容的社会化养老服务形式。它是对传统家庭养老模式的补充与更新，是我国发展社区服务、建立养老服务体系的一项重要内容。

某市为满足城乡老年人的养老服务需求，实现"老有所养"目标，推行居家养老模式，在所辖各个社区建立居家养老服务中心和呼叫信息平台。每个居家养老服务中心有专职工作人员、社会工作者和义工各若干人，有提供各种服务的多个加盟商家、卫生服务机构等，在此基础上，建立呼叫信息平台，并为 60 岁以上所有老年人配备用于呼叫联系的"一键通"终端和老年专用手机。当老年人有需要时，由加盟商家、卫生服务等人员，主动上门为他们提供生活照料、保健陪护、家政便民、心理慰藉、法律咨询、娱乐学习、卫生医疗、餐饮服务等方面服务。由此，可以形成"虚拟养老院"。其框架如图 7-2 所示：

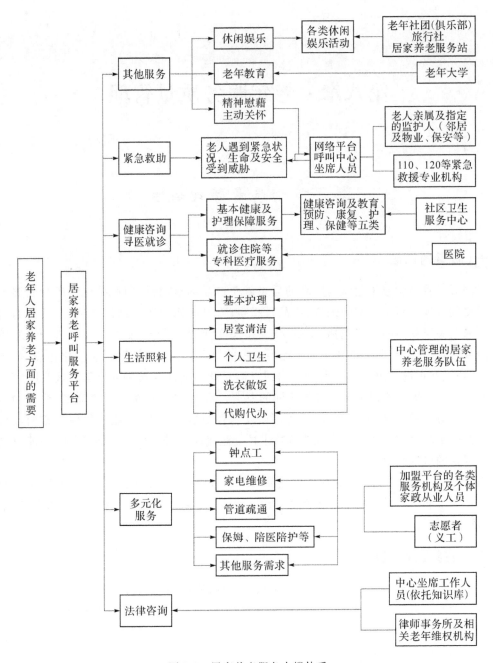

图 7-2 居家养老服务支撑体系

思考题

1. 社区居家养老与传统养老、机构养老在信息需求方面有何不同？

2. 信息服务在社区居家养老的各项服务内容中所处的地位和作用是什么？

(李显文)

第八章　老年服务质量管理

第一节　质量管理概述

一、质量的内涵

美国质量管理学家朱兰认为产品的质量就是产品的适用性，即产品在使用时能够满足顾客需要的程度。对生产部门来说，产品是指生产的物品；对服务部门来说，产品指的就是服务。朱兰关于质量的定义包括"使用要求"和"满足程度"两个方面的含义。人们在利用产品或服务时，对产品或服务的质量总会提出一定的要求。同时，使用时间、使用地点、使用对象、社会环境和市场竞争等因素也会影响到人们对产品或服务质量的要求。这些因素的变化会使得人们对同一产品或服务提出不同的要求。所以，质量的概念是动态的、变化的和发展的。人们对产品或服务质量的满足程度则反映在对服务的性能、服务特性等方面，因此，质量又是一个综合的概念。其不仅要求技术性能越高越好，同时也追求着服务、性能、成本、数量等因素的最佳组合。

国际标准化组织（ISO）认为质量就是品质，它是反映产品或服务满足明确和隐含需要的能力的特征总和。产品和服务所固有的一组满足要求的特性，满足要求的程度越高，质量越好，反之就越差。

二、质量管理的发展

人类历史上自有商品生产以来，就开始了以商品的成品检验为主的质量管理方法。按照质量管理所依据的手段和方式，质量管理发展历史可以大致划分为传统质量管理阶段、质量检验管理阶段、统计质量管理阶段和现代质量管理阶段四个阶段。

（一）传统质量管理阶段

传统质量管理阶段是从质量管理开始出现一直到19世纪末资本主义的工厂逐步取代分散经营的家庭手工业作坊为止。这段时期产品质量主要依靠工人的实际操作经验，靠手摸、眼看等感官估计和简单的度量衡器测量。

（二）质量检验管理阶段

质量检验管理阶段从20世纪初资产阶级工业革命成功之后到20世纪40年代为界。质量管理的职能开始由操作者转移到工长，逐渐设立了专门的质量检验部门，把质量检验职能从直接的生产工序中分离出来成为专门的工序，成为独立的工种。专门的质量检验部门负责对产品或服务的质量进行检验。专门的质量检验部门的特点是"三权分立",即有人专职制定标准、有人负责生产制造、有人专职按照标准检验产品质量。这种做法有利于保证所提供的服务质量。但是,这种质量管理方式属于"事后检验",无法在生产过程中完全起到预防和控制的作用,逐渐不能适应生产发展的要求。

(三)统计质量管理阶段

20世纪40年代以后,人们利用数理统计原理,预防不合格产品或服务的发生并检验服务质量,由事后检验转变为预测、预防。尽管统计质量管理是科学的,但是也存在许多不足之处,其主要问题有:仍然以满足服务的标准为目的,而不是以满足顾客的需要为目的;偏重于服务标准的管理,而没有对服务质量形成的整个过程进行管理;统计技术难度较大,主要靠专家和技术人员,难以调动全体人员参与质量管理的积极性。质量管理与组织管理没有密切结合,常被领导人员忽视。

(四)现代质量管理阶段

20世纪后半叶,随着社会生产力迅速发展,科学技术日新月异,质量管理上也出现了崭新的趋势。第一,人们对产品质量的要求更高更多了,不仅仅关注产品的使用性能,又增加了对产品耐用性、美观性、可靠性、安全性、可信性和经济性等方面的要求。第二,在生产技术和质量管理活动中广泛应用系统分析的理念,用系统观分析研究质量问题,把质量管理看成是处于较大系统(整个企业甚至整个社会系统)中的一个子系统。第三,更重视人的因素,更强调"职工参与管理"和依靠广大职工抓好产品和服务的质量。第四,"保护消费者权益"运动蓬勃兴起,许多国家的广大消费者为保护自己的利益纷纷组织起来同伪劣商品的生产销售企业抗争。

三、服务、服务质量的内涵

(一)服务的内涵

国际标准化组织给予服务的标准定义为服务通常是无形的,并且是在组织和顾客接触面上至少需要一项活动的结果。服务的目的就是为了满足顾客的需要,并且需要一次把事情做好,没有调整的余地。顾客的需要通常包括在服务的技术标准中,或服务的规范中,有时也指顾客的具体需要。同时,顾客的需要包括在组织内的有关规定中,也包括在服务提供过程中。服务必须与顾客接触。这种组织与顾客之间的接触,可以是人员的,也可以是货物的。服务的内容是发生在组织和顾客接触面上的一系列活动。服务产生于人、机器、设备与顾客或顾客的设备、货物之间互动关系的有机联系,并由此形成一定的活动过程。

服务具有无形性、生产和消费不可分离性、过程性、差异性等特征。

1. 无形性

无形性是服务的最主要特征。首先,服务及组成服务的要素很多具有无形的性质。其次,服务不仅其本身是无形的,甚至消费服务获得的利益也可能很难觉察到或仅能抽象地表达。但是,大部分服务都包含有形的成分,如餐饮服务中的食物、维修服务中的配件等。而对顾客而言,更重要的是这些有形的载体所包含的服务或效用。反过来,提供服务也离不开有形的过程或程序,如餐饮服务离不开厨师加工菜肴,绿化服务需要园艺师设计、修剪花草等。

2. 生产和消费不可分离性

生产和消费不可分离性表现在服务人员在提供服务给顾客的同时,也是顾客消费服务的过程。例如,教育服务中的教师和学生,医疗服务中的医生和患者,只有两者相遇(相遇的方式可以是多种多样的),服务才有可能。日本学者江见康一认为,由于服务的生产和消费的不可分离性,导致调节服务供求一致的工具只能是时间。

3. 过程性

服务是服务企业通过一系列的活动或过程将服务提供给服务的买方,也是服务企业生产和服务买方消费的一系列活动或过程。一般而言,服务的生产过程大部分是不可见的,顾客可见的生产过程只是整个服务过程的一小部分。

4. 差异性

造成服务差异性的原因:一方面,由于服务提供人员自身因素的影响,即使由同一服务人员在不同时间提供的服务也很可能有不同的质量水平,而在同样的环境下,不同服务人员提供的同一种服务的服务质量也有一定差别;另一方面,由于顾客直接参与服务的生产和消费过程,不同顾客在学识、素养、经验、兴趣、爱好等方面的差异客观存在,直接影响到服务的质量和效果,同一顾客在不同时间消费相同质量的服务也会有不同的消费感受。

5. 不可储存性

由于服务的无形性,以及服务的生产和消费同时性,使得服务不可能像有形产品那样可以被储存,以备未来销售;或者顾客能够一次购买较多数量的服务回去,以备未来需要时消费。

由于服务的不可储存性,服务能力的设定就非常重要。服务能力不足,会失去应有的盈利机会;而服务能力过剩,会白白支出许多固定成本。服务的不可储存性还意味着对服务的需求管理至关重要。服务企业必须研究如何充分利用现有资源包括人员、设备等,提高使用效率,解决服务企业供需矛盾。

6. 不包括服务所有权转让的特殊交易性

与有形产品交易不同,服务是一种经济契约或社会契约的承诺与实施的活动,而不是有形产品所有权的交易。因为服务的买卖由于其特征往往可作多次交割,这也给顾客参与服务过程提供了可能。如教育过程需要教师的能力,也需要学生的素质;医疗上既需要医生的医术,也需要患者对医生的询问予以配合。缺乏所有权会使顾客在购买时感受到较大的风险,如何克服这种消费心理,促进服务的销售,是服务企业管理面临的重要问题。

(二)服务质量的内涵

服务质量是指产品生产的服务或服务业满足规定或潜在要求(或需要)的特征和特性的总和。格罗鲁斯1982年提出顾客感知服务质量概念。顾客感知服务质量是顾客对服务期望与体验到的服务质量之间的比较。体验到的服务质量大于服务期望,则顾客感知服务质量是良好的,反之亦然。顾客对质量的理解,不等同于企业社会组织对质量的诠释。

服务质量的构成要素包括技术质量、功能质量、环境组合质量和关键时刻。技术质量,也称结果质量,是顾客在服务过程结束后的"所得",技术质量牵涉到的主要是技术方面的有形内容。功能质量也称为过程质量,是指顾客接受服务的方式及其在服务生产和服务消费过程中的体验,都会对顾客所感知的服务质量产生影响。环境组合质量是指服务过程所处的环境,是"在何处接受服务"。关键时刻是服务提供者能够向顾客展示其服务质量的时间和地点,是一个向顾客展示服务质量的机会。

服务质量具有主观性、过程性和整体性的特征。主观性是指顾客评价一个服务机构的服务质量是好是坏,一般是根据自己的期望和实际感知的服务做比较从而进行判断。过程性是指大多服务需要消费者参与到服务过程中,与员工进行面对面的接触,顾客不仅关注产出质量,而且注重服务过程中的感受。所以,服务的过程质量是评价服务质量的一个重要组成部分。整体性体现在服务质量是服务机构整体的质量。服务质量的形成,需要服务机构全体人员的参与和协调。不仅一线的服务生产、销售和辅助人员关系到服务质量,而且二线的管理策划人员、后勤人员对一线人员的支持也关系到服务质量。

值得注意的是,顾客对服务产品质量的判断取决于体验质量与预期质量的对比。在体验质量既定的情况下,期望质量将影响顾客对服务质量的感知。如果顾客的期望过高或者不切合实际,即使从某种客观意义上说,他们所接受的服务水平是很高的,他们仍然会认为企业的服务质量较低。

四、服务质量管理模式

老年服务提供者必须为老年服务的消费者提供优质服务。优质服务可以提高服务对象的消费价值,提高服务对象对服务机构的信任感。常见的服务质量管理模式有服务生产模式、服务消费者满意模式、相互交往模式和服务整体质量管理模式四种。这四种管理模式各具有一定的优点与局限性。

(一)服务生产模式

服务生产模式突出了服务无形性、无法储存、生产消费同时性等特点。将确定服务属性的质量标准、选择服务工作中使用的资源和技术,以最低的成本生产符合质量标准的无形服务确定为机构管理者最为关注的问题。这种模式可使管理人员比较容易地确定服务质量标准,较容易地控制服务质量。但是这种模式不能体现服务过程与消费过程的特点,以及当有些服务并不是完全可以观察和测量时,服务生产模式的应用存在一定的局限性。

(二)服务消费者满意模式

服务消费者满意模式强调顾客对服务质量的主观看法,消费者是否会再购买服务,是否与服务人员合作,是否会向他人介绍服务,都是由消费者的主观评估确定的。这种模式将服务消费者对服务期望质量与接收服务实际质量进行比较。根据这个模式,如果消费者感觉中的服务质量超过他们对服务的期望,他们就会感到满意;如果他们感觉中的服务质量不如他们对服务的期望,他们就会感到不满意;如果他们感觉中的服务质量与期望相符,他们既不会满意,也不会不满意。消费者感觉中服务质量决定因素有可靠、敏感、能力、礼貌、方便、沟通、安全、移情、有形证据等。这种模式也存在着一定的缺点,例如不能同时兼顾消费者、员工、机构和社会的利益;忽视环境因素;从服务结果、服务过程转移到消费者的心理感受上;不容易测量消费者的主观感受。

(三)相互交往模式

相互交往模式主要针对服务是服务提供者与利用者之间的相互交往的过程。管理者必须理解和分析面对面服务的性质,才能提高服务质量。有学者认为,面对面服务质量是由协调、完成任务和满意三个层次组成的。优质服务的首要条件是服务人员和消费者之间的礼节性质量和感情交流。优质服务的第二个条件是服务人员和消费者都能够完成各自的任务,实现服务的目的。服务消费者和服务人员都根据自己的期望,评估服务的满意度。面对面服务的质量受到服务程序、服务内容、消费者和服务人员的特点、机构特点和社会特点、环境和情绪等因素的影响。

(四)服务整体质量管理模式

从顾客的角度来看,服务质量不仅与服务结果有关,而且与服务的过程有关。因此,顾客实际经历的服务质量是由技术性质量和功能性质量两类属性组成。服务整体质量管理模式要求从是否满足顾客期望、质量标准具体性、员工接受、强调重点、及时修改和既切合实际又有挑战性等方面全面审视服务整体质量管理标准。这种模式系统分析了整体服务质量管理的影响因素及相互关系,认为服务机构是感情密集型机构;服务是在开发式服务操作体系中为顾客服务的;顾客必须参与服务过程,才能接受服务,提高服务质量;服务与消费过程同时发生;信息沟通是服务质量的重要影响因素;买卖双方关系是感觉中质量的主要影响因素;服务质量受可控/不可控因素影响。这种模式系统地考虑质量管理策略和措施,具体包括应该根据顾客的需要来确定服务质量标准、改善服务人员与服务对象的关系、改善服务环境、加强信息交流、加强内部管理、加强过程管理和帮助服务人员扮演好角色等。

第二节　老年服务质量管理

老年服务机构必须把服务质量管理作为机构管理的核心和重点,把不断提高服务质量,更好满足顾客和其他受益者的需求作为机构管理和发展的宗旨。因此,任何一个服务机构要实现自己的质量战略,都应该重视服务质量过程管理、选择应用科学适宜的服务质量管理方法和建立与完善服务质量管理标准体系。

一、老年服务质量过程管理

加强老年服务质量过程管理有利于增强服务性企业的竞争力,防止服务差错,提高顾客感觉中的整体服务质量。

(一)老年服务市场研究与开发的质量管理

1. 老年服务市场研究与开发的质量管理的意义和内容

老年服务市场研究与开发一般包括对各种服务市场的确认和测量、对各种服务市场进行特征分析、对各种服务市场进行预估和个体服务市场的特征与发展重点项目四个方面内容。老年服务市场研究与开发的质量职能是通过需求分析与确认,根据质量法规和服务产品提供标准,运用科学手段与方法设计出满足相关方需求的产品,确保设计和开发的产品满足质量特性尤其是关键质量特性要求。

根据老年服务消费者和社会需求,结合服务机构自身的能力,设计和开发具有竞争能力和能满足老年服务消费者和社会需求的产品,确保产品能满足质量特性尤其是关键质量特性的要求,使老年服务消费者、服务机构和社会均能通过该产品获得良好收益。服务机构需要认真执行质量法规和服务产品提供标准,对产品的开发与生产环节进行有效控制。同时,作好服务产品质量特性重要性分级和传递工作,为采购、生产与服务提供等环节的质量控制提供标准和依据。

2. 老年服务广告的质量管理

老年服务广告的质量管理首先需要与员工直接沟通。因为,广告虽然是为了吸引机构目前的和潜在的顾客,但服务则是由机构全体员工共同努力提供的,因此在广告的创意和制作过程中,应充分听取不同岗位员工的意见,激发员工提供优质服务的热情。其次,提供有形的说明,使服务被人理解。在广告中创造性地应用被感知的有形证据,尽可能使广告词变得具体、可信,可以使顾客更容易了解服务的内涵。同时,注意持续推进广告宣传。由于服务比较抽象,因此必须持续地进行广告宣传。一般来说,如果广告较长期地持续下去,可能会使顾客逐渐认同广告的内容和实质。另外,还需注意广告长期效果。过度许诺,使顾客产生不切实际的期望,尽管在短期内可能效果较好,但当顾客明白服务的真相时,就会因失望而不再光顾。因此,广告必须注意长期效果,进行长期规划,维护服务机构的形象和声誉。

(二)老年服务设计质量管理

服务设计是服务质量体系中预防质量问题的重要保证。一旦系统中有一个缺陷,它将被连续不断地重复。戴明认为94%的质量问题是设计不完善而导致的,而仅有6%是由于粗心、忽视、坏脾气等原因造成的。更重要的是,设计的缺陷使服务质量的源泉——机构员工受到伤害。由设计而造成的系统缺陷不断地使员工和顾客之间、员工和员工之间处于不能融洽相处的状况。

1. 老年服务设计的职责和内容

(1)老年服务设计的职责:策划、准备、编制、批准、保持和控制服务规范、服务提供规范和质量控制规范;为服务提供过程规定需采购的产品和服务;对服务设计的每一阶段执行设计评审;当服务提供过程完成时,确认是否满足服务提供要求;根据反馈或其他外部意见,对服务规范、服务提供规范、质量控制规范进行修正;在设计服务规范、服务提供规范以及质量控制规范时,重点是设计应对服务需求变化因素的计划;预先采取措施防止可能的系统性和偶然性事故,以及超过企业控制范围的服务事故的影响。

(2)老年服务规范:设计服务规范之前要确定首要的和次要的顾客需要。服务规范中要规定核心服务和辅助服务,核心服务是满足顾客首要的需求,另外附加的支持服务要求满足顾客次要需求。高质量的服务都包括相关的一系列合适的支持服务,服务质量优劣的差别主要在于支持服务的范围、程度和质量。顾客把一些支持服务认为是理所当然的、服务企业必须要提供的,因而在设计服务规范时,定义和理解次要服务的潜在需求是必要的。

服务规范对提供服务的阐述要包括每一项服务特性的验收标准,如等待时间、提供时间和服务过程时间、安全性、卫生、可靠性、保密性、设施、服务容量和服务人员的数量等。

(3)老年服务提供规范:老年服务提供机构在设计服务提供过程中应考虑到服务机构的目标、政策和能力以及其他诸如安全、卫生、法律、环境等方面的要求。在服务提供规范中,应描述服务提供过程所用方法的服务提供程序。

对服务提供过程的设计,可通过把过程再划分为若干个以程序为支柱的工作阶段来有效地实现,这些程序的描述包含了在每个阶段中的活动。具体包括:对直接影响服务业绩的服务提供特性的阐述;对每一项服务提供特性的验收标准;设备、设施的类型和数量的资源要求必须满足服务规范;要求人员的数量和技能;对提供的产品和服务分供方的可依赖程度等。

（4）老年服务设计的内容：①员工。老年服务设计应包括人员选择、培训/教育和开发，以及与激励系统相适应的工作内容和工作设计的分析。②顾客。应考虑到顾客在服务不同时间的作用及与其他要素、顾客接触的方式。考虑潜在的顾客有利于分清服务过程中顾客的参与程度和性质，需要仔细设计以使顾客尤其是初次使用者理解。③组织和管理结构。组织和管理部门必须和服务体系的其他要素相配合：通过清晰定义服务概念，授权和分配责任，确保在控制和自由之间造成的平衡；确保组织内的非正式结构（质量队、质量项目组）和执行不同任务的员工所在的部门之间自动协调。④有形/技术环境。高质量的有形/技术环境对员工和顾客都是重要的，它们传递着无形服务的线索和信息，而且是服务质量体系的一部分。

（5）老年服务质量控制规范：老年服务质量控制规范应能有效地控制每一服务过程，以保证服务满足服务规范和顾客需要。质量控制的设计应包括：识别每个过程中对规定的服务有重要影响的关键活动；对关键活动进行分析，明确其质量特性，对其测量和控制将保证服务质量；对所选出的特性规定评价的方法；建立在规定界限内影响和控制特性的手段。

2. 老年服务注重质量的服务设计技术——服务蓝图

蓝图是指在分析服务过程的不同阶段时所使用的一种系统的图示方法。通过图表把服务看作一个流动的过程可以更好地理解人、财、物与服务体系和其他部分之间的相互依赖，有助于确定服务潜在的缺陷。蓝图技术使在服务过程的不同阶段计算顾客能接受的时间成为可能。

在服务蓝图中，一条"视野分界线"把服务提供过程中顾客可见的部分与顾客不可见的部分分离开来。这条隔离线有助于服务企业在顾客视线之外集中控制过程中最困难部分，减少服务质量的更大风险。

Skostack（1984）指出蓝图技术能帮助服务企业在质量问题发生以前发现可能的问题隐患，她总结以下四个步骤：绘制事件的过程；发现潜在的缺陷；建立时间框架；分析获利能力。

Kingman-Brandage 把蓝图发展为"服务图"，可以显示服务过程的一切活动（如图 8-1）。服务图强调四个群体：顾客、接触人员（前台人员）、支持员工（后台人员）和管理层（经理人员）。实施分界线把管理层和运营系统分离开来，视野分界线把顾客与服务后台分离开来。

运用蓝图技术，通过对服务过程时间的控制可以提高服务系统的服务能力弹性，使服务企业能随着需求的起伏而适当调整自己的供给状态。

（三）老年服务提供过程质量管理

服务提供过程是顾客参与的主要过程，基本特征：服务提供者与顾客之间的关系十分密切；服务生产过程和消费过程是同时的。

1. 老年服务提供过程模型

根据服务提供过程模型（如图 8-2），老年服务的提供被视野分界线划分为两个部分：一部分是顾客可见的或接触到的；另一部分是顾客看不见的，由老年服务机构辅助部分提供的，但又是为顾客服务不可缺少的。

（1）相互接触部分：外部老年服务顾客通过相互接触部分接受服务。在相互接触过程中，能够产生和影响服务质量的资源包括介入过程的顾客、服务机构一线员工、服务机构的经营体制和规章制度、服务机构的物质资源和生产设备。

（2）后勤不可见部分：一部分是直接为顾客提供服务的一线员工接受服务机构后勤人员

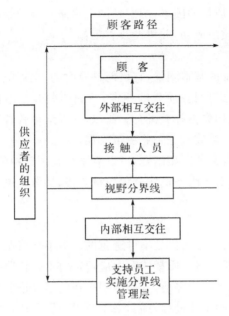

图 8-1 服务图的基本结构

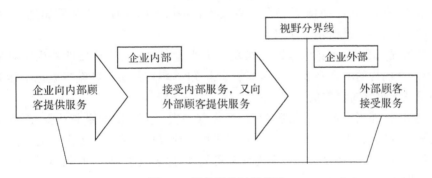

图 8-2 服务提供过程模型

的服务;另一部分是服务机构后勤人员作为服务企业向其他内部顾客提供后勤支持服务。

内部后勤支持服务是服务机构向顾客提供服务必不可少的条件,但由于视野分界线,顾客不一定能了解,因而认识不到那部分服务提供过程对整个服务质量所作的贡献。顾客只关注相互接触阶段,即使内部服务相当优异,但接触过程服务质量低劣,顾客就会认为企业的服务质量不高。其次,由于顾客没有看到服务机构在可见线之后做了多少工作,他们认为看得到的服务提供过程并不复杂,因而可能无法理解为什么各种服务具有价格牌上标明的那么高价格。通常服务机构可以采取适当的宣传或扩大顾客与服务的接触范围的方式,使顾客理解服务的全部内涵,但由于扩大了相互接触部分,可能会增加服务质量控制的难度。

辅助部门在服务提供过程中起到后勤支持作用,这种支持作用表现在管理支持、有形支持和系统支持三个方面。

2. 老年服务机构的评定

老年服务机构进行过程质量测量的一个方法是绘制服务流程图,显示工作步骤和工作任务,确定关键时刻,找出服务流程中管理人员不易控制的部分、不同部门之间的衔接等薄弱环节,分析各种影响服务质量的因素,确定预防性措施和补救性措施。各种质量控制制度应能发掘质量缺陷及奖励质量成功,并协助改善工作。

3. 顾客评定

顾客评定是对服务质量的基本测量,它可能是及时的,也可能是滞后的或回顾性的。很少有顾客愿意主动提供自己对服务质量的评定,不满的顾客在停止消费服务前往往不作任何明示或暗示,以至服务机构失去补救机会。所以,片面地依赖顾客评定作为顾客满意的测量,可能会得出错误的结论,导致服务企业决策失误。

顾客评定与服务机构自身评定相结合,可以克服自我评定中的自以为是,也可以弥补顾客评定的随机性和滞后性,对于服务机构避免质量差错、持续改进服务质量是一条行之有效的管理途径。

4. 不合格服务的补救

不合格服务在服务机构中存在仍是不可避免的。对不合格服务的识别和报告是服务机构内每个员工的义务和责任。服务质量体系中应规定对不合格服务的纠正措施的职责和权限,并鼓励员工在顾客未受到影响之前,尽早识别潜在的不合格服务。服务机构也应如制造业那样,实施"零缺陷服务"和统计过程控制,来不断提高服务质量的可靠性。

当有不合格服务发生时,顾客对服务企业的信任将会发生动摇,但并不会完全丧失,除非出现以下两种情况:过去的缺陷重复出现或不合格服务的补救并未使顾客感到满意,它加重了缺陷的程度,而不是纠正了缺陷。

第一种情况,意味着服务可靠性可能发生了严重问题。由于可靠性是优质服务的基础和核心,当一个机构的不合格服务连续不断地出现时,再好的服务补救措施也不能有效地弥补持续的服务不可靠对顾客的影响。

第二种情况,即当出现不合格服务时,紧跟着一次毫无力度的服务补救,服务企业就是让顾客失望了两次,丧失了两次关键时刻,这将极大地降低顾客对服务企业的信任。

完善的服务质量体系要求有很高的服务可靠性,以及发生偶然的不合格服务时,有完备的超过顾客期望的纠正措施。

服务质量体系针对不合格服务的补救应有两个阶段:

(1)识别不合格服务:要识别不合格服务,成功地将服务问题揭示出来,就必须建立一个有效的系统来监测、记录和研究顾客的抱怨,包括监测顾客抱怨、进行顾客研究和监测服务过程。

(2)处理不合格服务:在顾客看来,不能积极地处理不合格服务,往往是比出现基本的服务问题更为严重的缺陷。服务机构若不能解决已经暴露的不合格服务,则顾客往往更加不能容忍。服务机构要采取积极的措施以满足顾客的要求,在服务质量体系中,可通过对员工进行必要的培训、对第一线员工授权和奖惩得到保证。

5. "关键时刻"管理

服务的功能质量水平是由服务买卖双方的相互接触决定的,在这种相互接触中,服务的技术质量被转移到顾客身上。这种顾客与服务机构各种资源相互接触的时空环境,叫做"关键时刻"。每个关键时刻都是服务机构将自己的服务质量展示给顾客的机会,如果在关键时刻服务质量发生了问题再采取补救措施,往往为时已晚。即使想办法去补救,也只能设法主动创造新的关键时刻,服务机构才有机会展示自己的服务质量。

(1)服务圈:服务圈是顾客经历不同关键时刻的模型描述。以顾客为中心,按照顾客在服务过程中的各个阶段,列出顾客与企业相接触的所有关键时刻。

(2)重要的关键时刻:在服务圈中,对重要的关键时刻的管理和控制是服务过程质量控制的关键。重要的关键时刻随行业、产品和服务对象的不同而不同。例如,可能某些顾客认为等待时间是重要的关键时刻,对另外一些顾客而言,可能售货员的帮助和商品的陈列是重要的关键时刻。顾客在重要关键时刻的感受对于他们对企业服务质量的评价会产生重要的影响。

(3)关键时刻模型:①服务背景:在服务提供机构中,所有与顾客有关的部分都是服务背景,服务背景是在关键时刻中发生的所有的社会、生理和心理上的交流和冲撞。②顾客和员工行为模式:顾客和员工的行为模式对关键时刻产生很强的影响。一些投入可能对顾客和员工行为模式的影响是一致的,但有时会相互抵消。行为模式在某种程度上还有很大的不确定性,可能会在某一瞬间改变。如顾客因对服务满意而决定购买时,由于员工的某种偶然的不恰当行为,或碰巧听到其他顾客对服务的抱怨,就有可能对服务质量产生怀疑而改变主意,放弃购买服务。同样,当满腔热情的员工遇到多疑挑剔的顾客时,也可能会产生厌烦,失去热情,导致服务质量的降低。

当服务背景、顾客行为模式和员工行为模式三者之间协调一致时,意味着员工和顾客对关键时刻服务具有相同看法,服务机构在这些关键时刻就会赢得顾客的信任,顾客对企业的服务质量的评价就会相应提高。相反,当服务背景、顾客行为模式和员工行为模式三者之间不一致时,就可能严重影响关键时刻,导致顾客对服务质量的评价降低。

二、老年服务质量管理方法

(一)全面质量管理

全面质量管理就是一个组织以质量为中心,以全员参与为基础,目的在于通过让顾客满意和本组织所有成员及社会受益而达到长期成功的管理途径。

全面质量管理的基本方法包括一个过程、四个阶段、八个步骤及数理统计方法。

一个过程,即机构管理是一个过程。机构在不同时间内,应完成不同的工作任务。机构的每项生产经营活动,都有一个产生、形成、实施和验证的过程。

四个阶段,根据管理是一个过程的理论,美国的戴明博士把它运用到质量管理中来,总结出"计划(plan)——执行(do)——检查(check)——处理(act)"四阶段的循环方式,简称PDCA循环,又称"戴明循环"。

八个步骤,为了解决和改进质量问题,PDCA循环中的四个阶段还可以具体划分为八个步骤:①计划阶段:分析现状,找出存在的质量问题;分析产生质量问题的各种原因或影响因素;找出影响质量的主要因素;针对影响质量的主要因素,提出计划,制定措施。②执行阶段:执行计划,落实措施。③检查阶段:检查计划的实施情况。④处理阶段:总结经验,巩固成绩,工作结果标准化;提出尚未解决的问题,转入下一个循环。

在应用PDCA四个循环阶段、八个步骤来解决质量问题时,需要收集和整理大量的书籍资料,并用科学的方法进行系统的分析。最常用的七种统计方法包括排列图、因果图、直方图、分层法、相关图、控制图及统计分析表。这套方法是以数理统计为理论基础,不仅科学可靠,而且比较直观。

全面质量管理有利于提高产品质量、改善产品设计、加速生产流程、鼓舞员工的士气和增强质量意识、改进产品售后服务、提高市场的接受程度、降低经营质量成本、减少经营亏损、降低现场维修成本和减少责任事故。

(二)服务质量分析

1. ABC分析法（排列分析法）

ABC分析法是意大利经济学家帕累托1879年在研究社会财富分配时采用的图表。1951—1956年，约瑟夫·朱兰将ABC分析法引入质量管理，用于质量问题的分析，被称为排列图。1963年，彼得·德鲁克将这一方法推广到全部社会现象，使ABC分析法成为企业提高效益的普遍应用的管理方法。

以"关键是少数，次要是多数"原理为基本思想，通过对质量的各方面的分析，以质量问题的个数和发生问题的频率为两个相关的标志进行定量分析。先计算出每个质量问题在问题总体中占的比重，然后按照一定的标准把质量分为A、B、C三类，以便找出对质量影响较大的1～2个关键性的质量问题，并把它们纳入服务质量的PDCA循环中去，从而实现有效的服务质量管理。此分析方法既保证解决重点服务质量问题，又照顾一般质量问题的解决。

ABC分析法的步骤：①确定分析对象，如服务过程中的服务员工工作的原始记录、顾客意见记录、质量检查记录、顾客投诉记录等如实反映质量问题的数据；②根据质量问题分类画出排列图；③通过各类问题所占比例找出主要问题；④根据分析结果总结出的问题分别采取措施加以解决。

2. 因果分析法（鱼骨图分析方法）

1953年，日本管理大师石川馨先生提出了一种把握结果（特性）与原因（影响特性的要因）的极方便而有效的方法，故名"石川图"。因其形状很像鱼骨，是一种发现问题"根本原因"的方法，是一种透过现象看本质的分析方法，也既称为"鱼骨图"或者"鱼刺图"。问题的特性总是受到一些因素的影响，可以通过头脑风暴法找出这些因素，并将它们与特性值一起，按相互关联性整理成层次分明、条理清楚，并标出重要因素的图形，既是"特性要因图"、"因果图"。

制作鱼骨图分两个步骤：分析问题原因/结构、绘制鱼骨图。

(1)分析问题原因/结构：针对问题点，选择层别方法（如人机料法环等）。按头脑风暴分别对各层别类别找出所有可能原因（因素）。将找出的各要素进行归类、整理，明确其从属关系。分析选取重要因素。检查各要素的描述方法，确保语法简明、意思明确。

分析要点：确定大要因（大骨）时，现场作业一般从"人机料法环"着手，管理类问题一般从"人事时地物"层别，应视具体情况决定；大要因必须用中性词描述（不说明好坏），中、小要因必须使用价值判断（如不良）；脑力激荡时，应尽可能多而全地找出所有可能原因，而不仅限于自己能完全掌控或正在执行的内容。小要因跟中要因间有直接的原因——问题关系，小要因应分析至可以直接下对策；如果某种原因可同时归属于两种或两种以上因素，请以关联性最强者为准（必要时考虑三现主义：即现时到现场看现物，通过相对条件的比较，找出相关性最强的要因归类）。选取重要原因时，不要超过7项，且应标识在最末端原因。

(2)鱼骨图绘图过程：填写鱼头（按为什么不好的方式描述），画出主骨。画出大骨，填写大要因。画出中骨、小骨,填写中、小要因。用特殊符号标识重要因素。绘图时,应保证大骨与主骨成 60 度夹角,中骨与主骨平行。

3. 质量控制法

在老年服务质量管理的过程中,主要可以将其分为三个阶段,即"事前"的老年服务质量控制阶段、"事中"的过程控制阶段和"事后"的质量把关与处理阶段。

事前服务质量控制是一种防护性控制,作为质量管理者事先应深入实际,调查研究,预测出发生差错的问题与概率,并设想出预防措施、关键控制点与保护性措施。包括建立详细的服务规范与流程;设计完成服务顺序、服务特征、服务方法与技巧和资源需求设计;完善服务设施质量控制、物品供应质量控制和食品原材料质量控制;加强对服务人员素质技能控制。

事中服务质量控制是指在采取行动执行有关控制目标或标准的过程中,及时获得实际状况的信息反馈,以供控制者及时发现问题、解决问题,采取措施,纠错纠偏。老年服务事中质量控制应按照监控规范实施过程控制,对服务过程符合度进行抽查管理,以及建立服务问题等级管理体系。

事后服务质量控制是指在实际行动发生以后,再分析、比较实际业绩与控制目标或标准之间的差异,然后采取相应的措施防错纠偏,并给予造成差错者以适当的处罚。可采用效果评价法了解质量管理标准的执行程度以及老年服务对象的物质和心理满足程度。

三、老年服务质量管理标准

老年服务可以分为社区居家养老服务和机构养老服务两类,两者服务的内容、形式和方法具有一定的差异性。因此,两者的质量管理标准也有一定的差异。

(一)社区居家养老服务质量管理标准

社区居家养老服务依托社区养老服务资源,为 60 周岁及以上有生活照料需求的居家老年人提供或协助提供生活护理、助餐、助浴、助洁、洗涤、助行、代办、康复辅助、相谈、助医等服务。

社区居家养老服务质量管理标准规定了社区居家养老服务的内容和要求,规定了社区居家养老服务的组织、从业人员、服务项目、服务流程以及服务改进等要求。其适用于社区居家养老服务社(社区助老服务社)、社区老年人日间服务中心、社区老年人助餐服务点等社区居家养老服务组织(机构)。

在制定社区居家养老服务质量管理标准时,应本着以人为本、公平公正和安全便捷的原则,整合社区养老服务资源,结合老年人特点,提供多样化的服务。不因老年人个体状况差异而产生服务歧视。保护老年人及服务人员的安全,提供就近便捷的服务。

服务机构应具有与服务项目相符合的服务人员和管理人员。配备与服务项目相符合的相关设备设施和场所。应制定社区居家养老服务的规章制度和工作流程。应使用统一的社区居家养老服务标识。服务机构应公示其执业证照、服务项目、收费标准、规章制度、工作流程、服务承诺和投诉方式。信息内容应真实、准确、完整。信息应便于老年人了解、获取。同时,公示信息应及时更新。

服务人员应遵守社区居家养老服务机构规章制度。持有效健康证明。应接受相关专业知识和技能的培训,持有行业认定的证书上岗。应遵守社区居家养老服务职业道德,保护老年人隐私。提供服务时应注意个人卫生、服饰整洁。提供服务时应语言文明、态度热情,细致周到、操作规范。

服务内容包括生活护理、助餐服务、助浴服务、助洁服务、洗涤服务、助行服务、代办服务、康复辅助、相谈服务和助医服务。

生活护理的基本内容包括个人卫生护理和生活起居护理。服务具体要求为洗漱等个人卫生应协助到位,容貌整洁、衣着适度、指(趾)甲整洁、无异味。饮食、如厕等应协助到位。定期翻晒、更换床上用品,保持床铺清洁、平整。用于生活护理的个人用具应保持清洁。

助餐服务的基本内容包括集中用餐和上门送餐。服务具体要求符合国家和本地区食品安全法律法规的规定。尊重老年人的饮食生活习惯。注意营养、合理配餐,每周有食谱。提前一周为用餐老人预订膳食。助餐服务点应配置符合老年人特点的无障碍设施。送餐运输工具应保持清洁卫生,餐具做到每餐消毒。助餐服务点及送餐运输工具应有统一的社区居家养老服务标识。

助浴服务的基本内容包括上门助浴和外出助浴。服务具体要求包括助浴前应进行安全提示。助浴过程中应有家属或其他监护人在场。助浴过程中应注意观察老年人的身体情况,如遇老年人身体不适,协助采取相应应急措施。上门助浴时应根据四季气候状况和老年人居住条件,注意防寒保暖、防暑降温及浴室内通风。外出助浴应选择有资质的公共洗浴场所或有公用沐浴设施的养老服务机构。

助洁服务的基本内容包括居室整洁和物品清洁。服务具体要求包括保持卧室、厨房、卫生间等居室内部整洁,物具清洁。保洁用具应及时清洗,保持清洁。

洗涤服务的基本内容包括集中送洗和上门洗涤。服务具体要求包括洗涤前应检查被洗衣物的性状并告知老年人或家属。集中送洗应选择有资质的洗衣机构或有洗涤设施的养老服务机构。集中送洗和取衣物时,应做到标识清楚、核对准确、按时送还。上门洗涤应分类洗涤衣物并做到洗净、晾晒。贵重衣物不在本洗涤服务范围之内。

助行服务的基本内容包括陪同户外散步和陪同外出。服务具体要求一般在老年人住宅小区及周边区域内。应注意途中安全。使用助行器具时应按助行器具的使用说明进行操作。

代办服务的基本内容包括代购物品、代领物品和代缴费用。服务具体要求为代办服务范围一般为日常生活事务。代办服务时应当面清点钱物、证件、单据等。

康复辅助的基本内容包括群体康复和个体康复。服务具体要求为康复辅助应在专业人员指导下进行。康复辅助应符合老年人的生理和心理特点。康复辅助过程中应注意观察老年人的身体适应情况,防止损伤。康复辅助根据需要配备相应的康复器具。群体康复一般借助社区卫生和养老服务等公共服务场地设施,指导和组织老年人开展肢体功能性康复训练。

相谈服务的基本内容包括谈心交流和读书读报。服务具体要求为相谈服务应以舒缓心情、排遣孤独为原则。预先了解老年人兴趣爱好等情况。相谈过程中应与老年人保持良性互动。

助医服务的基本内容包括陪同就诊(常见病、慢性病复诊、辅助性检查和门诊注射、换药的陪同就诊)和代为配药。服务具体要求为陪同就诊应注意途中安全。及时向老人家属或其他监护人反馈就诊情况。代为配药的范围为诊断明确、病情稳定、治疗方案确定的常见病、慢性病。代为配药一般到老年人居住地所在区域范围内的医疗机构。代为配药应做到当面清点钱款和药物等。

(二)机构养老服务质量管理标准

养老机构包括老年公寓、养老院(敬老院、老年社会福利院)和护养院等。其中老年公寓是实行家庭式的生活方式,符合老人体能心态特征的公寓式老年住宅。养老院(敬老院、老年社会福利院)为老人提供以日常生活照料为主及多种综合性服务的机构。护养院是为老人提供日常生活照料和护理的服务性机构。

机构养老服务质量管理基本要求包括设施设备、人员资质和管理三个方面。其中,对设施设备进行维护、确保其处于完好状态,满足提供服务要求。所有提供服务的人员均应按行业要求持证上岗,并掌握相应的知识和技能。各类专业技术人员应建立专业技术档案,定期参加继续教育。例如,提供个人生活照料服务、居家生活照料服务、购物服务、安全保护服务、协助医疗护理服务、送餐服务人员,应由养老护理员担任。提供老年护理服务的人员应由护士或养老护理员担任。养老护理员应在护士指导下担任老年护理服务中的基础护理工作。提供心理/精神支持服务的人员应由社会工作者、医护人员或高级养老护理员担任。提供医疗保健服务的人员应由医师担任等。

养老机构的管理应制定服务流程或程序、制度和人员职责。应制定服务技术操作规范,并按规范要求提供服务。应用文字或图表向老人及相关第三方说明服务范围、内容、时间、地点、人员、收费标准、须知。应制定检查程序和要求。应保留提供服务文件和记录。

养老机构应根据本机构的人员情况、设施设备和服务对象的不同,选择提供的服务项目。服务内容包括个人生活照料服务、老年护理服务、心理/精神支持服务、安全保护服务、环境卫生服务、休闲娱乐服务、协助医疗护理服务、医疗保健服务、居家生活照料服务、膳食服务、洗衣服务、物业管理维修服务、陪同就医服务、咨询服务、通信服务、送餐服务、教育服务、购物服务、委托服务、交通服务和安宁服务。

以个人生活照料服务为例,应该明确其服务内容和质量控制标准。个人生活照料服务包括提供个人生活照料服务为入住的老人提供持续性照顾,以确保老人享有舒适、清洁、安全的日常生活。服务范围包括老人个人清洁卫生、穿衣、修饰、饮食、如厕、口腔清洁、皮肤清洁护理、压疮预防、便溺护理。服务质量应做到通过评估制订个人生活照料计划,按需服务。对老人做到四无五关心六洁七知道。四无:无压疮、无坠床、无烫伤、无跌伤;五关心:关心老人的饮食、卫生、安全、睡眠、排泄;六洁:皮肤、口腔、头发、手足、指(趾)甲、会阴部清洁;七知道:知道每位老人的姓名、个人生活照料的重点、个人爱好、所患疾病情况、家庭情况、使用药品治疗情况、精神心理情况。老人居室做到室内清洁、整齐,空气新鲜、无异味。提供服务完成率100%。压疮发生率为0%,老人和家属满意率≥80%。应做到每日自查、每周重点检查、每月进行效果评估。

第三节 老年服务风险控制

一、控制理论与功能

"控制"一词来源于希腊语"掌舵术",指领航者通过发号施令将偏离航线的船只拉回到正常的轨道上来。可见,维持达到目标的正确行动路线是控制最核心的含义。

作为管理的一项基本职能,控制是指管理人员为了保证组织目标的实现,对下属工作人员的实际工作进行测量、衡量和评价,并采取相应措施纠正各种偏差的过程。这一概念包含以下几方面的含义:①控制具有很强的目的性,最根本的就是保证组织目标的实现,计划提出了组织所要实现的目标以及实现目标的行动路线,控制与计划密不可分;②控制包括衡量、评价、纠偏等活动,根据一定的标准衡量实际工作,并纠正产生的偏差,以保证计划的顺利实施;③控制是一个发现问题、分析问题并解决问题的过程。

有效的控制,不仅仅是针对计划执行中的偏差进行纠正,还应涉及计划的完善和目标的调整。当组织的外部环境和内部条件发生较大变化的时候,原有的目标或控制标准不再适应新的形势,管理者必须根据实际情况对组织计划和目标进行适当的调整和修改,以使组织各项工作更加适合外部环境的变化和组织健康发展的实际需要。

(一)控制的目的与作用

1. 控制的目的

在现代管理活动中,控制的根本目的是保证组织目标的实现。具体到实际工作中,控制有两个直接目的:

(1)限制偏差的累积以及防止新偏差出现:在组织活动过程中充满了不确定性,偏差的产生是不可避免的,因而实际工作的开展情况很难与计划完全一致。在多数情况下,偏差在一定的范围内波动,可自行调节消除,一旦偏差超出这一范围,如果不及时进行干预,这些小的偏差就会不断累积和放大,最终会影响计划的实现,甚至给组织带来灾难性的后果。因此,控制的目的之一就是及时识别无法自行调节消除的偏差,有针对性地采取纠正偏差的措施,以防止偏差进一步累积,同时及早发现组织中潜在的问题并进行处理,防止新偏差的出现,使得实际工作按照原来的计划顺利进行,确保组织目标的实现。

(2)适应环境的变化:控制工作所要解决的问题一般有两类:一类是经常产生、可直接迅速地影响组织日常活动的"急性问题";另一类是长期存在并影响组织素质的"慢性问题"。解决"急性问题"的目的多是为了维持现状,即纠正偏差,这是管理控制的第一个目的。解决"慢性问题"就要打破现状,即通过控制工作,使组织的活动在维持平衡的基础上,取得螺旋上升,这就是通常所说的适应环境的变化,取得管理突破。在实际工作中,从组织目标与计划的制订到最终的实现需要经历一定的时间过程。在这段过程中,组织的外部环境和内部条件可能会发生一些变化,如宏观政策的调整、新技术的运用、组织人力资源的流失等,这些变化会影响到组织计划的实施,如果这些变化的程度超出了原先制定目标和计划时的估计,原有计划的科学性和适用性就会大打折扣。因此,必须通过良好的控制,及时把握环境的变化情况,并对其带来的机会和威胁进行有效应对,及时对组织工作进行调整,使组织在新的平衡点上更好地发展。

控制的目的可以归纳为"纠偏"与"调适"两点：通过"纠偏"，消除存在的偏差，保证组织活动按照计划的要求顺利进行；通过"调适"，对组织目标和计划进行调整，使组织适应环境的变化。无论"纠偏"或"调适"，最终目的都是为了保证组织目标的实现。

2. 控制的作用

控制是管理过程中的一项重要职能，通过有效的控制能够改善工作质量，提高工作效率，确保组织预期目标的实现。控制在管理中的作用主要体现在以下几个方面：

（1）控制是保证组织目标实现的必要职能。通过控制活动，管理者可以对组织活动的各个环节进行监督和检查，掌握组织运行状况和工作计划的执行情况，及时发现工作中的偏差并采取相应的纠偏措施，确保工作计划的顺利实施及组织目标的实现。

（2）通过纠正偏差的行为，控制与其他管理职能紧密地结合在一起，使管理过程形成了一个相对完整的循环系统。通过这个系统周而复始的运转，使组织得到不断地发展。

（3）控制有助于管理人员及时了解组织环境的变化，并对环境变化做出迅速反应，减少环境的不确定性对组织的影响。组织环境具有复杂性和变化性的特点，在组织运行的过程中，组织所处的环境可能会发生这样或那样的变化，这些变化可能会威胁到组织的生存，也可能为组织的发展带来机遇。借助于控制工作，管理人员可以及时获得外部环境的有关信息，通过信息分析把握环境变化，更好地做出决策，使组织正确应对威胁，及时把握机遇。

（4）控制可以为进一步修改完善计划提供依据。计划是面向未来的，未来是不确定的。在制订计划的过程中，可以通过预测对未来做出估计，但估计并不是现实。在实施计划的过程中，需要根据现实情况的变化对计划进行必要的修改与完善。控制工作可以使管理人员及时了解实际情况的变化，并对计划的适宜性做出判断，在此基础上对计划进行修改完善。

二、老年服务风险控制对策

（一）老年服务存在的风险

老年服务属于公共服务范畴，是公共管理与社会学、医学等多学科与多专业的系统集成。由于贴近社区、服务老年居民，在学科专业交叉、社会因素交织的各个环节都存在着风险事件发生的可能性，具有一定的系统性和特殊性。

1. 系统性

老年服务风险具有系统性特征。第一，风险可控的多元性。包括可控制风险，如助餐服务发出过期食物；不可控风险，如因自然灾害等不可抗力，超出养老服务机构主观努力，甚至超过社会可控而发生的风险；可预防风险，如老年人从床上跌落致骨折；非预防风险，如老年人在候诊过程中突然死亡。第二，风险原因的多因性。包括：服务风险，服务人员与老年服务对象关系风险，如养老服务的内容和方式未及时沟通，服务的结果老年人或其家属不理解；道德约束风险，如虐待老人、诱导过度服务消费等。第三，风险后果的多样性。包括服务事故，是对老年人损害最为严重的风险；服务纠纷，必须经过行政的或法律的调解或裁决才能了结的服务双方的纠葛；服务意外，老年人出现难以预料和防范的不良后果，具有难以避免性。

2. 特殊性

除具有复杂性、累积性、人文性、损害性等服务风险共有的特点外,老年服务风险还具有自身特点。一是风险发生不确定性较高。我国老年服务起步较晚,老年服务机构人员素质不高、管理能力不强、服务质量不齐,服务机制有待完善,存在很多安全隐患,其风险发生具有较高的不确定性,即便老年服务发展相对较好的发达地区也是如此。二是风险防范难度性较大。老年服务面向社区老年居民,服务对象复杂、服务方式多样、服务内容较多,尤其老年服务人群属于社会的"弱势"人群,同时也是服务需求"多变"的群体,而老年服务机构规模小、技术弱、经验少,满足老年人服务需求及抵抗风险的能力相对不足。三是风险影响社会性较强。老年服务机构和服务人员与老年人"朝夕相处",为老年居民服务"无处不在",一旦老年服务风险事件发生,就会很快"家喻户晓",负面影响将迅速扩散,严重影响老年服务机构的声誉。

(二)老年服务风险控制的对策

危机是指具有严重威胁、不确定性和危机感的情景,其特点表现为:出现规律性不强,经济社会影响大,信息不完备、不对称,解决问题的资源不足,反应时间有限而紧迫等。风险控制是现代管理目标的重要内容,其核心是通过风险控制,将没有预计到的影响控制在最低限度,把不确定性控制在可接受的范围内,减少风险带来的损失,危机管理正是实现这一目标的管理模式。老年服务风险引发的危机符合这些特征,利用危机管理对策,有利于预防老年服务风险的发生。

1. 树立风险防范意识

老年服务风险是客观存在的,具有不可避免性,老年服务机构应该关联各方,直面现实,统一认识,高度重视风险防范及危机管理。一要树立社会风险观念。民政部门及老年服务机构管理人员、服务人员及老年人都应认识到老年服务风险的客观存在,树立老年服务风险观念。应通过教育、宣传、交流等向社会、社区传播老年服务知识,建立良好服务对象关系,营造和谐社区环境,让社会、社区居民、老年人及其家属了解老年服务的局限性和有限性,建构适当的老年服务期望。二要塑造危机管理理念。民政部门管理人员应将风险危机管理理念注入老年服务行业监管过程。管理人员应在服务质量、后勤服务等管理的流程、制度的设计及实施管理过程中,加强风险危机管理。老年服务人员应在履行老年服务的自我技术管理过程中,注重自我风险危机管理。三要建构老年服务机构风险文化。将风险文化建设作为老年服务机构文化的重要组成部分,将风险管理注入老年服务机构的物质文化、制度文化、精神文明建设中,成为服务人员的共同价值取向、行为准则,转变为老年服务机构提升老年服务水平、控制老年服务风险发生的软实力。

2. 开展风险管理建设

遵循统筹原则,做到质量管理与风险管理并重,将风险危机管理与服务质量、行政后勤、机构文化等管理资源进行有效整合、优化,提高风险管理效能。一是实施风险管理战略。将危机风险管理建设纳入老年服务机构发展规划,制定风险管理目标,指导风险管理实践活动。将风险危机管理融入业务建设,促进风险危机管理水平和业务技术水平双向互动、提高。将风险危机管理作为实现经济社会发展目标的重要手段之一,更好地实现老年服务宗旨。二是制定风险管理策略。遵循"以人为本、生命第一、影响最小"的原则,采取适当风险管理办法。预防风险是首选的风险管理策略。控制风险是在风险事件发生后,积极采取应对、补救措施，减少损失。三是完善风险管理机制。对老年服务机构管理组织进行优化再造设计，实现质量管理与风险控制的无缝对接。合理设置风险管理岗位，做到责任明确、衔接流畅。完善规章制度、服务标准，如风险报告流程、危机应急预案及风险后果责任追究制度等。同时，将风险危机管理作为绩效管理的重要内容。

3. 实施风险流程管理

通过老年服务风险识别与评价、管理与处理等，形成宏观与微观风险危机管理链。一是风险识评。对内部环境、社会环境、法律环境等可能导致危机产生的风险进行识别归类，分析老年服务各个部门、各个环节可能存在的风险。利用先进的分析方法如故障模式影响分析法等，通过定量分析和定性描述，评估潜在风险发生的概率、危害性及影响因素，明确风险管理目标。二是风险管理。按照项目管理的三层次实行风险项目管理。三是危机处理。尽早发现，并在第一时间进行有效处置。行胜于言，及时与利害关系人沟通，让其及时掌握客观实情和所作的努力。控制影响，尽早开展危机公关，努力营造有利于化解危机的社会舆论氛围。事后总结，汲取经验教训，为进一步加强风险管理提供依据。

案例分析

某养老院近期收到多起老年人及其家属对服务质量问题的投诉。该养老院院长对这些投诉非常重视，组织院办的工作人员利用调查问卷向老年人及其家属进行服务质量问题的意见征询，共发出 150 份问卷表，收回 120 份。其中，反映服务人员服务态度较差的 55 份，服务人员服务水平差的 36 份，餐饮质量差的 24 份，养老院设备差的 4 份，失窃的 1 份。对以上情况进行分析，并制作巴雷特曲线图。此图是一个直角坐标图，它的左纵坐标为频数，即某质量问题出现次数，用绝对数表示；右纵坐标为频率，常用百分数来表示。横坐标表示影响质量的各种因素。按频数的高低从左到右依次画出长柱排列图，然后将各因素频率逐项相加并用曲线表示。累计频率在 0%～80% 是主要影响因素，即 A 类因素，即是亟待解决的主要质量问题。B 类因素发生累计频率为 80%～90%，是次要质量问题。C 类因素发生累计频率为 90%～100%，是一般影响因素。该养老院利用 ABC 分析法找出了主要和次要质量问题。

同时，该养老院进一步查找要解决的问题，针对问题点，选择人机料法环五个层别方法，召集员工进行头脑风暴共同讨论问题出现的可能原因。将找出的各要素进行归类、整理，明确其从属关系，把相同的问题分组，在鱼骨上标出。根据不同问题征求大家的意见，总结出正确的原因，检查各要素的描述方法，确保语法简明、意思明确（如图 8-3）。

其中，例如在服务人员方面，数量不足和态度欠佳是造成机构质量不良的原因之一。而造成服务人员数量不足的原因又包括专业人才较少、收入较低和义工缺乏。服务人员服务态度欠佳的原因包括工作压力大、缺乏休息和老年人要求多样复杂等。在设备方面，数量不足和运行效率不高是造成机构质量不良的原因之一。而造成设备数量不足的原因又包括采购经费投入不足和服务对象数量多。设备运行效率不高的原因有设备老旧、无保养和操作者水平不高。该养老院利用鱼骨图分析了其质量不良的原因，并进一步针对这些原因提出了相应的改进策略。

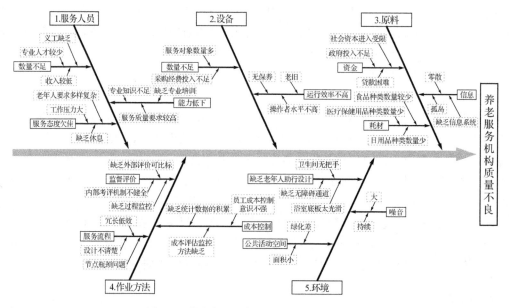

图 8-3　养老服务机构质量不良分析鱼骨图

思考题：

1.什么是 ABC 分析法？

2.什么是因果分析法？

3.请用因果分析法分析您所在机构的质量问题。

（张　萌）

第九章　老年服务绩效评价

第一节　绩效评价概述

一、绩效评价概念

(一)绩效

绩效(performance)一词来源于管理学。从语义学来讲,绩效的含义是指"成绩、成效"。"成绩"指的是"工作或学习的收获",强调对工作或学习结果的主观评价;而"成效"则是指"功效或者效果",强调工作或学习所造成的客观后果及其影响。综合来讲,绩效是一个组织、机构或内部成员的成就与效果全面、系统的表征,它通常与组织或机构目标的实现程度、生产力、质量、效果等概念密切相关。

从管理学角度讲,绩效具有多因性、多维性和动态性。多因性是指绩效取决于多个因素的影响,包括个人能力、外部环境等;多维性是指绩效应从多个方面、多个角度去分析;动态性是指绩效随着时间和内外因素的变化而变化。从系统角度来看,绩效可以简单分为两个层次,即组织绩效和个人绩效。组织绩效是指组织目标的完成情况,个人绩效则是组织绩效的基础。而根据 Spangenberg 的观点,绩效有三个层次,即组织层次、过程/职能层次以及团队、个人层次。

学术界对于绩效内涵的理解存在两种不同观点:一种认为绩效是结果;另一种则认为绩效是行为。以 Bernardin 等为代表的"绩效是结果"的观点认为,绩效是在特定的时间内由特定的工作职能、活动或行为产生的结果;以 Campbell 等人为代表的"绩效是行为"的观点则认为绩效是人们实际行为的表现,并且是能够被观察得到的,这种观点强调绩效不是行为的结果,而是行为本身。

近年来大多数学者认为应该从更宽泛的角度来理解绩效的概念。1988 年 Brumbrach 对绩效下了比较全面的定义,即"绩效包括行为和结果,行为由从事工作的人表现出来。行为不仅仅是结果的工具,行为本身也是结果,是为完成工作任务所付出的脑力和体力的结果,并且能与结果分开进行判断"。这一定义告诉我们,绩效的含义应该包括结果和行为两个方面,当对绩效进行管理时,既要考虑投入(行为),也要考虑产出(结果)。在进行绩效管理时,管理者与被管理者之间会持续不断地进行业务管理循环过程,即运用 PDCA 循环手段,从而实现绩效的改进。

(二)绩效评价

评价也称为测评、考评。一般来讲,绩效评价(performance assessment)就是指运用数理统计和运筹学方法,采用特定的指标体系,对照统一的标准,按照一定的程序,通过定量定性对比,对企业或组织一定经营时期内的经营效益和经营者的业绩作出客观、公正和准确的综合评判。

绩效评价是一个综合性的复杂概念,与价值取向相关。根据评价的对象特性,绩效评价可以分为系统绩效评价和机构绩效评价;根据评价的层次,绩效评价可以分为对组织、过程/职能及团队、个人绩效的评价;根据评价的范围,绩效评价可以是全方位的,也可以是局部性的;此外,根据评价的阶段,绩效评价可在事前进行,也可在事中、事后进行。

虽然绩效评价类型不同,但都遵循着一定的逻辑框架来进行,即把从投入到产出的整个过程分成相对独立的五个阶段:投入(inputs)主要是指各种资源输入,如设施、人力、资金、政策等;过程(process)是指有组织、有步骤的工作或行动,如开展培训、实施干预措施等;产出(outputs)是指产品或服务输出等;结果(outcome)指产生的直接结果;影响(impact)是指产生的长期效应。上述逻辑框架也可以简化为三阶段(投入——过程——产出)或四阶段(投入——过程——产出——结果),利用这一框架来进行绩效评价有助于明确绩效评价的目标,根据不同阶段的具体特性来选择评价指标和数据来源,还可以帮助确定对结果的运用。

二、绩效评价相关理论

(一)绩效评价的基本原理

绩效评价是组织决策的依据、人力资源开发和控制的手段、绩效改进的动力和创造公平的杠杆,它具有强大的反馈、控制、激励和开发功能。可以说,绩效评价是绩效管理的核心,而构建绩效评价模式是评价工作的核心问题。评价模式主要包括评价主题、评价维度和评价指标三个方面。

评价主题是指评价的主体范畴,一般认为评价主题包括"3E",即经济(economy)、效率(efficiency)和效果(effectiveness)。随着社会的发展,各国政府不断强调在社会中追求平等、公益、民主等价值理念,"3E"评价法单纯强调经济性就暴露出一系列的不足,所以后来又加入了公平(equity)指标,发展为"4E"。此外,质量也日渐成为评价的主题之一,这也是新时期绩效的重要标志。

评价维度是指评价对象和评价行为的类型区分。而在一个评价模式中究竟要分成几个维度,并没有一定的规定。美国政府责任委员会架构的评价模式包括投入、能量、产出、结果、效率和成本效益以及生产力六个维度。我国香港特别行政区政府则提出了包括目标维度、顾客维度、过程维度以及组织和员工维度在内的四个维度评价模式。

评价指标是评价的具体手段,也是评价维度的直接载体和外在表现。评价指标的选择和确立是整个评价过程最为重要也是最为困难的工作。良好的绩效评价指标体系应具有完整性、协调性和适宜的比例性。绩效评价指标的确立应遵循 SMART 原则:S 代表 specific,是指绩效指标要切中特定的工作目标;M 代表 measurable,是指绩效指标是可以测量的、相关数据或信息是可以获得的;A 代表 attainable,是指绩效指标是可以实现的,应避免设立过高或过低的目标;R 代表 realistic,是指绩效指标应该与工作相关,是实际存在并可以证明和观察得到的;T 代表 time bound,是指在绩效指标中要设定完成这些指标的期限,一般以一年为单位,也可设立季度目标或 3~5 年的中长期目标。

(二)绩效评价常用方法

绩效评价常用方法可以分为定性方法和定量方法。定性方法可以参照常见的社会学定性研究方法,这些方法主要以访谈形式进行,至今仍在绩效评价中占有非常重要的地位。而定量方法则包括许多数理统计方法,1977年美国T. L. Saaty提出层次分析法,被认为是完成了从定性分析到定量分析的过渡。此后,如TOPSIS(Technique for Order Preference by Similarity to Solution)法、网络分析法、模糊评价法等逐渐成为研究和运用的热点。使用和创造这些数理评价方法,对于拓展绩效评价的适用范围、保证评价结果的科学性和准确性具有重要意义。

在具体选择和应用绩效评价方法时,还需要注意评价的精确性问题。绩效评价的精确性代表了绩效评价结果的可信性和评价内容的有效性,往往通过信度(reliability)和效度(validity)来衡量。绩效评价的信度是指使用相同技术重复测量同一个对象时得到相同结果的可能性,衡量信度有两种指标,即考评者内部信度和再测信度。绩效评价的效度是指测试绩效与实际工作绩效之间的相关程度,衡量效度的最重要指标是绩效内容效度,即用来说明在绩效评价中所设置的测试项目和设计的测试问题在多大程度上能代表被测试者的实际工作情境,或者真实地反映出被测试者实际工作中所存在的典型问题。

常用的绩效评价方法有:

1. 平衡计分卡理论

该理论是由哈佛大学Robert S. Kaplan教授和复兴全球战略集团总裁David P. Norton在20世纪90年代初提出的。由于平衡计分卡具有强有力的理论基础和便于操作的特点,自90年代初一经提出,便迅速在美国,然后在整个发达国家的企业和政府内得到应用。今天,当人们谈及绩效管理时,基本都是以平衡计分卡为主的绩效指标体系。平衡计分卡提供了一个关注关键管理过程的框架。平衡计分卡保留了企业中原有财务评价控制系统的成功做法,注入了有关无形资产和生产能力的内容,形成一个综合评价企业长期战略目标的指标评价系统,包括四个组成部分:财务、客户、内部业务流程、学习与成长。在财务方面,采用虽具局限性但已趋于成熟的财务评价指标进行评价,可以直接体现股东的利益,所以其优势在平衡计分卡中得以保留和继承;在客户方面,通过平衡计分卡了解客户、市场和竞争对手情况,并以此确认企业的目标;在内部业务流程方面,平衡计分卡通过计划控制、生产制造、售后服务和内部控制四个方面进行评价,它主要重视的是对客户的满意程度和实现组织财务目标影响最大的那些内部过程;在学习和成长方面,平衡计分卡能够对员工价值创造行为进行管理与客观评价,引导员工提升绩效和职业能力,为企业进行有效管理,使企业获得持续发展能力。

平衡计分卡的优势在于它避免了传统财务评价指标所显现出的滞后性、片面性和短期性弊端,加大了非财务指标的比重,重视对顾客服务及满意程度、内部过程和员工学习。

平衡计分卡不仅是一个指标评价体系,而且还是一个战略管理体系。它是围绕企业战略目标制定的对企业各个部门的综合考核体系,它把企业的战略转化为具体的目标,不仅对业务、业务单元、业务流程,而且对员工个人也可设计相应的平衡计分卡。它从四个方面展开,每个方面又包括三个层次:期望达到的若干总体目标;由每个总体目标引出的若干具体目标;每个具体目标执行情况的若干衡量标准。

2. 基于"目标管理"的绩效评价

该绩效评价方法是美国管理学家 Peter F. Drucker 于 1954 年首先提出的,是以科学管理和行为科学理论为基础形成的一套评价方法。主要内容为:组织的最高领导层根据组织面临的形势和社会需要,制定出一定时期内组织经营活动所要达到的总目标,然后层层落实;要求下属部门主管人员以至每个员工根据上级制定的目标和保证措施,形成一个目标体系,并把目标完成的情况作为各部门或个人评价的依据。简而言之,目标管理就是让组织的主管人员和员工亲自参加目标的制定,在工作中实行"自我控制"并努力完成工作目标的一种管理制度或方法。目标管理是以目标的设置和分解、目标的实施及完成情况的检查和惩罚为手段,通过员工的自我管理来实现企业经营目的的一种管理办法。基于目标管理的绩效评价是将目标按照时间细分、化解为小段的控制目标,适时调整计划和资源分配的一种方法。

它基于三个假设:第一,在计划与设立目标的过程中让员工参与其中可以更好地激发他们的工作热情和对组织的忠诚;第二,如果确定的目标十分清楚明确,员工就能更好地完成工作;第三,工作中的表现应该时刻被衡量并直接针对结果。目标管理的本质是注重工作成果,形成充分发挥主动性和创造性的组织环境,激发奔向目标的强烈动机。

3. 业绩金字塔模型

为了凸显战略性业绩评价中总体战略与业绩指标的重要联系,Kelvin Cross 和 Richard Lynch 于 1990 年提出了一个把企业总体战略与财务和非财务信息结合起来的业绩评价系统——业绩金字塔模型。在业绩金字塔中,公司总体战略位于最高层,由此产生企业的具体战略目标。战略目标的传递呈多级瀑布式,它首先传递给水平单位,由此产生了市场满意度和财务业绩指标。战略目标再继续向下传给企业的业务经营系统,产生的指标有顾客的满意程度、灵活性、生产效率等。前两者共同构成企业组织的市场目标,生产效率则构成财务目标。战略目标传递到作业中心层面,它们由质量、运输、周转时间和耗费构成。质量和运输共同构成顾客的满意度,运输和周转时间共同构成灵活性,周转时间和耗费共同构成生产效率。制定了科学的战略目标,作业中心就可以开始建立合理的经营业绩指标,以满足战略目标的要求,然后,这些指标再反馈给企业高层管理人员,作为企业制定未来战略目标的基础。业绩金字塔着重强调了组织战略在确定业绩指标中所扮演的角色,揭示了战略目标自上而下和经营指标自下而上逐级重复运动的等级制度。这个逐级的循环过程显示了企业的持续发展能力,对正确评价企业业绩具有十分重要的意义。然而,业绩金字塔最主要的局限在于确认组织学习能力的重要性上是失败的,而在竞争日趋激烈的今天,对组织学习能力的正确评价尤为重要。因此,虽然这个模型在理论上是比较成型的,但实际工作中采用率较低。

4. 360 度绩效评价系统

360 度绩效评价系统是由被评价人的上级、同级、下级和(或)内部客户、外部客户甚至本人担任评价者,对被评者进行全方位的评价。评价的内容涉及员工的任务绩效、管理绩效、周边绩效、态度和能力等方方面面。评价结束,再通过反馈程序,将评价结果反馈给本人,达到改变行为、提高绩效等目的。与传统的评价方法相比,360 度绩效评价反馈方法从多个角度来反映员工的工作,使结果更加客观、全面和可靠,特别是对反馈过程的重视,使评价起到"镜子"的作用,并提供相互交流和学习的机会。从国外组织和个人职业发展评价的历史来看,早在 20 世纪 40 年代,人们就开始利用 360 度绩效评价反馈方法对组织的绩效、发展变化等进行评价。

根据英特尔、迪斯尼等的实践经验,360 度绩效评价系统的成功依赖于评价者的诚实度和责任心。由于在评价提供信息的准确性方面缺乏力度,评价中存在这样的矛盾:对自己的责任心要求较低,对他人的责任心要求却很高。例如,有研究发现,员工倾向于提供匿名评价(低责任心),非匿名评价的情况使员工作出的评价高出实际很多。

5. 关键业绩指标法 (KPI)

KPI 是用于评价被评价者绩效的定量化或行为化的标准体系,是企业宏观战略目标经过层层分解产生的可操作的战术目标,是宏观战略决策执行效果的监测指针。KPI 将企业战略转化为内部过程和活动,用来反映策略执行的效果,因此是战略实施的手段。关键业绩指标体系不仅是企业员工行为的约束机制,也发挥战略导向的牵引作用;通过员工的个人行为目标与企业战略相契合,KPI 能有效阐释和传播企业战略,并把企业的战略目标分解为可操作的工作目标。

关键业绩指标是连接个体绩效与组织目标的一座桥梁。它是针对组织目标有增值作用的工作产出而设定的指标,基于关键业绩指标对绩效进行管理,就可以保证真正对组织有贡献的行为受到鼓励。通过在关键业绩指标方面达成的承诺,员工与管理人员就可以进行工作期望、工作表现和未来发展等方面的沟通。因此,关键业绩指标是进行绩效沟通的基石,是组织沟通的共同语言。KPI 体系是多级指标体系,一般包括企业一级 KPI、部门二级 KPI 和岗位 KPI。根据部门职责分工与战略要求对一级指标进行分解可以得到部门二级 KPI,再用 SMART 原则对其进行测试,对不完全符合原则的指标进行修正或淘汰,筛选出最合适的指标。

(六)以电子人力资源管理(e-HR)为平台的绩效评价系统

e-HR 是基于先进的软件和高速、大容量的硬件基础上的新型绩效评价软件。通过集中式的信息库、自动处理信息、员工自助服务、外协以及服务共享,达到减低成本、提高效率、改进员工服务模式的目的的新型人力资源管理模式。它通过与现有的网络技术相联系,保证人力资源与日新月异的技术环境同步发展。电子化的技术革新最终解放了人力资源的"双手和大脑",使它把工作的重心放在服务员工、支持公司管理层的战略决策上,放在公司最重要的资产——员工和员工的集体智慧的管理上。高效型的 e-HR 绩效评价系统软件会充分考虑到人力资源整个过程。从设计初期就能预见到绩效管理的灵活性与多样性,将绩效管理作为人力资源管理中的一个连接杆来考虑,有机地将绩效结果体现到薪资与培训中。这样的软件具有灵活性与规范性相结合的特点。以 e-HR 为平台的绩效评价系统的优势在于它能提高评价部门工作效率、节约大量成本、加强员工与人力资源管理人员的交流和为组织和员工提供增值服务。IT 技术全面渗透是绩效评价活动的新趋势。

三、绩效评价体系的设计与建立

绩效评价体系的设计是绩效评价重要环节之一。绩效评价体系的设计主要包括三个方面的内容:一是绩效评价目标的设置;二是绩效评价周期的确定;三是绩效评价主体的选择。

(一)绩效评价目标的设置

绩效评价目标的设置是对员工在绩效评价期间工作任务和工作要求所作的界定,是对员工进行绩效评价的参照系。绩效目标由绩效指标、指标权重和绩效标准组成。

绩效评价指标即绩效的维度，是对评价对象的各个方面或要素进行的可以测定和评价的描述。只有通过这种描述，评价工作才具有可操作性。绩效评价指标应该按照目标一致性原则、定量与定性相结合原则、实用性原则、信度和效度原则、整体性和可控性原则。

评价指标确定之后接下来就要确定指标的权重了。绩效评价指标体系中每个评价指标的重要性不同，对不同的评价对象而言也有不同的地位与作用，因而需要通过权重体现其重要程度。权重就是指标在评价体系中的重要性或该指标的得分在总分中所占的比重。权重应当根据各评价指标对评价对象反映的不同程度以及评价主客体、评价目的等方面的差异进行恰当的分配。指标权重突出了重点目标，体现出价值引导，是组织评价的指挥棒，直接影响评价结果。确定指标权重时需要遵循以战略目标和经营重点为导向的原则、系统优化原则和考核者主观意图与客观情况相结合的原则。

绩效指标与绩效权重确定以后，就要确定指标评价标准了。绩效标准明确了员工的工作要求，也就是说对于绩效内容界定的事情，员工应当怎样做或者做到什么样的程度。绩效标准的确定有助于保证绩效评价的公正性，否则就无法确定员工的绩效到底是好还是不好。在制定评价标准时，应当包含两个标准：过程标准和最终标准。

（二）绩效评价周期的确定

绩效评价周期是指多长时间对员工进行一次绩效考评。其确定需要考虑到职位的性质、指标的性质和标准的性质。

1. 职位的性质

不同职位的工作内容是不同的，因此绩效考评的周期也应当不同。一般来说，职位的工作绩效是比较容易考评的，考评周期相对要短一些。职位的工作绩效对企业整体绩效的影响是比较大的，考评周期相对要短一些，这样有助于及时发现问题并进行改进。

2. 指标的性质

不同的绩效指标，其性质是不同的，考评的周期也应当不同。一般来说，性质稳定的指标，考评周期相对要长一些；相反，考评周期相对就要短一些。例如，员工的工作能力比工作态度相对要稳定一些，因此能力指标的考评周期就应当比态度指标的周期长一些。

3. 标准的性质

在确定考评周期时，还应当考虑到绩效标准的性质，就是说考评周期的时间应当确保员工经过努力能够实现这些标准。这一点其实是和绩效标准的适度性联系在一起的。

（三）绩效评价的主体的选择

绩效评价的主体是指对员工的绩效进行评价的人员。为了保证绩效评价的客观公正，应当根据评价指标的性质来选择评价主体。由于每个职位的绩效目标都由一系列的指标组成，不同的指标又由不同的主体来进行评价，因此每个职位的评级主体也应有多个。

（四）绩效评价系统的建立

绩效评价系统的建立可以分为五个相互联系、循环进行的阶段：准备阶段、实施阶段、分析评价结果阶段、反馈阶段以及运用评价结果阶段。

1. 第一阶段：准备

（1）审视组织历史与现状：重新回顾组织的经营指导方针、经营理念、现有组织结构、各岗位任职说明书;评价组织一切与绩效评价有关的制度,如原有绩效评价制度、现行员工薪酬与福利制度、奖惩制度、劳动纪律管理规定等的合理性;调查全体员工(含各管理层)对绩效评价的认识度与态度以及对公司的满意度;分析目前员工工作环境与状况;对有关问题做调查问卷,整理意见。

(2)设计系统循环的各个细节:通过设计系统循环的各个细节,建立程序化、表格化的系统硬件环境,确定循环周期。通过对员工进行培训和动员,介绍系统运行时间安排、意义、程序、范围、表格和需要的工具,确定推行总控部门及具体实施部门、督导者、员工的权利与义务等,以此来统一认识,也进行广泛宣传,让员工从思想上、行动上对绩效评价高度重视,为绩效评价的顺利实施打下基础。

(3)分析过去,总结经验:通过绩效面谈确定员工绩效合约,建立绩效目标。绩效评价成功的关键在于充分的准备。在绩效评价中,准备意味着首先要制定工作目标,并且要确保员工们都明确他们的工作目标。设立绩效目标着重贯彻三个原则。其一,导向原则:依据公司总体目标及上级目标设立部门或个人目标。其二,SMART 原则:即 S(specific),目标必须具体、明确;M(measurable),目标计划必须是可衡量的;A(actionable),目标计划必须是可行的,经过努力可以实现的;R(relevant),目标必须具备相关性,共同构成服务于组织战略的目标体系;T(time bounded),目标计划必须基于科学严密的时间表建立。其三,承诺原则:上下级共同制定目标,并形成承诺。

2. 第二阶段:实施

(1)设计分工:实施绩效评价,就是要让组织中的每一个员工都在其中扮演一个角色,承担一些责任,组建绩效评价团队。直线部门的管理者是绩效评价实施的主体和中坚力量,在绩效评价的实施中具有举足轻重的作用,没有他们的支持,再好的绩效评价方案也只能流于形式,得不到有效的实施。所以,吸引直线部门的管理者加入绩效评价团队应是立项之后最为重要的事情。成立团队之后,依据绩效评价的流程和理念赋予每个人相关的权限和责任及一份工作说明书,确立他们的工作目标和努力方向。

(2)部门督导主要工作:根据统领下属的性格、学历、知识、经验、能力,明确不同的指导方法,既是管理者又是辅导者和参与者;根据具体实施情况,保持持续的绩效沟通、掌握进度、纠正偏差、解决一切困难,并保持必要的强化手段,鼓舞士气;另外,管理者的日常工作是收集质量、成本、客户投诉、员工能力及工作态度、生产流程及公司制度与目标完成关系、制约目标达成的原因、员工意见反馈等数据,并就完成情况、成绩优劣的 KPI 证据(如革新方案、合理化建议)、谈话记录、奖惩情况等做好建档汇总分析,并上报人力资源部;保证强化激励的同时,针对优劣员工以经验分析研讨会的形式做好临时短期培训工作,激励先进、鞭策落后者。

建立员工对话记录,就岗位职能、绩效回顾、未达标分析、潜力预测、未来任务及目标设定、员工对完成工作的要求、员工对公司及个人职业发展的看法、双方协商的问题及措施等记录在案,并将评价整理成书面材料,双方签字后报送人力资源部作为公司经营决策会议的参考。

(3)员工主要工作:充分利用领导赋予的权利及自己的综合能力,在团队力量下,学习"PDCA"绩效循环人类行为模式的相关知识,并自觉运用到工作中以提高个人工作成效。

P(plan):确定个人绩效目标,并在实施中针对出现的问题制订相应的纠正计划;

D(do):实施绩效目标及纠正计划;

C(check):日常检查,检验实施情况及纠正情况;

A(action)：进行总结，进一步提出改善措施。

在实施环节，关键步骤之一就是记录绩效表现。许多企业怕繁琐而往往不愿意认真执行。事实上，管理者和员工都应该花费大量时间记录工作表现，并尽量做到图表化、例行化和信息化。一方面为后面的辅导和评价环节提供依据，促进辅导及反馈的例行化，避免拍脑袋的绩效评价；另一方面，绩效表现记录本身对工作也是一种有力的推动。

3. 第三阶段：分析评价结果

运用绩效评价表格对原定绩效目标达成情况逐项对照评价（主管与员工双方评价），待完成后，主管与员工双方共同找出影响绩效达成的原因、存在的问题、解决的方法，并形成书面材料为绩效评价结果的具体运用提供依据。

在进行绩效诊断时，应做到使用"头脑风暴法"尽可能罗列出可能存在的问题之后，再针对每一个问题提出一个为什么，然后找出可能原因，再对每一个可能原因问为什么，如此反复，最终找到问题的主要原因。部门负责人与员工都应重点考虑的是：员工是否理解目标？是否授予了足够的权利？过去的业绩如何？问题是新发生的吗？员工技术如何？采取过什么补救措施？培训能解决问题吗？员工工作态度如何？

4. 第四阶段：反馈

在绩效评价中，企业往往更重视评价，而忽视辅导这一重要环节。主管应通过观察下属的行为，并对其结果进行反馈——表扬或批评来帮助他改善业绩。把对员工的评价结果，用最简洁的语言传递给他，不要用任何的专业术语，也不要琐碎冗长。

5. 第五阶段：运用评价结果

绩效评价结果能否被有效运用关系到整个绩效管理系统的成败。如果绩效评价结果没有得到相应的应用，在企业中就会出现绩效管理与人力资源管理其他环节脱钩的情况，产生绩效管理空转现象。久而久之，员工会认为评价只是例行公事，对自己没有影响，绩效管理就失去了应有的作用。

运用绩效评价结果主要通过绩效诊断和分析，制订绩效改进计划，进而实施和评价绩效改进计划来实现。绩效评价结果在养老机构人力资源管理职能中的运用主要体现在薪酬、招募与甄选、人员调配、人员培训与开发决策等方面。

第二节　老年服务绩效评价的概念与框架

一、老年服务绩效评价的概念

老年服务系统作为我国公共服务体系的一个子系统，在我国正得到迅速的发展，对该系统的绩效进行科学化的评价将有助于发现其中存在的问题并促进其健康发展。但是，目前我国各地老年服务内容和水平各不相同，对绩效评价的侧重也应有所不同。在不同的角度和不同的层次，"评价"的含义各有区别。

从哲学的角度来看，评价是一定价值关系主体对这一价值关系的现实结果或可能效果的反映。人们对自己价值关系的现实结果或可能效果的认识，以各种精神活动的方式表达出来。

从心理学的角度来看，评价是根据明确的目的来测定对象的属性，并将这种属性变为客观定量的计值或主观效用的行为。

老年服务绩效评价是在尽可能客观的基础上,对社区居家养老服务和机构养老服务质量、社会效益、经济效益和运行效率作出评价,从而为老年服务的可持续发展运作和管理提供决策依据。

二、老年服务绩效评价的目标

(一)传递老年服务机构组织的价值观和文化

老年服务机构员工有时可能无法清楚地了解老年服务机构的组织目标,甚至对自己所任职位的要求也没有一个清楚的认识。即使员工可能很想按组织的要求来工作,但其缺少有效的指导,使得组织目标无法实现。绩效评价是一个非常有力的工具,可以告诉员工哪些工作是重要的,哪些工作是次要的。同时,就结果(老年服务机构寻求的目标)和过程(可接受的方法)而言,绩效评价对于明确组织文化和行为准则也是一个重要的方法。这种价值观的传播不仅仅针对老年服务机构内部,同时还针对老年服务机构外部,即组织各项和外部重要关联性的评价。

(二)监测老年服务机构战略和目标的执行情况

绩效评价系统可以将组织战略转化成可衡量、可控制的要素,通过定期地收集相关数据,可以清楚地看到战略和目标的执行情况,便于及时地采取措施,保证组织战略和目标的实现。

(三)发现问题,寻找组织的绩效改进点

通过绩效评价,可以发现老年服务机构中存在的问题,将问题界定清楚,将原来隐藏在冰山之下的问题突显出来,推动机构管理者去寻找解决问题的方法,最终达到改善绩效的目的。

(四)公平合理的评价与报酬

绩效评价可以向员工表明哪些地方做得较好,哪些地方做得还不够、需要改进。公平合理的绩效评价对组织内成员非常重要。在此基础之上的报酬可以包括:薪酬、福利、职位晋升、职位调整、培训、淘汰等物质与非物质的内容。

(五)提升管理者与员工的技能

绩效评价最直接的是管理者能影响其下属的行为,让管理者随时关注下属的工作状态,促使管理者去推进、改善原有的行为方式和管理难题,特别是那些平时不会主动、不太愿意去做的事情,这对管理者和下属都是一种挑战。管理者在这个过程中将会提升自身的组织管理能力、沟通能力、计划能力、监控能力等基本管理技能;下属将更为关注自己的绩效,想办法改善工作方法以达成更高的绩效结果。在绩效压力下,管理者与员工将提升自身的技能。

(六)建立沟通与反馈的平台

绩效评价是一个沟通、反馈,再沟通、再反馈的过程,在这个过程中,上下级不是在绩效结果产生之后才进行评价,而是在这个过程中就需要不断地沟通与反馈,从而能及早地发现问题,有利于组织内部的信息交流。

(七)建立基础管理平台

要提升绩效评价的客观性,就需要"一切用数据说话",这需要许多基础数据的支持,通过绩效评价的推进,可以加强组织内部的基础管理,建立起规划的基础管理平台。

很明显,绩效评价的这些功能要想都发挥出来,对绩效评价系统的要求之高是显而易见的。不难看出,一个绩效评价系统在某些方面可能发挥很好的作用,但在其他功能上却不一定有很好的表现。例如:绩效评价是希望建立一个沟通与反馈的平台,但如果在如何运用绩效结果上处理不当,会使员工对绩效评价产生抵触,从而使"提升管理者与员工的技能"难以实现。此外,绩效评价往往关注的是某个绩效周期的绩效行为,而对战略有重大影响、长期的绩效行为难以衡量,可能并不全部看好,从而造成绩效评价的失误。

综上所述,绩效评价的多种功能是伴随评价本身的必然因素,也是造成绩效评价难度的重要方面,服务机构在建立绩效评价系统时,即要考虑评价的有效性,也要考虑其要达到的不同目的和功能,从而更好地利用好自己的评价系统。

三、老年服务绩效评价的框架

(一)评价主体

老年服务绩效评价主体所评价的内容必须基于其所掌握的情况,要求其对所评价岗位的工作内容有一定的了解,有助于实现一定的管理目的。绩效评价的主体可以是政府、服务机构自身、第三方和老年人及其家属。

政府评价主要是指老年服务机构的主管部门对老年服务进行评价的活动。在我国,一般由民政部门来承担对老年服务的评价。按照先行地区的经验,政府评价一般是建立在老年服务机构自评的基础上。这种评价的优点在于上级主管部门视野较为开阔,对老年服务提供机构的职能和运作方式较为熟悉,有利于对老年服务提供机构的管理,不过,政府评价的不足是相关的直接领导可能倾向于维护部门利益。

老年服务提供机构自我评价是其对自身老年服务整体情况进行的自我评价,包括对服务方案的基本情况、具体的服务过程以及最终服务结果的评价。评价完成后,将评价结果报告给上级主管部门。由于老年服务机构对自我情况非常熟悉,自我评价提高了评价的效率,节省了评价成本,而且还可以根据服务环境变化及时进行自我调节。然而,这种评价容易导致走过场的现象。

第三方评价近年来备受青睐,它是指与老年服务机构没有任何利害关系的专业评价机构对老年服务进行评价。第三方评价因其具有的独立性和专业性,增加了评价结果的科学性和可信度。但是,其独立性也是相对而言的,它面临着来自政府权威的压力以及服务提供机构"寻租"的诱惑。

老年人及其家属作为服务的亲身经历者,具有对服务的主观感受,对服务满足其需求程度较为了解,更容易发现服务的不足和缺陷并能够引导员工的行为,做出令顾客满意的行为。老年人及其家属更具有真实性和公正性,评价结果更为客观公正。

各种评价主体不是相互孤立、相互排斥的。多主体评价的方式通过多渠道的评价信息增加了评价的客观性程度,其结果更加可信、公正和易于接受。

(二)评价方法

绩效评价的方法包括结果导向性绩效评价方法、行为导向性绩效评价方法和特质性绩效评价方法。

结果导向性绩效评价方法所做出评价的主要依据是工作的绩效,即工作的结果,能否完成任务是第一要考虑的问题,也是评价的重点对象。其包括业绩评定表法、目标管理法、关键绩效指标法和个人平衡记分卡。

行为导向性绩效评价方法以工作中的行为作为主要评价依据,也就是说评价的对象主要是行为。其包括关键事件法、行为观察比较法、行为锚定评价法和360度绩效评价法。

特质性绩效评价方法是以心理学知识为基础的评价方法。其通过图解式评价量表,列举达到成功绩效所需要的不同特质(如适应性、合作性、工作动机等)的特质表,每一项特质给出的满分是五分或七分,评价结果一般是如"普通"、"中等"或"符合标准"等词语。这种方法适用广、成本低廉,几乎可以适用于公司内所有或大部分的工作和员工。其缺点是针对的是某些特质而不能有效地给予行为以引导;不能提出明确又不具威胁性的反馈,反馈对员工可能造成不良影响;一般不能单独用于升迁的决策上。

根据研究重点以及评价标准的不同,评价方法也会有所差异。如果强调服务方案,选择的方法可以是服务预测评价、服务方案的可行性评价。如果强调服务提供过程,可供选择的评价方法有服务项目评价逻辑模式、服务审计等。如果强调服务结果,可选择的评价方法有服务满意度评价。

(三)评价指标

老年服务质量评价按照服务形成、输送和接受三个环节设置评价指标。

在服务形成环节,可以包括服务机构、政府参与和服务对象参与三个维度的指标。其中,服务机构下设硬件设施和软件设施两个维度的指标,硬件设施包括场地面积、服务覆盖率、服务人员结构与数量、服务种类与数量和档案建立与管理。软件设施包括服务人员的才能(技术)及经验、可及性、安全性。政府参与下设政策制度和财政投入两个维度的指标,政策制度是指政府制定政策、颁布标准;财政投入是指政府每年的财政投入。服务对象参与即服务需求,它是指服务对象的需求表达渠道畅通。

在服务输送环节,可以包括服务机构、服务员工、服务对象及家属三个维度。其中,服务机构下设公开性、可靠性、持续性三个维度指标。公开性是指服务机构制作最新的服务宣传材料,公布机构最新的决策;可靠性包括服务方式的稳定性、服务时间的一致性;持续性是指服务人员提供服务的一致性。服务员工下设保证性、同理心、沟通技巧三个维度指标。保证性包括对服务对象的态度友好、遵守服务使用者的要求两个方面;同理心是指对服务对象很了解,并提供个别性关怀;沟通技巧是指语言通俗易懂,会说普通话等。服务对象及家属下设参与、选择两个方面,参与是指对服务时间、态度等方面的监测;选择是指服务使用者对服务具有选择权等。

在服务接收环节,可以包括服务对象、服务机构、政府主管部门三个维度。其中,服务对象下设满意度一个维度,满意度包括投诉率、定期了解服务对象需求这两个方面。服务机构下设回应性、效率、效能、持久性四个维度,回应性是指服务机构能回应个别服务使用者;效率是指保证质量下的成本最低;效能是指服务对象服务前后的状况改善;持久性是指服务的效应不会很快消失。政府主管部门下设公平性一个维度,是指所有达到要求的老年人都应享受到服务。

(四)评价结果

对老年服务进行评价,其目的是根据评价结果发现服务过程中的不足,对其进行不断的完善。对于评价结果优秀的服务机构,应给予奖励,在服务经费资助方面优先考虑或同等情况之下资助更多;对于服务不达标的服务机构,应提出整改建议,并在规定时间内进行整改,由政府主管部门进行二次验收。

第三节　老年服务绩效评价的主要指标与方法

一、老年服务的反应性

老年服务反应性是老年服务系统产出之一,它是指老年服务机构对个体普遍合理期望的认知和适当的反应,主要是对公众普遍合理期望的反应。反应性可从两个角度进行分析:好的反应性是吸引消费者的手段之一;反应性与保护老年人权利和为老年人提供适当及时的服务有关。从概念上讲,反应性主要包含两方面的内容:老年人的基本人权和老年人的满意度。可以采用知情人物访谈和家庭调查来测量反应性,了解老年人及其家属的合理期望。对个人的尊重部分包括尊严、自主性和保密性三个方面。以老年人为中心部分的反应性包括及时关注、社会支持、基本设施质量和选择性四个方面。

二、老年服务的公平性

所谓公平性意味着生存机会的分配应以需要为导向,而不是平均分配,更不是取决于社会特权。进一步说,公平性应该是共享社会进步的成果,而不是分摊本可避免的不幸和健康权利的损失。

老年服务的公平性是指公正、平等地分配各种可利用的老年服务资源,使整个老年人群都能有相同的机会从中受益。一是指在老年服务的供给、利用、服务补贴等方面是否体现公平原则;二是确认接受老年服务的老年人是否受到公平的待遇;三是关注需要特别照顾的弱势群体是否能够享受到足够的服务。

老年服务的供给、利用、服务补贴等方面是否体现了公平原则可进一步分为横向公平性与纵向公平性。所谓横向公平性是要求对具有相同服务需要的老年人提供相同的老年服务。所谓纵向公平性则是指具体到每一个个体,对所处状态不同的每一个个体,应给予不同的处理,需要越多,利用越多。

确认接受老年服务的老年人是否受到公平的待遇是指不同社会老年人群(如不同收入、不同种族、不同性别等)具有相同的服务状况或服务差别尽可能缩小,或者说不同人群具有相同的机会获得老年服务。

老年服务公平性评价指标可以包括供给、利用和补贴的公平性。其中服务供给公平具体评价指标可选用了解居家养老服务的老人数占区域内老年人口的比例和接受居家养老服务评价的老人数占区域内老年人口的比例。服务利用公平具体评价指标可选用接受老年服务老人中低保家庭、低收入家庭老人分别所占比例。服务补贴公平具体评价指标可选用服务对象中获得政府补贴的老人数所占比例和补贴对象中中度失能和重度失能老人分别所占比例。

三、老年服务的可及性

老年服务可及性也看作方便性,是评价老年服务第一线服务的重要指标。为老年人提供与其职责及资源相一致的老年服务；为老年人提供方便、快捷、适宜的老年服务流程；加强沟通使老年人及家属明白老年服务的内容和流程等，形成互相合作的和谐服务关系。

老年服务可及性评价可以分为潜在的可及性评价、实现的可及性评价和平等与不平等的可及性评价。

潜在的可及性主要包括老年服务体系的特征和影响居民老年服务利用的促进资源。其中老年服务体系的特征主要指老年服务机构数量、分布以及服务提供机构的基本情况，通常评价老年服务机构静态分布的指标有地理上的可及性，具体指标即到达最近老年服务点的距离和时间。老年服务提供基本情况的指标可以采用老年服务机构数量、服务人员、服务设施和老年服务内容等。老年服务机构数量指标可以包括社区居家养老服务点、老年公寓、养老院（敬老院、老年社会福利院）和护养院等的数量。服务人员评价指标可以包括老年服务机构技术人员数、平均每社区老年服务人员数量和平均每千老年人口老年服务人员数等。服务设施评价指标包括助餐点、日托中心和居家养老服务中心（含服务社）可服务对象总数、养老机构床位总数以及每千老年人口养老机构床位数（张）。服务评价可分为社区居家养老服务人次数和机构养老服务人次数。

实现的可及性是真正实现的老年服务利用。老年服务利用是综合反映老年服务系统向60周岁及以上有生活照料需求的居家老年人提供或协助提供生活护理、助餐、助浴、助洁、洗涤、助行、代办、康复辅助、相谈、助医等各类社区居家养老服务以及养老机构为老年人提供个人生活照料服务、护理服务、心理/精神支持服务和环境卫生服务等各类服务的客观指标，是老年服务需求和老年服务资源供给相互制约的结果。分析老年服务的利用程度，可以衡量老年服务提供数量和社会效益以及经济效益。

老年服务平等与不平等的可及性评价可通过老年人口服务流向结构、老年人均服务支出（元）、老年服务支出占消费性支出百分比和老年居民家庭人均纯收入等指标来衡量。

四、老年服务的质量

老年服务内容包括老年服务系统向60周岁及以上有生活照料需求的居家老年人提供或协助提供生活护理、助餐、助浴、助洁、洗涤、助行、代办、康复辅助、相谈、助医等各类社区居家养老服务以及养老机构为老年人提供的个人生活照料服务、护理服务、心理/精神支持服务和环境卫生服务等各类服务。不同的服务内容有着不同的质量评价指标。

（一）个人生活照料服务

对老人做到：四无（无压疮、无坠床、无烫伤、无跌伤）、五关心（关心老人的饮食、卫生、安全、睡眠、排泄）、六洁（皮肤、口腔、头发、手足、指（趾）甲、会阴部清洁）、七知道（知道每位老人的姓名、个人生活照料的重点、个人爱好、所患疾病情况、家庭情况、使用药品治疗情况、精神心理情况）。老人居室做到室内清洁、整齐，空气新鲜、无异味。可通过提供服务完成率、Ⅱ°压疮发生率、老人和家属满意率评价个人生活照料服务。应做到每日自查、每周重点检查、每月进行质量评价。

（二）老年护理服务

应根据需求配置必要的护理设备。根据评价结果对老人实施分类管理，按需服务。护士对老人异常生命体征、病情变化、特殊心理变化、重要的社会家庭变化、服务范围调整的记录应根据服务对象特点,客观如实记录。记录时间应当具体到分钟。应正确执行医嘱,对各种治疗严格执行查对制度和无菌技术要求。开展健康教育指导和慢性病管理应有计划、有措施、有记录。应达到 8 项护理服务基础质量目标。可通过落实护理措施率、基础护理合格率、Ⅱ°压疮发生率、院内感染发生率、常规物品消毒合格率、记录合格率、护士技术操作合格率、严重护理缺陷率进行质量评价。护士应检查指导养老护理员工作,每周检查并记录。

(三)心理/精神支持服务

有提供心理/精神支持服务的场地和设备。应对需要心理/精神支持服务的老人定期进行评价,有记录,有防范措施。应制定心理/精神支持服务危机处理程序,通过评价,及时发现心理问题,有处理措施并有记录。应注意保护老人的隐私权。可通过提供服务完成率进行质量评价。

(四)安全保护服务

提供安全保护服务设施、设备。经评价后为老人提供安全保护服务。应在防止老人自伤、伤害他人、跌倒、坠床、自行除去尿袋或鼻饲管、尿布、衣服等以及其他危险因素时使用约束物品。使用约束物品前应得到医师、护士和相关第三方的书面认可。应确保服务及时、准确、有效和无医源性损伤。

(五)环境卫生服务

有提供环境卫生服务的设备。应做到:无积存垃圾、无卫生死角、无纸屑、无灰尘、物品摆放整齐。环境安静、安全、清洁,绿化面积至少达到 40%。公共区域有明显标识,方便识别。

(六)休闲娱乐服务

有必要的设施、设备和场地。提供的服务项目应符合老人的生理、心理特点。可通过提供服务完成率和老人满意率进行质量评价。

(七)协助医疗护理服务

有必要的服务设备(助行器、轮椅、平车、大小便器、标本收集器皿、其他辅助器具)。协助老人服药应注意药品正确、剂量准确、给药时间准确、给药途径正确,不应擅自给老人服用任何药品。院内感染的预防工作应符合《消毒技术规范》《医院消毒卫生标准》的规定。应做到及时、准确,可通过技术操作合格率、提供服务完成率和老人满意率进行质量评价。

(八)医疗保健服务

应由取得执业许可证的内设医疗机构或委托其他医疗机构开展。配置医疗设备应符合医疗机构执业许可范围。通过评价为老人提供服务,服务前应得到老人或相关第三方确认,并定期与老人或相关第三方沟通。及时完成本机构内老人慢性病、常见病的管理和院前抢救。每年至少为入住老人体检 1 次,并有记录。根据老人情况定时巡视并有记录,及时处理老人的健康问题。药品的安全使用、验收、储存等管理工作由药剂师或医师负责,并符合《医院药剂管理办法》的规定。

医用物定人保管、定时核对消毒、定点放置、定量供应。毒麻药品、贵重仪器专人管理,定期检查;药品做到内用药和外用药分类放置、标签清楚、账卡物相符、定时清点登记。可通过技术操作合格率、提供服务完成率、处方合格率和老人满意率进行质量评价。

(九)居家生活照料服务

根据老人居家服务需求,制订服务计划,按计划提供服务。可通过提供服务完成率和老人满意率进行质量评价。

(十)膳食服务

从业人员应每半年体检1次,有记录,注意个人卫生。传染病患者不应从事膳食工作。设备数量应满足老人基本生活需求(冰箱、冰柜、保温设备、消毒设备、必要的炊事用具和餐桌椅)。应搞好食品储存、运输、加工、制作的环节管理,做到"三不"、"四隔离"、"四过关"、"五无"。其中,"三不"为采购员不买腐烂变质的原料、库房保管员不收腐烂变质的原料、厨师不用腐烂变质的原料加工成品。"四隔离"为成品(食物)存放实行生与熟隔离,成品与半成品隔离,食品与杂物、药品隔离,食品与天然冰隔离。"四过关"为餐具保持清洁、定期消毒,做到一洗、二刷、三冲、四消毒。"五无"为提供的食品应做到无毒、无致病菌、无寄生虫、无腐败变质、无杂质。保持食堂内外环境卫生整洁,做到"四定":定人、定物、定时间、定质量,划片分工包干负责,消灭苍蝇、老鼠、蟑螂和其他害虫及滋生条件。可通过提供服务完成率和老人满意率进行质量评价。可通过食物中毒率和老人满意率进行膳食服务质量评价。

五、老年服务的效率

服务的效率性主要是指服务投入和服务产出之比。老年服务的效率主要是指包括为60周岁及以上有生活照料需求的居家老年人提供或协助提供生活护理、助餐、助浴、助洁、洗涤、助行、代办、康复辅助、相谈、助医等各类社区居家养老服务的利用效率以及养老机构为老年人提供个人生活照料服务、护理服务、心理/精神支持服务和环境卫生服务等各类服务的利用效率。可选择的指标有实际服务人数与规划服务时设计的人数之比、居家养老服务机构月平均服务人次与工作人员总数之比、养老机构月平均服务人次与工作人员总数之比、社区助餐点利用率(月平均为老人供餐客数与总面积之比)、日托中心利用率(月平均入托老人数与总面积之比)和浴补贴总额与获得冬季助浴老人数之比等。

▪▪▪ 案例分析 ▪▪▪

某养老院将绩效管理应用到其日常的管理和运作中来。该养老院的绩效评价工作,自上而下,分为养老院对各部门负责人的绩效评价和各部门对其员工的绩效评价两个层面。

养老院对各部门负责人的绩效评价主要是季度考评。在每个季度结束后,各部门负责人就填写一份《科室干部绩效季度评价表》。表中内容主要有四部分:季度业绩回顾、综合素质评价、综合得分和评语。填写时,先由各部门负责人对上述四部分内容一一作出自我评价,然后再由其直接领导(院长或副院长)对上述内容作出评价,最后由领导填写评语。

对具体员工的绩效评价频度一般是每月一次,但评价指标就简单得多。员工只对与其职责相关的指标负责。该项评价工作的执行者是各部门负责人。在实际执行中,绩效评价指标经常处于动态变化之中,而且各种绩效评价的方法会交叉或同时使用,另外也会采取其他的一些评价手段,比如"360度评价法"。即对员工进行绩效评价的时候,还会考虑其他人的意见。这些人是该员工的同级、下级、间接上级、其内部顾客(即该员工工作成果的使用者或合作者)和外部顾客。

根据每月、每季、每半年或每年的绩效评价结果,该养老院各级管理层都会以正式的书面(文本或电邮)报告来公布评价结果。这是绩效沟通的主要方式。在这样的绩效评价报告里,绩效评价的结果与相应的奖惩举措相伴随。

对于养老院中表现最好的20%和最差的10%的员工将通过绩效面谈的方式来沟通。通过绩效面谈,使优秀者继续保持其良好的绩效,并为其进一步的发展提供指导。对于表现不佳的员工,以绩效面谈的方式,对其进行提醒、分析、指导或者警告。

对于那些绩效表现变化显著的员工,也对其进行绩效面谈,以更加准确地了解变化的原因,从而采取针对性的举措。

思考题:

1.您认为该养老机构绩效评价的方法是否合适?为什么?

2.请解释什么是360度绩效评价?

3.如果您作为养老机构的负责人,您打算如何开展对员工进行绩效评价?

(张　萌)

第十章　老年人才资源开发

　　据 2010 年我国第六次人口普查数据公报,我国 60 岁及以上人口为 1.78 亿人,占总人口的 13.26%,其中 65 岁及以上人口为 1.19 亿人,占 8.87%。同 2000 年第五次全国人口普查相比,2010 年 60 岁及以上人口的比重上升 2.93 个百分点,65 岁及以上人口的比重上升 1.91 个百分点。数据表明我国已经步入老龄化社会,并且老龄化程度日益严重。计划生育政策的全面实施,也使我国老年人口抚养比上升趋势增速。根据《中国人口老龄化发展趋势预测研究报告》预测,2030—2050 年是中国人口老龄化最严峻的时期。一方面,这一阶段老年人口数量和老龄化水平都将迅速增长到前所未有的程度,并迎来老年人口规模的高峰;另一方面,2030 年以后,人口总抚养比将随着老年人口抚养比的迅速提高而大幅度攀升,并最终超过 50%,有利于发展经济的低抚养比的"人口黄金时期"将于 2033 年结束。总的来看,2030—2050 年,中国人口总抚养比和老年人口抚养比将分别保持在 60%~70% 和 40%~50%,是人口老龄化形势最严峻的时期。人口老龄化程度的不断提高,将会导致国民整体素质的不断降低,加剧劳动力的匮乏,减缓经济的发展速度。

　　在 2030 年到来之前,积极鼓励老年人才参与社会活动,帮助老年人才寻求再工作的机会,延长老年人才的利用期限,减缓人口老龄化对社会的冲击,从而缓解社会发展的压力。同时,老年人才作为老年人中的高素质群体,拥有区别于中、青年人才的经验与智慧,老年人才有能力也有责任为社会进步及经济发展发挥他们的余光余热。

第一节　老年人才资源开发概述

一、老年人才资源的概念与界定

　　资源,即"资财的来源"(《辞海》释义),经济学中的资源指的是:为创造物质财富而投入生产活动中的一切生产要素。一般来讲,资源分为自然资源与社会资源,人力资源属于社会资源,是社会最重要的资源,而信息资源、资本资源等资源都需要依靠人力得以开发和发挥作用,许多经济学家均认为"人力资源"是第一资源。

　　"现代管理学之父"彼得·德鲁克(Peter F. Drucker)在其 1954 年所著的《管理的实践》中首次提出了"人力资源"(Human Resources)这一概念并对"人力资源"进行了明确界定,彼得·德鲁克指出,人力资源和其他资源相比,唯一的区别就是它是人,并且是管理者们必须考虑的特殊资源。

　　国内学者们对"人力资源"界定不尽相同,学者董克用在《人力资源管理概论》一书中将国内学者对"人力资源"的概念界定分为两类:第一类称为人力资源的"能力观",主要认为人力资源是指推动一个国家或地区经济与社会发展的劳动者能力,是所有以人为载体的脑力和体力劳动;第二类可称为人力资源的"人员观",主要认为人力资源是指一定社会区域或组织内部可以推动社会和经济发展的所有具有智力和体力劳动能力的人员总和。学者萧鸣政在《人力资源开发学》一书中将"人力资源"定义为:一定范围内的人口中具有劳动能力的人的总和,是能够推动社会和经济发展的具有智力和体力的人的总称。由此可归纳为,"人力资源"是指一定区域或组织范围内具有一定智力和(或)体力的劳动者数量与质量的总和。

"人才资源"(Talent Resources),是人力资源中具有较高素质的一部分人群,是一个国家、地区或组织中科学素养高、专业技术能力强,可以促使国家、地区或组织的效益达到最大化的人。人才资源是人力资源中最高的部分,是拥有较高素质和技能的人力资源,是具有较高增值性的资源;人才资源着重强调人力资源的质量,是优秀高质的人力资源。

老年人才资源是区别于中、青年人才资源的相对概念,是指人才资源中年龄已经超过国家规定的劳动年龄范围,属于离退休的高素质人群。老年人才具有专门的知识和技能,具有中、青年人才不具备的丰富的实践经验,他们通过自己的创造性劳动可以继续推动社会与经济的发展和进步。如图 10-1 所示,人才资源属于人力资源且为人力资源中较为核心的资源,因其具有高素质与技能;而老年人才资源不仅具有高素质与技能,还具有丰富的实践经验,正是人才资源的精华部分。

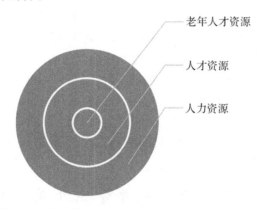

图 10-1　人力资源、人才资源及老年人才资源关系图

老年人才具有独特的优势,国内学者将这些优势归纳为 5 类:①政治优势:老年人才具有很强烈的社会责任感及历史使命感,同时也具有强烈的爱国情怀,有着无私的奉献精神;②智能优势:心理学家霍恩(J. L. Horn)研究证明,随着年龄的增长,人的液态智力,即以神经系统的生理功能为基础的认知能力每增长 10 岁就会下降 3.75%,而人的以习得的经验为基础的认知能力即晶态智力每增长 10 岁反而增加 3.64%;③经验与知识优势:在长期建设的实践中积累了许多成功的经验,同时总结了许多失败的教训,其经验丰富,技术精湛,管理能力突出;④时间优势:包括老年人才的日常生活以及未来可工作的时长,老年人才的日常时间充裕且自由,灵活度高,同时老年人才在未来的 10~20 年内都有为社会进步与经济发展发挥余热的愿望;⑤威望优势:在岗时的长期社会工作生活,使老年人才在人民群众中积累了很高的威望,其言行举止对人民群众有很广泛的影响。

老年人才开发和利用具有以下特点:①老年人才队伍常青,每年都有上万的退休科技人员和干部加入;②人才的品种门类齐全,各行各业和各专业都有;③老年人才的知识和科技含量高,又能带来高附加值的人力资本;④投入少,成本低,不需要更多的培训。

二、老年人才资源开发的基本概念

人力资源开发,属于人力资源管理的环节之一,是指国家、社会及组织,依据特定目标以及特定需求,对其人力资源进行规划及培训,发掘包括脑力、体力等在内的一切潜在能力,从而进一步提高人力资源的效率与效益,为国家、社会或组织创造更多的价值。

人才资源开发,是指对人才的管理水平、知识智力、专业技能等进行组织与管理、开发与利用,从而提高人才资源素质,为国家、社会及组织创造价值的过程。

老年人才资源开发,又称人才资源二次开发,是指通过有效的组织与管理,对老年人才的知识与技能进行挖掘与利用,充分发挥老年人才的作用,使其继续为社会与经济发展创造更多的价值。老年人才在几十年的知识、经验及技能的积累上,拥有丰富的知识技术水平及管理水平,老年人才资源开发更加侧重于再次利用老年人才的劳动能力及价值,继续为社会进步及经济发展发挥余热。

按照人口学的划分,老年人口可划分为3个层次:低龄老人(60~69岁)、中龄老人(70~79岁)、高龄老人(80岁以上)。老年人才资源开发实际上就是对那些具有专业知识、工作技能和管理经验,且身心健康、有劳动意愿的低龄乃至中高龄离退休人才进行管理与开发,实现老年人才价值的最大化。我国开展的"银龄行动",即在保证安全的前提下,充分发挥我国离退休老年人才的专长,积极开发老年人才智力资源,支援国家西部大开发,为社会再作贡献。

三、老年人才资源开发的紧迫性与必要性

《中国老龄事业发展"十二五"规划》中指出,"十二五"规划时期,随着第一个老年人口增长高峰到来,我国人口老龄化进程将进一步加快。从2011年到2015年,全国60岁以上老年人口将由1.78亿增加到2.21亿,平均每年增加老年人860万;老年人口比重将由13.3%增加到16%,平均每年递增0.54个百分点。老龄化进程与家庭小型化、空巢化相伴随,与经济社会转型期的矛盾相交织,社会养老保障和养老服务的需求将急剧增加。未来20年,我国人口老龄化日益加重将导致老年人口抚养比上升不断增速,老年人口的不断增加和劳动人口的不断减少将严重阻碍我国经济发展和劳动生产率的提高。由此可见,老龄事业发展任重道远,国家及社会迫切需要提高其应对老龄化的承受能力,有必要尽早对老年人才资源进行开发。

根据2012年度人力资源和社会保障事业发展统计公报显示,截止2010年,我国专业技术人才资源为5550.4万人,高、中、初级专业技术人才比例为11:36:53,我国高级专业技术人才比例仍偏低。而老年人才中高级专业技术人才占有相当的比例,并多数处于闲置状态。有必要积极开发老年人才资源,利用和发挥其专业技能、经验和智慧,弥补我国专业人才的不足,进而促进社会与经济持续稳健地发展。

四、老年人才资源开发的意义

(一)实现老年人才自我价值,平稳完成过渡期的角色转换

根据马斯洛需要层次理论(Maslow's hierarchy of needs),人们的需求由低到高分为生

理需要、安全需要、社交需要、尊重需要和自我实现需要五个层次。人都潜藏着五种不同层次的需求,低层次的需求得到满足后,就会表现出高层次的需求。大多数老年人才的生理需求以及安全需求都得以满足,但因为到了退休年龄,他们离开了自己熟悉的工作环境,社交圈变小,以前在岗时可以体会的威望感消失,自我价值无法得到实现。他们需要开始新的生活,扮演不同于以往的社会角色,这对于离退休的老年人才来说是一次不小的挑战。这部分老年人通常是以往单位的高技能人才,他们拥有丰富的工作经验以及广泛的人际交往,在群众中有着良好的印象和很高的威望,其言行举止在社会上具有一定的影响力。老年人才的离退休并不意味着退离社会生活,反而他们希望老有所为,希望参与到更多的社会生活与工作中,以便进一步实现其人生价值。然而,由于老年人才资源利用的社会政策和环境不够完善,离退休老年人才不能充分发挥其余热,放慢的生活节奏使这部分老年人无法适应新的角色,甚至部分老年人才陷入孤独、抑郁。而积极开发老年人才资源,使其积极参与社会生活与工作,可以使离退休的老年人才实现其自身价值,丰富其晚年生活,获得精神与心理上的慰藉以及社会结构中应当享有的社会地位。

(二)减轻家庭经济负担,提高家庭生活质量

由于 20 世纪 70 年代全面实施的计划生育政策,致使我国的家庭结构逐渐向"四二一"家庭结构转变,即由祖父、祖母、外祖父、外祖母四人,父亲、母亲二人和一个独生子女所构成的倒金字塔形的家庭结构。"四二一"家庭中由处于壮年期的两个劳动力人口供养包括子女、四位老人在内的五个非劳动力人口。如果第三代仍然是独生子女,那么第三代的夫妻二人很有可能会面临供养 12 位老人的局面。根据联合国预测,2014 年中国 60 岁以上老年人口将达到 2 亿、2026 年达到 3 亿、2037 年超过 4 亿、2051 年达到最大值,此后一直维持在 3 亿~4 亿人的规模。21 世纪上半叶中国将一直是世界上老年人口最多的国家。人口老龄化给家庭带来的经济压力以及医疗负担巨大,而积极开发老年人才资源,使在家赋闲的老年人才再一次创造自我价值与社会价值,可以极大地减轻家庭经济负担,提高其与家人的生活质量。

(三)有效缓解人才资源短缺,降低人才资源开发成本

《中国人才发展报告(2009)》指出:预计到 2020 年,我国专业技术人才需求总量将高达 8127 万。面对庞大的专业技术人才需求,应实行对离退休人员的"二次开发",进一步提升人才户籍自由度,放宽阻碍人才流动的户籍制度。报告同时指出:全国有各类离退休人才 600 多万人,约占在职专业技术人才的 20%,这是一支可以发挥作用的重要人才资源。

解决人才资源匮乏通常有四种方法,分别为通过院校培养高素质人才、通过各种职业培训提高技术水平、从国外引入科学技术人才,以及开发离退休老年人才资源。这四种方法都是加快我国社会进步与经济发展的良方,但用经济学的角度审视这四种方法,不难发现,开发老年人才资源是消耗成本最低并且可以立即投入使用的方法,是一种以较小的投入获得较大效益的人才资源开发方法,同时还可以减轻劳动人口的抚养负担,缓解人口老龄化所带来的经济负担。

第二节 老年人才资源开发的途径与方法

一、老年人才资源开发的现实背景

(一)当前是开发老年人才资源的关键时期

《中国老龄事业发展报告(2013)》中指出:2012年和2013年是中国人口老龄化发展过程中具有重要意义的年份。一是随着伴随新中国成立出生的人口进入老年期,我们迎来了第一个老年人口增长高峰。截至2012年年底,我国老年人口数量达到1.94亿,占总人口的14.3%,其中80岁及以上高龄老年人口达2273万人,2013年老年人口数量突破2亿大关,达到2.02亿,老龄化水平达到14.8%。二是迎来劳动年龄人口进入负增长的历史拐点,从2011年的峰值9.40亿人下降到2012年的9.39亿人和2013年的9.36亿人,劳动力供给格局开始发生转变。我们必须抓住转型过渡期的有利时机,即在目前低龄老年人比例较高的时候,提高老年人才资源的利用率,扩充人才资源,才能够有效缓解人口老龄化带来的负面影响。

(二)我国离退休人才资源较为丰富

据统计,我国目前约有600多万离退休科技人员,占全部科技人才总数的五分之一,其中70岁以下具有中高级职称、身体健康、有能力继续发挥作用的约有200多万人。这些老年人才拥有扎实的理论知识和丰富的实践经验,如能有效开发与利用,尤其吸引高知、高技能老年人继续发挥作用,将有效缓解我国当前人才资源的结构性短缺,使我国人才资源保持可持续发展和良性循环。

(三)老年人才市场和老年人才资源库的建立

自20世纪90年代,我国已经开始启动老年人才市场建设,建立老年人才资源库,为老年人才资源的开发与利用提供平台和渠道。如北京市在1992年开辟了老年人才市场,至1997年6月,人才信息库累计储存各类老年人才4万多人,专业分类完整,其中具有高级以上职称所占比例为80%、具有大专以上学历所占比例为65%。据统计,通过老年人才市场实现再就业的老年人才达到4.5万人次。老年人才市场和老年人才资源库的建立为老年人才资源的合理配置开辟了新的渠道。

二、老年人才资源开发存在的问题

(一)老年人才资源开发区域间存在不均衡

我国老年人才存在着地区差异,尤其东中西部之间、城乡之间,这直接导致老年人才资源开发区域间的不均衡。此外,我国老年人才开发主要集中在高校的老教授、离退休的老干部以及经验丰富的科技工作者,但对于农村的老年人才却关注的太少,农村的经济发展落后于城镇,但这并不代表农村的科技工作者经验不足,相反,他们有更多的实践活动,长期的积累使他们成为了某个领域的专家。

(二)人才市场机制不完善,老年人才二次开发渠道不畅通

尽管我国老年人才市场自 20 世纪 90 年代开始启动,但目前对于老年人才资源的管理还未形成统一的体系。人才市场管理主要是为青壮年人才提供交流服务的,而对老年人才资源的管理非常匮乏,没有发挥充分的作用。由于缺乏对老年人才市场的引导,致使许多希望奉献社会、回馈社会的离退休人才找不到参与社会的途径,造成人才资源的浪费。

(三)老年人才资源开发缺乏高效的领导机构

对于老年人才的管理,我国有民政部、人力资源和社会保障部、全国老龄工作委员会,以及其他老年群体组织等多个政府部门和组织参与管理,但这些部门与组织各成体系,各有重点,他们只侧重于本部门或本组织内部的工作内容,相互间缺乏有效的沟通与交流,以及统筹与协调,至今没有一个综合协调管理老年人力资源开发的权威性机构。

(四)我国存在普遍的年龄歧视问题

许多人将老年人视为弱势群体,认为老年人是社会发展中的包袱,是经济发展的负担。甚至社会中存在着一些偏见,如认为老年人多少都存在着健康问题;思想墨守成规,不懂得与时俱进;等等。这些观念或偏见的存在久而久之就成为一种不成文的规定,限制老年人参与社会发展,剥夺了老年人的劳动权利。

(五)认为老年人才资源开发会恶化就业形势的错误观念存在

目前,我国人口众多,尤其近年来大学生就业形势严峻,认为老年人才资源开发会进一步恶化就业形势的观念普遍存在,这不利于老年人才资源相关政策的出台和环境的优化。

三、老年人才资源开发利用的主要途径

(一)开展科技服务

老年人才具有高素质、高技能以及高水平,在其所专长的领域,老年人才无疑是一本本行走的百科全书。老年人才可以开展专题调研、决策咨询、项目论证、科普宣传、人才培训、科技扶贫、科技开发、技术攻关等工作。

(二)服务"三农"

老年人才可以在他们所擅长领域开展面向农村的科技扶贫活动,如发展农村养殖业、畜牧业、农业科技园等,这不但能充分发挥老年人才的专长,而且有效地促进了农村经济的发展。

(三)兴办实体

广大老年人才可以直接参与经济建设的主战场,服务社会。兴办以科技服务为主的第三产业以及涉及科技、经济、教育、医疗等方面的实体,如项目投融资策划中心、医疗诊所、水电工程咨询中心等。

(四)参加智囊团

一些老科技专家和老干部可以被政府部门或相关企业聘为智囊团或顾问,发挥其专业优势和管理经验,为社会继续贡献智慧。

(五)教育培养

教育培训主要是将自身所学传授给下一代,帮助下一代树立正确的人生观、价值观,同

时通过各种形式,向下一代传授知识经验以及技术技能,实现人才资源的可持续发展。可以与中、小学开展"大手拉小手"活动,内容涉及栽培、模具、气象等,丰富教学内容,促进学生素质教育,培养学生学科学、爱科学的良好习惯和团结协作精神。

(六)公益服务

通过社区等基层组织将老年人才组织起来,利用其专业特长,在一定区域内进行公益服务,如组织开展健康教育、维护区域内的社会治安、关心基层组织的建设、进行普法活动等,促进区域的和谐稳定。

四、老年人才资源开发的方法

(一)消除年龄歧视,发挥老年人才的作用

加强宣传教育工作,消除民众心中对老年人的刻板印象和年龄歧视观念,促使社会树立年龄平等意识,为老年人群体的就业创造良好的社会环境。政府也有责任有义务为老年人创造一个"老有所为"的社会环境,这个环境必须是人人平等、公正客观和充满爱心的,没有"老年歧视"的氛围。老年人只有在这种"老有所为"的环境下,才会有"老有所成"。老年人富有知识与技能,中青年人身强体壮、接受新生事物能力强,两者可以互相补充,充分发挥各自优势,共同服务社会。

(二)适度延迟退休或返聘,延长老年人才资源的劳动服务时间

人才的培养需要时间的积累以及其他资源的消耗,按照 60 岁退休的政策,博士生、研究生、大学生分别可为国家、社会及家庭工作奉献 31 年、34 年、38 年,学历越高的人才,服务社会的时间越短,人力资源无疑会被浪费。在人均期望寿命不断延长的今天,有必要逐步实行弹性加自愿的退休制度,制定合理的退休待遇标准,建立和完善再作贡献的合理报酬、分配政策以及返聘政策,延长老年人才资源的劳动服务时间。这有利于发挥老年人才资源的作用,减轻后辈经济负担和各级政府财政养老压力,缓解我国人才资源短缺现状以及促进人才供需矛盾,以及促进人才资源的可持续发展。

(三)明确政府部门职责,完善老年人才资源开发体系

为了使老年人能够"老有所为"、"才尽其用",真正实现"积极老龄化"的战略目标,政府各有关部门应明确各自职责,各司其职,并相互协调,形成以"积极老龄化"及老年人才资源开发为核心的统一体系。政府应尽快建立和完善老年人才市场机制,紧紧围绕经济、社会发展新需求,寻找开辟老年人才资源的新渠道,构建一套行之有效的老年人才的测评系统,规范老年人才市场用工制度,巩固发展由离退休人才举办的各类实体,保护老年人才的合法权益。

(四)创建老年人才资源库

为实现老年人才资源能够在全国范围内共享,国家有关部门以及各级政府部门应创建老年人才资源库,构建老年人才资源信息平台,使用人单位和老年人才能够自主选择,优化人才资源配置。同时,人事部门应建立相应的老年人才信息网络,为各级政府部门制定老年人才资源开发与利用的相关政策提供信息支持和决策依据。

(五)大力倡导"银龄行动"

2003 年,我国开展了老年知识分子援助西部大开发行动,称之为"银龄行动"。"银龄行

动"要求积极开发老年人才智力资源,充分发挥其专长参与西部大开发,为社会再作贡献,这是实现老有所为的新探索和推动老龄事业发展的重要举措。"银龄行动"有利于提高人才资源的利用率,并且均衡地区间人才资源不平衡的状态,为偏远落后地区提供智力支持以及技术指导。

第三节 老年人才资源开发相关政策

自 20 世纪 70 年代开始,我国政府就已出台有关鼓励老年人重新参与社会活动与工作的政策。1978 年 5 月 24 日,第五届全国人民代表大会常务委员会第二次会议通过了《关于工人退休、退职的暂定办法》(国发〔1978〕104 号)。该暂定办法第十一条明确规定工人退休、退职后所在的城镇街道、农村社队,要关心退休、退职工人的生活,注意发挥他们的积极作用。街道、社队集体所有制单位如果需要退休、退职工人从事力所能及的工作,可以付给一定的报酬。

1980 年 9 月 29 日,第五届全国人民代表大会常务委员会第十六次会议通过了《国务院关于公布〈国务院关于老干部离职休养的暂行规定〉的通知》(国发〔1980〕253 号)。该暂行规定第九条指出:注意发挥离休干部的作用。鼓励他们发扬革命传统,关心国家大事,关心人民生活,反映情况,提出建议,做些力所能及的工作。

1983 年 4 月 22 日,国务院办公厅转发《中国老龄问题全国委员会〈关于我国老龄工作中的几个问题的请示〉的通知》(国办发〔1983〕29 号)。该通知明确指出:老年人在长期革命和建设斗争中,积累了相当丰富的知识和经验,是我们国家的宝贵财富,是中华民族物质和精神文明的继承、发展和传播者。老年人在社会上的地位和作用,理应受到尊重和重视。具有科学知识、技术专长和领导经验的老年人,继续在国家和社会生活中发挥作用,贡献力量,做到老有所养,健康长寿,老有所为,余热发挥。

2000 年 8 月 19 日,中共中央、国务院公布了《中共中央、国务院关于加强老龄工作的决定》(中发〔2000〕13 号)。该决定指出:今后一个时期我国老龄事业发展的主要目标是基本实现老有所养、老有所医、老有所教、老有所学、老有所为、老有所乐。重视发挥老年人的作用,坚持自愿和量力、社会需求同个人志趣相结合的原则,鼓励老年人从事关心教育下一代、传授科学文化知识、开展咨询服务、参与社会公益事业和社区精神文明建设等活动。加强对老龄工作者队伍的建设,特别要加强对老龄工作干部的业务培训,提高老龄工作者自身素质,培养一支热爱老龄事业、全心全意为老年人服务的干部队伍。

2003 年,全国老龄工作委员会组织开展了"老年知识分子援助西部大开发的银龄行动",且于同年 2 月 27 日公布了《关于印发〈组织开展老年知识分子援助西部大开发行动试点方案〉的通知》(全国老工委发〔2003〕1 号)。该通知明确提出:积极开发老年人才智力资源,充分发挥其专长参与西部大开发,为社会再作贡献,是老龄工作部门认真贯彻党的十六大精神和"三个代表"重要思想、推进全面建设小康社会、落实西部大开发战略任务的具体行动,也是实现老有所为的新探索和推动老龄事业发展的重要举措。

2003 年 12 月 26 日,中共中央、国务院公布了《中共中央、国务院关于进一步加强人才工作的决定》(中发〔2003〕16 号)。该决定明确提出两点:注意发挥老专家、老教授的作用;注意发挥离退休人才的作用。

2005年2月23日,中共中央办公厅国务院办公厅转发《中央组织部、中央宣传部、中央统战部、人事部、科技部、劳动保障部、解放军总政部、中国科协〈关于进一步发挥离退休专业技术人员作用的意见〉的通知》。该意见中明确指出:积极支持离退休专业技术人员发挥作用。各级党委、政府和有关部门要通过多种形式,支持离退休专业技术人员特别是老专家进一步发挥在经济建设和科技进步中的服务和推动作用,发挥在培养教育下一代中的示范和教育作用。支持离退休专业技术人员对青少年开展爱国主义、集体主义、社会主义和中华民族精神教育,进行科学知识普及。支持他们从事讲学、翻译、指导研究、专家门诊、咨询服务等专业技术活动。支持他们总结自己的实践经验,通过著书立说、培训指导等多种形式,培养青年人才。政府所属的人才交流中心、专家服务机构要通过设立专门的离退休专业技术人员服务窗口,举办专项的离退休专业技术人才和项目交流活动,开设老专家电话咨询服务热线等多种方式,主动为离退休专业技术人员发挥作用做好服务。建立离退休专家信息数据库和离退休专业技术人员信息网络,定期举办网上离退休专业技术人才交流活动,为他们发挥作用提供信息平台。

2005年5月17日,全国老龄工作委员会公布了《关于2005年组织开展"银龄行动"工作的意见》(全国老龄办发〔2005〕21号)。该意见中指出"银龄行动"的开展取得了良好的社会效果,同时意见中提出要倡导和鼓励老年知识分子积极参与,并积极筹建老年知识分子人才资源数据库,建立老专家人才数据库和信息平台,收集掌握老专家人才信息及其分布状况。为"银龄行动"工作的有效开展储备和集中人才,同时也为全国数据库提供基础资料。

1996年的10月开始实施的《中华人民共和国老年人权益保障法》第四章第四十条规定:国家和社会应当重视、珍惜老年人的知识、技能和革命、建设经验,尊重他们的优良品德,发挥老年人的专长和作用。第四十一条规定:国家应当为老年人参与社会主义物质文明和精神文明建设创造条件。根据社会需要和可能,鼓励老年人在自愿和量力的情况下,从事下列活动:对青少年和儿童进行社会主义、爱国主义、集体主义教育和艰苦奋斗等优良传统教育;传授文化和科技知识;提供咨询服务;依法参与科技开发和应用;依法从事经营和生产活动;兴办社会公益事业;参与维护社会治安、协助调解民间纠纷;参加其他社会活动。

2012年12月修订的《中华人民共和国老年人权益保障法》的第七章明确提出国家和社会应当重视、珍惜老年人的知识、技能、经验和优良品德,发挥老年人的专长和作用,保障老年人参与经济、政治、文化和社会生活。

为缓解我国人口老龄化压力以及促进老龄事业的发展,国务院先后发布了中国老龄事业发展"十五"计划纲要(2001—2005年)、中国老龄事业发展"十一五"规划纲要(2006—2010)、中国老龄事业发展"十二五"规划(2011—2015年)。

中国老龄事业发展"十二五"规划(2011—2015年)中指出:要努力实现老有所养、老有所医、老有所教、老有所学、老有所为、老有所乐的工作目标,让广大老年人共享改革发展成果。注重开发老年人力资源,支持老年人以适当方式参与经济发展和社会公益活动。健全政策措施,搭建服务平台,支持广大离退休专业技术人员更好地发挥作用。不断探索"老有所为"的新形式,积极做好"银龄行动"组织工作,广泛开展老年志愿服务活动,老年志愿者数量达到老年人口的10%以上。

■■■ **案例分析** ■■■

日本老年人才开发机构——银色人才中心

日本早在 20 世纪 80 年代初就已经步入老龄化社会。1985 年,日本 60 岁以上的老年人数已占总人口的 10.3%;2000 年,老年人口在总人口中所占比例高达 16.2%。日本政府认为:人口老龄化程度的不断提高,将会导致国民整体素质的不断降低,加剧劳动力的匮乏,减缓经济的发展速度。为此,日本政府一方面加强卫生保健设施建设,不断提高老年人的保健水平;另一方面划拨专款在全国普遍设立"银色人才中心",帮助老年人寻求再工作的机会,延长老年人才的利用期限,减缓人口老龄化对社会的冲击。

目前,日本在东京设有银色人才中心协会,各都、道、府、县设有"银色人才中心",形成了严密的组织网络体系,日本"银色人才中心"的基本情况概述如下:

一、日本"银色人才中心"设立的条件

日本政府早在 1971 年就制定了《关于高年龄者雇佣安定法》;同年,劳动省颁发了《关于高龄者雇佣安定法律施行细则》;1976 年,日本政府颁布《有关高年龄者雇佣安定等法律施行令》;1986 年 4 月,劳动省颁发《关于修改部分中高年龄者雇佣促进特别措施法》;同年 9 月,劳动省又下发了《关于修改部分中高年龄者雇佣促进特别措施法的施行》,这些文件中具体规定了各地设立"银色人才中心"必须具备的条件和遵循的程序。

其条件是:①该地区有一定数量的高龄者和需求高龄者的用户;②有具备相应知识和组织能力的工作人员;③有促进高龄者福利事业的业务范围;④有达到一定目标的工作计划和保证计划实施的措施;⑤有固定的办公场所。

其程序是:①发起人或发起单位拟定可行性报告,并向所在地的都、道、府、县政府主管部门提出申请;②经政府的主管部门审核同意后,报送知事批准。

日本"银色人才中心"在一般情况下,每个市、镇、村设立一个,但也可在两个相邻的市、镇、村区域内设立一个,兼管两个区域的老年人就业工作。

二、日本"银色人才中心"的组织性质

日本"银色人才中心"实行会员制,原则上,年龄在 60 岁以上的身体健康并有再工作愿望的老年人,均可申请入会。在这个团体中,会议都具有较高的参与意识,起着自觉的主体作用。但是,其常务工作人员多由所在地区的行政机关委派的公职人员担任。

日本政府强调为老年人提供临时性、短期性的雇佣就业与建立长期雇佣关系的职业介绍性质不同。"银色人才中心"帮助老年人就业的主要目的在于提高他们晚年的生活质量,创造有活力的社会,免费提供服务,不以盈利为目的,其财务亏额由政府补贴。

综合上述情况,日本"银色人才中心"是半官半民的公共性和公益性的社团组织。

三、日本"银色人才中心"的经费来源

日本各地的"银色人才中心"一般都有当地政府提供的现代化的办公设施和组织临时集体劳动的车间、厂房。其活动经费的来源有:

(1)会员的会费。日本老年人只有参加"银色人才中心"组织,方能免费享受该组织的职业介绍和其他服务。每位老年人入会,均需交纳一定的会费。各地"银色人才中心"的会费标准不统一。

(2)职业介绍的收入。日本"银色人才中心"向用人单位推荐老年人才,如双方满意便签订雇佣合同。然后,"银色人才中心"派出用人单位选中的老年人才;用人单位将应付的雇佣人的费用拨付给"银色人才中心"。被雇佣的老年人不与雇佣单位建立佣金福利关系,其报酬由"银色人才中心"在用人单位支付的费用中扣除5%后发给。被扣除的5%费用,即作为职业介绍的服务收入。

(3)政府的补贴。日本政府积极支持"银色人才中心"的工作,并给予巨额补贴。政府补贴分为A、B、C、D四个等级,补贴等级的划分依据"银色人才中心"拥有的会员数和提供会员就业的总人口数。"银色人才中心"介绍老年人就业越多,得到的补贴金额也相应增多。

四、日本"银色人才中心"的职能

日本"银色人才中心"作为独立的社团组织,担负本地区老年人才开发和利用的任务,具体职能是:①掌握本地区老年人才的基本情况,向社会用人单位推荐并派出工作;②对外有偿承包适合老年人做的加工任务,组织会员共同完成;③接受机关事业单位委托的任务,选择适合的人选承包;④组织会员和其他社会老年人进行再就业必备的知识与技能的短期培训;⑤编办刊物向会员和用人单位发布老年人才需求信息。

国家"银色人才中心协会"的主要职能是:①组织各地"银色人才中心"的工作人员进行业务培训和研修;②搜集整理国内外老年人才开发利用方面的情报信息;③统计分析全国各地"银色人才中心"的工作情况;④组织老年人才开发利用方面的学术研究与经验交流;⑤指导和帮助各地"银色人才中心"开展工作;⑥为政府有关部门提供老年人才开发利用方面的中远期发展预测和决策依据。

日本国民普遍认为,西方国家花大笔钱单纯提高老年人生活福利的做法不足取。北欧国家在这方面的支出占国民税收的50%~60%,瑞士则高达77%,但未能促进老年人的身心健康。日本历届政府均十分赞同鼓励老年人"自主、自立、共同劳动、互相帮助"的口号,并认为增加老年人的福利、提高老年人的健康水平、帮助老年人再就业,要舍得花钱,但绝不能突破国民税收的40%。事实上,上述口号已成为日本政府解决老龄问题的基本国策。

(资料来源:华晓晨,《中国人才杂志》,1994年)

思考题:

1.日本"银色人才中心"的做法对我国老年人才资源开发有何借鉴作用?

2.在中国国情下,您认为如何才能做好老年人才资源开发?

(汪 胜)

第十一章　老年服务文化建设

第一节　老年服务文化概述

一、文化的构成及对人们行为的影响

(一)文化及其构成

文化在汉语中实际是"人文教化"的简称。前提是有"人"才有文化,意即文化是讨论人类社会的专属语;"文"是基础和工具,包括语言和/或文字;"教化"是这个词的真正重心所在:作为名词的"教化"是人群精神活动和物质活动的共同规范(同时这一规范在精神活动和物质活动的对象化成果中得到体现),作为动词的"教化"是共同规范产生、传承、传播及得到认同的过程和手段。

对于文化的构成有不同的说法,其中最常见的是物质文化、制度文化和精神文化"三层次说"。"物质文化"是指为了克服自然或适应自然,人类创造了物质文化,简单说就是指工具、衣食住行所必需的东西,以及现代高科技创造出来的机器等;人类借助创造出来的物质文化,获取生存所必需的东西。"制度文化"是指为了与他人和谐相处,人类创造出制度文化,即道德伦理、社会规范、社会制度、风俗习惯、典章律法等。人类借助这些社群与文化行动,构成复杂的人类社会。"精神文化"是指为了克服自己在感情、心理上的焦虑和不安,人类创造了精神文化,比如艺术、音乐、戏剧、文学、宗教信仰等;人类借助这些表达方式获得满足与安慰,维持自我的平衡与完整。

(二)文化对人们行为的影响

在社会环境下,人们的行为并非随心所欲,而是要遵循一定的规范,这种规范既包括无形的传统道德,也包含有形的法律法规等。不论是隐性的还是显性的规范,都是根植于文化,是文化提供了与人们的行为有关的标准和规范,而且规范的内容也随文化的不同而千差万别。文化是群体的共有信念、习俗和制度规则,以文化传统或生活方式表现的规范,旨在维护秩序,由文化载体认可的"核心价值体系"被看做是"内心的尺度",是个人行为的根据,制约和引导个人的行为,使个体或群体行为更具有可预测性和可预见性。孙隆基教授认为,人类的行为并不完全是按照本能产生的,人的行为中文化性的行为日益多于生物性的行为。人类正在通过不断社会化的学习过程、文化养育过程,使文化行为超越了本能性行为。换句话说,所有的人们行为都是在一个文化系统中形成的。文化影响交往行为和交往方式;文化影响实践活动、认识活动和思维方式。如文化会影响到人们的消费行为、健康相关行为、企

业员工的行为等。文化对人们行为的影响具有双重性。先进健康的文化会促进人的成长和发展；落后腐朽的文化则会阻碍人的成长和发展，如"嚼槟榔"的习惯性行为会增加口腔黏膜的病变可能性。因此，我们应该自觉、主动地接受健康向上的文化的影响。

二、老年服务文化内容及功能

服务的本质是人与人之间文化的沟通、价值的确认、情感的互动、信任的确立。老年服务文化是指体现老年服务特色、服务水平和服务质量的物质和精神因素的总和。老年服务文化是文化的一个重要分支，是文化建设一个新的增长点。老年服务文化除具有文化的一般特征之外，还有自己独特的空间特征和魅力。老年服务文化由三个层面的内容构成。首先是精神层面：包括老年服务的意识、服务的理念等，这是老年服务文化的核心。老年服务的意识是对老年服务性质、服务重要性和必要性的直觉反应和理性思考。老年服务理念指导老年服务文化的实施，有什么样的老年服务理念，就有什么样的老年服务态度和行为。其次是物质层面：包括老年服务机构形象、硬件设施及服务品牌等，这是老年服务文化的基础内容。老年服务机构形象是老年服务文化的外在表现，包括老年服务人员形象和老年服务组织的标识。硬件设施包括老年服务机构的设置、老年服务设施的完善、老年服务环境的优化等。老年服务品牌建设是推进老年服务文化深入的重点。最后是制度层面：包括老年服务机制、老年服务标准等，这是老年服务文化建设的重要保障。通过制度的方式把优秀的老年服务文化规定下来并传承下去，将抽象的老年服务概念和要求变为具体的指标，渗透到老年服务机构的经营管理当中。

一般说来，老年服务文化具有下述几方面的主要功能，首先是导向功能，其次是约束功能，再次是凝聚功能，最后是激励功能。

(一)导向功能

服务文化能够使组织成员更有服务导向的特点。霍根土尔（Hoganetul）将服务导向定义为"影响组织成员同其顾客相互交流水准的一整套态度和行为"。服务导向观念同全部的工作展开相互联系。因此，服务导向增加了顾客感觉中服务质量的功能性立体感。具备服务导向观念的员工对顾客有兴趣，为顾客做得更多，行动中更加谦恭、更加灵活，并努力尝试去寻找满足顾客期望的恰当办法，以便能有效应付尴尬的或未曾想到的情境。因此，服务导向观念指导了顾客心目中的服务质量，这也相应地积极影响了老年服务机构的收益。这个有益的过程能持续进行下去是因为良好的收益又为员工中保持和进一步提高服务导向的态度提供了方法。

(二)约束功能

老年服务文化对每个老年服务机构成员的思想和行为具有约束力和规范作用。规章制度等"硬管理"具有刚性的特点，它的调节范围和功能是有限的。老年服务文化注重的是老年服务机构的理念、价值观、传统等"软因素"。通过塑造与制度等"硬因素"相协调、相对应的环境氛围，从而形成心理约束，这种心理约束进而对老年服务机构成员的行为进行自我控制。

(三)凝聚功能

老年服务文化可以产生一种巨大的向心力和凝聚力，把老年服务机构的成员团结起来。老年服务文化是全体成员共同创造的群体意识，寄托了成员的理想、希望和要求，因而成员对这种意识产生了"认同感"。这就促使成员参与老年服务机构事务,为机构发展贡献自身的力量,逐渐形成对机构的"归属感"。

(四)激励功能

老年服务文化具有引发老年服务机构成员产生奋发进取精神的效力。传统的激励方法本质上是外在的强制力量,而老年服务文化是通过文化的塑造,使每个成员从内心深处自觉产生献身精神、积极向上的思想观念及行为准则形成强烈的使命感、持久的驱策力,成为员工自我激励的一把标尺。所以,老年服务机构能够在机构成员行为心理中持久地发挥作用,避免了传统激励方法引起的各种短期行为和非集体主义行为的不良后果。

第二节　中国传统孝文化传承

一、中国传统孝文化内涵

几千年来孝文化作为中国传统文化的核心社会伦理价值,已深深扎根在中国传统文化的土壤中,成为中华民族的文化积淀。在其数千年的发展演变中,孝成为中国人立身、处世的基本准则之一,也成为封建统治者治国安邦的重要方略。孝作为一种道德意识和价值理想,是中国古代家庭、社会、国家的精神基础,对中国传统政治、文化、教育及法律观念、国民性格等产生了重要影响。

孝的观念源远流长,甲骨文中就出现了孝字,孝字的最初含义是指子女对父母的善行和美德。中国人的孝道观念产生于何时,学术界众说纷纭,有人认为产生于商代,也有人认为形成于西周时期。康学伟博士认为,孝观念应当产生在原始社会的后期。当时的孝观念只是一种敬亲爱亲的感情,善事父母、报答父母是人与之俱来的天性,并未超出自然之性,尚不具有阶级性。

西周灭商以后,孝意识被纳入到宗法制度之中,成为宗法制度的重要内容。孝开始从家庭向社会和国家领域扩大。春秋战国时期,传统孝道随着宗法制度破坏而出现动摇,个体家庭经济进一步发展,养亲问题逐渐突出。以儒家为代表的思想家开始对传统孝文化进行新的改造。孔子在西周孝亲意识的基础上将孝和仁、孝和悌相结合,提出孝亲不仅要做到养亲,更重要的是敬亲和爱亲;孟子对孝进行了概括,同时强调孝的教化功能,把他同统治阶级的仁联系在一起;曾子将孝扩大到政治领域,移孝为忠。经过儒家的改造,孝文化开始已涉及家庭生活的方方面面和中华民族的意识之中,成为中国文化的核心。《孝经》对孔、曾、孟等人的孝道思想进行了全面地继承和阐述,首先将其伦理化并应用于社会实践,对孝道的内容进行了广泛化,使之政治化,以解决国家政治的君臣关系。

从汉代开始,实行以孝治天下,这一基本精神为以后历代王朝所继承,孝道开始转化为统治者的治国方略。唐宋以后,经过理学家们的宣传改造,最终成为封建统治者欺骗、愚弄人民的工具,成为精华与糟粕共存的复合体。总之,由于受生产方式和宗法制度的影响,发自本能的孝亲意识经过历代思想家的理论升华和统治阶级的推广扩大,孝文化由家庭伦理转变为社会伦理和政治伦理。

许多思想家都从不同的角度阐发自己的见解,丰富和补充它的内涵。综合各家之言,传统孝文化的基本内涵有以下四点:①养亲尊亲,善事父母:传统孝文化的核心内涵是家庭伦理,孝首先倡导的就是孝敬、奉养自己的父母。父母为子女的成长耗尽心血,当他们年老体衰的时候,子女理应承担起赡养的责任。对父母的孝不能仅仅是物质上的奉养,更重要的是一种感恩之爱,使父母内心愉悦,即尊亲。孔子认为仅仅"供养"父母还不能称之为"孝",必须要做到"敬养"方可。在满足父母物质上的需求时要保持和悦的态度,要对父母恭敬尊重。不论父母对自己的态度是好是坏,自己都要一如既往地坚持孝顺。对待自己的父母应该有一颗豁达之心,不计较得失。②生儿育女,珍爱生命:在中国古代社会,生儿育女被视为子女义不容辞的义务和孝行。《孟子离娄上》所云:"不孝有三,无后为大",生儿育女、传宗接代被摆到孝行之首。此外,爱惜自己也被看做对父母行孝,《孝经》上说:"身体发肤,受之父母,不可毁伤,孝之始也。"孟子把赌博、酗酒、为非作歹、打架斗殴等不良行为列入不孝之列。③遵循父母之志,光宗耀祖:孔子认为,不仅要在父母生前孝敬他们,在他们辞世之后,依然要守"孝",而这种孝的方式就表现在遵循父母的遗志上。"孝"的深层意蕴,就是延续父母优良的处世之道,使之发扬光大。同时,继承祖先的遗志,成就事业,光宗耀祖,这是对父母最大的孝行,也是孝的最高要求、最高境界。④移孝为忠,忠孝相通。由于中国传统社会是家国一体的政治格局,"国"是"家"的推衍,那么对于每一个人来说,尽忠和尽孝是相互联系的,即"忠孝两通"。

二、中国传统孝文化功能

在中国几千年发展过程中对维护国家、社会的和谐稳定,传统孝文化发挥了重要的功能,具体来说,中国传统孝文化的主要功能可以概括为以下几个方面。

(一)社会稳定的功能

中国传统孝文化在维护封建等级制度及安定秩序方面具有特殊功能。移孝作忠,便会以国为家,视君为父,忠君报国,鞠躬尽瘁,死而后已,力达忠孝两全。这样以内在的情感和道德做支撑,自觉以国家利益为坐标,遏制个人欲望而服从于整体,孝忠教育所形成的"服从"意识和"维护"效应,在很大程度上把各种可能出现的异端思想和越轨行为冲销于无形中。所以,历经千年的传统孝道,教育于全社会,实行于各阶层,使全社会具有了一种共同的道德认识和行为标准,成为一种民族意识,使国民在家尽孝、为国尽忠、忠孝合一,进而维护了社会政治的稳定。

(二)文化教化的功能

中国传统孝文化经历代统治者的推崇和文人学士的褒扬,深入到中华民族的潜意识之中,成为人们的一种自觉意识。孝,从其产生之初,本身就具有教化意义。古人建功立业,立身行事,虽然存在多方面的诱因,但是家庭中父母教诲对其影响是极其深刻的。正是出于对光宗耀祖、继承祖业的责任感才构成了他们建功立业及对国家、民族风险的动力。而善事父母的孝道,也成为古代仁人志士奋发进取的强大精神动力。

(三)家庭和谐的功能

中国传统社会是以家庭为中心的,家庭是基本的社会细胞,也是最小的社会政治单元,担负着经济发展和社会进步的重任,所以家庭稳定是社会大治之基础,如果每一个家庭都能和睦美满,整个社会就会安定祥和。治家的根本在于处理好家庭中每个人的关系,传统家庭是以父子关系为主轴的纵向组织结构,孝敬父母及其亲戚,可理顺家庭中的主要关系,有利于和睦家庭关系的维持。

(四)养老保障的功能

传统孝文化蕴藏了丰富的养老敬老的思想,并由此形成了中华民族养老敬老的文化传统。养老和敬老是传统孝文化的核心内容,是其精神所在。传统孝文化一方面强调在物质生活上要照顾好老人,要让他们吃得好、穿得好、过得好,满足老年人衣食住行的合理需要;另一方面,还宣扬在精神和情感上要尊敬老人,不仅重视在物质上养老,更推崇在精神和情感上敬重长者。可见,传统孝文化的养老是指为老年人提供物质供给、生活照顾和精神慰藉,缺一不可,共同统一于为老年人提供适宜的条件和氛围,达到生命延续、社会发展的目的。

三、中国传统孝文化传承

中国传统孝文化作为一种文化体系、一种社会意识形态,随着社会的变迁而发展变化。其历经了古时期的萌芽、西周的兴盛、春秋战国的转化、汉代的政治化、魏晋南北朝的深化、宋明时期的极端化直至近代的变革。传统孝文化是一个复杂的文化现象,在当代它作为一种最基本的亲情关系,仍然可以发挥它应有的价值。

随着我国现代化进程的加快,传统的以家族为依托的群体生活开始解体,平等观念、权利意识使家庭成员间关系趋于平等;加之人口结构的变化,老龄化社会的出现,特别是"未富先老、空巢老人"现象普遍,独生子女家庭既要兼顾工作,又要承担赡养老人的职责,这导致家庭子女承担"孝"的成本越来越高,而承担"孝"的能力则越来越弱。同时随着西方文化的进入,扰乱了人们的思想,直接影响到老人的地位及其亲情关系,孝敬父母、尊敬老人等传统美德逐渐丧失,而现代社会也开始对孝文化有强烈诉求。

孝文化具有两重性,即人民性和封建性。人民性是基于人类情感的需求,体现的是一种永恒、广博的价值趋向。而封建性是内含于孝文化的具有封建时代的历史局限性,封建统治者不断对其加以极端化、专制化、神秘化和愚昧化,从而使全社会形成愚孝,以利于其实现统治。作为一种文化形态,"孝不止适用于一个社会、一个阶级或一个时代,它是超阶级的或跨越时代的,在几个时代都适用"。鉴于传统孝文化本身具有的两重性及其对传统社会所起的积极和消极两方面的作用,在经济、政治、文化、社会都发生了重大变化的今天,我们一方面应继承和弘扬传统孝文化的精华内容,剔除其糟粕;另一方面应从时代发展与和谐社会的需要出发,赋予孝道伦理以时代精神和新的内容,促成其从传统社会向现代社会的转化。

传统孝文化在当今社会传承和改变的内容及其路径,是一个值得探讨的问题,可以从以下几方面考虑。首先,家庭教育作为学校教育、社会教育的起点与基础,是孩子教育的第一教育。家庭对孝文化的传承仍然起到传播作用,父母或长辈可以思考如何运用适合现代子女的教授方式进行代际间孝文化的传授。其次,现代法律可以吸收孝文化符合现代文明意蕴的内容,转变为法律原则,如《中华人民共和国继承法》第十二条规定"丧偶儿媳对公、婆,丧偶女婿对岳父、岳母,尽了主要赡养义务的,作为第一顺序继承人",这是对行孝的鼓励;《老年人权益保障法》的修订过程中增加了"精神慰藉"等内容,并将子女"常回家看看"写进去,这是对孝文化强调敬老内容的体现。再次,重视学校的孝文化教育。将孝文化融入到日常的德育教育中,通过多样化的形式传播孝文化知识,践行孝文化。最后,在孝文化传承过程中,要充分发挥政府的重要作用,利用现代化的传播媒介,营造良好的孝文化氛围。

第三节　老年服务文化建设

一、中国老年服务文化建设现状和存在的问题

首先,当前老年服务文化在物质层面的建设主要集中于完善居家养老服务网络,推进供养型、养护型、医护型养老机构建设;加快老年活动场所和无障碍设施建设,增加文化、教育和体育健身设施,丰富老年人精神文化生活。其次,当前老年服务文化在制度层面的建设,主要集中于完善老龄法制建设、法律服务、老年社会保障制度、家庭养老支持政策、老年人口户籍迁移管理政策、家庭养老保障和照料服务扶持政策等一系列的规章制度。最后,当前的老年服务文化在精神层面关注老年健康教育,更加注重老年精神关怀和心理慰藉。提倡建立老有所养、老有所医、老有所教、老有所学、老有所为、老有所乐的为老服务氛围。

随着人口老龄化速度的加快,以及社会经济的发展,老年服务文化建设已稍显滞后,存在以下几方面的问题。

(一)养老服务理念尚不能适应社会经济的发展

我国庞大的老年群体和众多的高龄老年人不仅需要提供大规模的经济保障,也需要大量的日常生活照料帮助,这为发展老年服务业奠定了基础;其次,经济体制改革迫切需要社区承担起养老责任。经济体制改革的深化,要求企业加快改革的步伐,并要求建立和完善社会保障制度与之相适应。过去,计划经济时期的企业办社会的许多职能,随着社会主义市场经济的建立,逐渐地要分离给社会。一些退休的老年人从"单位人"转变为"社会人",他们平时遇到的许多生活问题,渐渐得依靠社会来解决。以往的"有事找单位",逐步改变成了"有事找社区";其次,家庭养老功能趋于弱化需求老年服务业的开展。高龄和带病老年人的生活照料需要家庭和社会来承担。随着市场经济的发展,社会运转频率明显加快,年轻人出行多,在家少,照料老年人的机会大大减少。家庭的小型化,"四二一"家庭的增多,更使这一照料需求与照料供给的矛盾日趋尖锐。另外,空巢家庭(子女不在老人身边)也在逐渐增多,进一步弱化了家庭的养老功能。"养儿防老"的家庭养老模式一直是我们国家历史上的主要养老方式,"尊老敬老,偕老扶幼"也一直是我国的优秀历史文化和传统民族美德。由于目前我国还处于社会主义初级阶段,国家综合国力仍然有待提高,与西方发达国家的高福利政策相比,我们还没有足够的经济实力进行国家养老,为此,我们需要改变传统的养老服务理念,使之与社会经济发展相适应。

(二)老年服务文化建设滞后于人口老龄化的进展

我国目前不仅老龄化人口多,而且发展速度快,已居全球首位,并快速步入"少生、少死、高寿"的老龄化社会。在我国传统孝文化基础上建立起来的老年服务文化已不能适应人口快速老龄化带来的挑战(老年人口数量庞大、高龄化、空巢化、未富先老等),当前存在传统孝文化逐渐衰落而新时期孝道文化尚未重构的局面,因此社会上存在一些虐老、啃老等现象。

二、中国老年服务文化建设的策略

(一)政府主导、传承孝文化,开创老年服务文化建设新局面

针对目前家庭养老功能逐渐弱化、子女养老责任感日渐缺失的现实情况,我们必须坚持政府主导,加大"孝行文化"的宣传力度,以重大节日为契机,宣扬"尊老敬老"的传统美德;同时树立典型榜样,发挥榜样力量,示范引导广大居民群众敬老爱老,真正让老年人老有所养、老有所依、老有所乐、老有所爱,开创老年服务文化建设新局面,促进老年服务文化的核心价值体系建设。

(二)社会支持,加强老年服务文化建设的力量

塑造良好的老年服务文化氛围,需要社会力量广泛参与关注和重视老年服务事业。一是出台政策,支持和引导社会为老服务机构的建设;同时加大对社会为老服务机构的资金支持力度,扩大老年服务的领域和规模,满足老年人日益增长的需求。二是积极发动志愿者参与为老服务工作,充实为老服务力量。社会力量可以着眼于老年人的实际需求,优先保障孤老优抚对象及低收入的高龄、独居、失能等困难老年人的服务需求。

(三)共同参与,鼓励引导老年人参与老年服务文化建设

挖掘老年人优势,发挥老年人特长,树立积极的老年服务文化观,发挥老年人在老年服务文化建设中的积极作用,如担任宣传员、参与为老服务工作等,是构建不分年龄、人人共享老龄社会和谐文化的重要内容,对于推进经济社会科学发展和实现家庭和睦、代际和顺、社会和谐具有重要意义。

(四)加强交流,开拓新思路,为老年服务文化注入新内涵

不同的老年服务观念的交流与碰撞,不同的老年服务文化的融会与贯通,让我们拥有更丰富的学识、更先进的理念、更宽广的视野探索老年服务文化建设的新思路、新突破。例如:日本在面临着日益严重的老龄化和少子化问题以及家庭养老模式不断退化的情景下,早在 20 世纪 60 年代开始就着力推进养老服务建设工作,经过不断地发展和完善,目前已形成包括《老人福利法》、《老人保健法》、《介护保险法》、《高龄老人保健福利推进 10 年战略计划》在内的较为完善的政策和法律支持体系。日本经验表明,政府不仅为国民提供年金和养老金,同时由日本各级政府与政府资助下的民间组织、民间企业、财团法人或个人(保健护士等)等社会力量一同构建一张严密的服务网络,为老人提供全面、多选择、可满足不同老年人需求的养老服务。德国是欧洲地区老龄化程度最高的国家之一。与其他发达国家相比,德国的养老服务可谓全面开花,居家养老、机构养老、社区养老、异地养老、以房养老等都是德国老人热衷的养老方式。在德国,老年人个人情况认定与能力评估(包括所需护理等级确定)工作由保险公司完成,养老机构根据保险公司提出的护理级别和信息资料照顾老年人。

三、老年服务品牌形象塑造策略

对于品牌形象定义的研究,学术界并没有形成统一的规范。一般认为品牌形象是消费者与品牌接触互动而产生的"消费者对品牌的总体感知和看法",通常被消费者作为评价产品品质的外部线索,并用来推论或维持其对产品的知觉品质。鉴于此,本节把老年服务品牌

形象界定为:"消费者在对老年服务组织各种营销努力和管理实践感知基础上形成的对老年服务品牌的总体印象和看法。"

我国的老年服务业从20世纪80年代起步,经过20多年的发展已初具规模。但与其他服务行业相比,我国的老年服务事业是一项才开始发展的新工作,发展还很不平衡,许多地方老年服务尚未起步,即便是经济发达地区,服务设施还不能满足老年人多层次的需求。由于我国在老年服务业发展方面的经验不足,对政府依赖性较大,很大程度上导致了社会资源利用不合理、不充分,管理经营不善,客观上使得老年人需求得不到最充分的满足,最终使得老年服务业的发展较为缓慢。当前服务老人的产品或者服务真正被老人广泛认同的极少。

相对于有形产品,大多数的服务具有体验和信任属性,即消费者在实际消费这些服务以前很难对服务质量做出评价。正是由于产品与服务的这种固有差异,使得品牌在降低消费者搜寻成本和感知风险方面的作用更加突出。老年服务品牌形象建设可以把无形的因素有形化,起到"风险缓冲器"的作用,增加消费者的信任和购买意向。

老年服务品牌形象塑造是一项长期而艰巨的任务,它不是通过一个人或一个具体行动就可以完成的。它需要按照一定的原则,通过一定的途径,全方位地精心塑造。学者们对有形产品品牌形象构建研究较多,而对无形产品品牌形象塑造探讨较少。在学术界广泛认可的品牌形象构成维度的角度,基于范秀成等人的研究成果,以下从服务品牌定位、服务质量和关系维护三方面探讨老年服务品牌形象塑造策略。

(一)细分老年服务市场,准确定位老年服务品牌

老年人基数大、来源多,因而在年龄结构、文化程度以及经济状况等方面参差不同,差异较大,其实际需求也纷繁复杂。因此,老年服务机构要细分市场,准确定位自身的服务人群、服务内容和服务方式;进而确定其服务理念和发展愿景,为服务产品注入精神价值,实现产品到品牌的转变;最后对品牌名称、标志进行设计以突出品牌个性,提高品牌认知度。

(二)提升老年服务质量,重视老年服务创新

质量是品牌的基石,所有强势品牌最显著的特征就是质量过硬。我国老年服务业以生活照料、医疗保健、心理保健、文化娱乐、参与社会以及权益保护为主要服务内容,为了提高老年服务质量,可以建立一套完善的质量保证体系,健全市场规范和行业标准,通过质量认证,确保养老服务质量。完善的质量保证体系会强化品牌形象,形成良好的品牌信誉。

一个重视创新、加大创新投入和不断推出创新服务的企业无疑会在消费者脑海中留下独一无二的形象,占据独一无二的位置,更容易让消费者对该品牌做出新颖、与众不同等的品牌联想。因此,老年服务业在品牌建设过程中在提高服务质量的同时,还要重视老年服务的创新。老年服务的创新除了运作模式的创新外,还要注重技术创新,如引导和鼓励信息技术参与老年服务业,建立智能化呼叫救护服务,以及电子保姆系统、居家养老和家政服务系统和老人健康远程监控等系统。

(三)重视老年服务对象,做好关系维护

品牌形象最终要建立在社会公众的心目中,最终取决于品牌自身的知名度、美誉度以及公众对品牌的信任度、忠诚度。做好关系维护意思是要了解老年人的需求,抓住他们的消费心理,以老年人为服务核心,赢得他们的好感和信赖。

四、现代老年照护文化建设

自 1999 年我国步入老龄化社会以来,人口老龄化加速发展,老年人口基数大、增长快并呈现日益高龄化、空巢化趋势,需要照料的失能、半失能老人数量剧增。我国的人口老龄化是在"未富先老"、社会保障制度不完善、历史欠账较多、城乡和区域发展不平衡、家庭养老功能弱化的形势下发生的。2050 年,老年人口比例将增长至 29.9% 的高水平。与此同时,失能老人比例也将迅速上升,解决这一问题的根本出路就是建立完整的长期照护服务体系。许多发达国家已经初步建立起以长期照护保险为核心、以服务机构为主体、以服务标准和规范为准绳,辅以家庭成员、社会工作者和志愿者共同参与的照护服务体系,现代化的老年照护服务文化已经形成。而我国照护服务起步较晚,随着老龄化程度的加深,加强现代化的老年照护服务文化建设已成为政府努力的方向。以下从物质层面、制度层面和精神层面论述了现代老年照护服务文化的建设策略。

(一)建设完善的老年照护服务体系,从物质层面为老年照护文化提供保障

当前我国主要的老年照护服务场所还是家庭,一方面我国老龄化速度和程度较高;另一方面,由于现代社会竞争激烈和生活节奏加快,中青年一代正面临着工作和生活的双重压力,照护失能、半失能老年人力不从心,家庭无力承担全部照护责任,社会化就起到了很大的作用,社会化服务包括社区照护和机构照护。社区照护是为生活在社区有需求的老年人提供照护;机构照护是为有需求的老年人提供照护服务最常见的类型。只有通过建立不同层面的长期照护服务平台,才能适应老年人需求的多样性。

近年来,在党和政府的高度重视下,各地出台政策措施,加大资金支持力度,使我国的社会养老服务体系建设取得了长足发展。养老机构数量不断增加,服务规模不断扩大,老年人的精神文化生活日益丰富。但是,我国社会养老服务体系建设仍然处于起步阶段,还存在着与新形势、新任务、新需求不相适应的问题。加强社会养老服务体系建设,是解决失能、半失能老年群体养老问题、促进社会和谐稳定的当务之急,是老年人照护服务文化建设的物质层面保障。

(二)制定健全的老年照护管理政策,从制度层面为老年照护文化提供保障

建立、健全相关法律法规,建立老年人照护服务准入、退出、监管制度,加大执法力度,规范照护服务行为。制定和完善居家、社区和机构开展照护服务的相关标准,建立相应的认证体系,大力推动老年人照护服务标准化,促进老年人照护服务示范活动深入开展。建立照护服务机构等级评定制度。发达国家已有相应的经验可供借鉴,如德国和日本制定了严格的从业人员国家考试制度;日本还颁布了非常详细的机构结构及人员配置要求,由地方政府进行检查;英国由中央政府出资支持社会护理监察委员会、一般性社会护理委员会及卓越社会护理研究所解决照护服务的质量问题;美国通过了两个服务标准,由全美照料服务检查信息中心负责监督与检查。我国的老年照护服务尚处于起步阶段,需要制定一系列的政策规范指导老年人照护服务的发展,为其文化建设提供保障。

(三)转变传统的老年照护理念,从精神层面为老年照护文化提供保障

中国传统孝文化提倡子女的养老敬老责任,因此对于大部分父母来说,转变传统照护观

念是解决老年人照护问题的一个关键性环节。全社会在提倡尊老、爱老、养老的同时,还要加强教育和宣传,让人们从观念上变"依赖养老"为"独立养老",变"依靠子女"为"依靠自己"。随着家庭结构的变化和老人们传统养老观念的改变,老年人的照护将不再是依靠子女和家庭成员这单一模式。老人们对子女的依赖正在逐渐减少,但对社会的要求正逐步增加。老年人接受社会照护服务应看成一种正常和合理的选择,是一种新的模式和观念,不能看成是子女不孝顺的表现。树立起新时期的老年照护服务理念是老年照护文化建设的前提条件。

案例分析

弘扬慈孝文化,倡导健康生活:促进社会化养老服务体系建设

近几年来,某区大力弘扬慈孝文化,在全社会形成敬老、爱老的良好风尚;积极倡导科学、文明、健康的老年生活方式,让老年人拥有健康的身体、健康的精神、健康的情感和健康的生活;把加快社会化养老服务体系建设纳入议事日程,不断加大对居家养老的投入,统筹发展机构养老服务,努力促进老龄事业不断取得新的成绩。

一、贴近老龄需求,建立分层分类养老体系,将慈孝文化落到实处

(一)居家养老服务中心(站)服务"核心层"

针对老年人希望生活的社区有一个固定的场所、白天能与街坊邻居聊天娱乐享受社区大家庭的温暖、晚上又可回家团聚享受天伦之乐的需求,某区着力开展城乡社区居家养老服务中心(站)建设,社区居家养老服务中心(站)室内建筑面积在100平方米以上,内设休息室、餐厅、娱乐活动室、心理咨询室等,床位3~5张,摇椅二三十把,可容纳老年人三四十人;配备经过专业培训的公益性岗位工作人员3~5名。对独居或子女无暇顾及且生活相对单调的老年人,实施就近日托,并且提供餐饮、医疗、娱乐服务,受到广大社区老年人的欢迎。截至目前,全区已建成城乡居家养老服务中心(站)78家,其中被评为市级AAA级居家养老服务机构的有4家。

(二)"政府买单"上门照料"特殊层"

针对70岁以上、生活困难且难以自理又不愿住敬老院的病残孤寡老人,某区实施了政府出资为老年人提供上门照料的服务。"政府买单"上门服务是传统敬老院养老方式在家庭中的推广,使特殊困难老人足不出户即可享受到免费的生活照料服务。

(三)特色创新工作服务"普惠层"

2010年,某区与移动公司合作,结合社会力量率先推出"老年手机"服务平台,免费赠送"老年手机"给困难老人,让老人也能享受信息化带来的便利与服务。同时,对年龄达到80岁或患有安全隐患性疾病、有应急求助需要的老年人家庭,免费为他们安装老年人"一键通"电话机,老年人通过电话机可以快捷方便地向81890求助服务中心求助,得到社会力量的帮助。

二、创新管理机制,推进多元化机构养老建设

(一)增强资金投入,狠抓基础设施的建设

近年来某区通过政府投入一点、上级争取一点、社会捐赠一点,投入近1000万元扩建洪塘福利院,投入130万元装修慈城福利院,投入40万元改建庄桥敬老院,每个标间

配有独立卫生间、有线电视,设残疾人无障碍设施。院内有体育健身器材、专业康复室等,使福利院的基础条件有很大改善。为加强安全防范工作,投入近6万元,给5家福利院安装报警系统,使其基础设施建设不仅能够满足老年人的物质生活保障,还要达到一定的精神生活需求,为老年人提供一个良好的生活、休闲、娱乐环境。

(二)引导社会力量,探索机构养老建设新机制

某区积极引导民营资金参与福利机构建设,不断制定和完善养老公共服务产业的优惠政策,"十二五"期间计划出台多项优惠政策,对养老服务机构在税收、水电、医疗卫生、教育、劳动保障、规划土地、贷款、捐赠等方面给予减免和优惠政策。

(三)注重内在提升,提高机构养老服务水平

认真加强敬老院内部管理制度及管理人员的培训,提高福利机构工作人员的管理和业务水平。对提出申办养老服务机构的单位和个人,既热情鼓励支持,又严格审核把关,及时办理有关审批手续,落实各类扶持和优惠政策。并且每年对养老服务机构进行一次年度检查、评比,强化对养老服务机构规范化运行。同时,加强业务指导和典型培养,近两年对服务人员实行上岗证制,加强在临床救护和老年心理等方面知识的培训。每年组织一次经验交流会,注重创新性管理服务经验的总结和推广,逐步提升了全区养老机构的整体服务水平。同时为加强福利院的规范管理,对全区6家福利院进行了清理整顿,并按规定完成了事业单位或民办非事业单位登记工作。

三、注重身心健康,提升老人晚年生活品质

(一)组织调查研究,充分了解老年人需求

我区为老服务工作紧紧把握以老年人的需求为导向,高度重视对老年人实际需求的调研,除了每年开展下基层调研月活动,深入社区、村调查居家养老建设推进、老年人的各种需求外,2011年,我们还组织了一次大规模的老年人精神需求调查活动,针对老年人的休闲活动、日常消费、活动场所、服务需求等最关注的问题发放了调查问卷,共回收了1250份有效的问卷,通过对调查问卷的分析研究,为我们充分了解老年人的需求,有针对性地布置下一步为老服务工作打下了扎实的基础。

(二)发挥社会组织和志愿者作用,慰藉孤寡老人精神生活

以社区为依托,建立社区老年人家庭情况、健康状况、生活来源信息等资料档案,并以此为依据,对社区内的空巢老人、独居老人,发动社会组织和志愿者团体按照就近原则与老年人"认亲结对"进行帮扶服务。对生活上具有自理能力但精神空虚的空巢老人,认养人以上门看望聊天、精神慰藉等服务为主,同时进行一些必要的照料服务,这些空巢老人被热心居民志愿者认为亲戚,居民们亲人般的照顾让老人们倍感温馨。

(三)开展"居家有靠,快乐晚年"主题活动,提升老年人精神文化生活

某区开展了"居家有靠,快乐晚年"为主题的为老服务活动,目的是通过活动促进老年人走出家门,积极面对生活,保持身心健康,提高生活品质。活动内容主要包括:开展"敬老文明号"、"温馨家庭"和"健康老人"评选活动;组织"面对面心贴心"助老活动;开辟修身养性课堂;开展"夕阳乐"体育比赛;组织"唱支颂歌给党听"文艺汇演;开展"知老、尊老、爱老"征文活动;等等。通过主题活动的有效开展,进一步推动了我区关注老人、尊老爱老的慈孝氛围。

思考题：

1.结合上述案例谈谈该区在社会化养老服务体系建设上的一些新思路和新方法。

2.结合上述案例谈谈当前在我国老年服务文化建设中加强慈孝文化建设的重要性和必要性。

（马　颖）

参考文献

1.郭清.老年健康管理师实务培训(上册·基础知识).北京:中国劳动社会保障出版社,2014

2.郭清.中国健康服务业发展报告(2013).北京:人民卫生出版社,2014

3.郭清.健康管理学概论.北京:人民卫生出版社,2001

4.吴玉韶.中国老龄事业发展报告(2013).北京:社会科学文献出版社,2013

5.张亮,王明旭.管理学基础.北京:人民卫生出版社,2006

6.董红亚.中国社会养老服务体系建设研究.北京:中国社会科学出版社,2011

7.梁万年.卫生事业管理学(第3版).北京:人民卫生出版社,2012

8.郭国庆.服务营销管理.北京:中国人民大学出版社,2009

9.冯占春,吕军.管理学基础.北京:人民卫生出版社,2013

10.鲍勇.社区卫生服务绩效评价.南京:东南大学出版社,2009

11.郑功成.社会保障学.北京:中国劳动社会保障出版社,2013

12.孙光德,董克用.社会保障概论.北京:中国人民大学出版社,2012

13.钟仁耀.社会保障概论.大连:东北财经大学出版社,2013

14.罗爱静.卫生信息管理学(第3版).北京:人民卫生出版社,2012

15.席焕久.新编老年医学.北京:人民卫生出版社,2001

16.张建.中国老年卫生服务指南.北京:华夏出版社,2004

17.阎青春.养老护理基础知识与初级技能.北京:华龄出版社,2011

18.邓思远.社区建设政策与法规.北京:中国轻工业出版社,2006

19.马仲良,于燕燕.社区服务与社会保障.北京:中国劳动社会保障出版社,2009

20.李鲁.社会医学.北京:人民卫生出版社,2007

21.黄惟清.社区护理学.北京:人民卫生出版社,2008

22.李成彦.人力资源管理.北京:北京大学出版社,2011

23.董克用.人力资源管理概论.北京:中国人民大学出版社,2011

24.潘晨光.中国人才发展报告(2009).北京:社会科学文献出版社,2009

25.张良礼.应对人口老龄化:社会化养老服务体系构建及规划.北京:社会科学文献出版社,2006

26.民政部.全国养老服务基本情况汇编.北京:中国社会出版社,2010

27.民政部.全国养老服务标准化文件汇编.北京:中国社会出版社,2010

28.章晓懿,梅强.社区居家养老服务绩效评价指标体系研究.统计与决策,2012(24):73—75

29.张旭升,牟来娣.中国老年服务政策的演进历史与完善路径.江汉论坛,2011,55(8):

140—144

30．胡光景．政府购买社区居家养老服务质量评价体系研究．山东工商学院学报，2012，26(5):93—98

31．熊韵波，刘勤，齐玉龙．我国老年健康管理模式构建．中国老年学杂志，2012(3):662—664

32．邓榕，杨旭明．中国老人网站传播的主要问题与对策．湖南师范大学社会科学学报，2011(3):143—145

33．袁红，向燕萍，张丽华等．社区老年慢性病健康管理模式的探讨．公共卫生与预防医学，2011(1):127—128

34．金新政，詹引．老年健康管理综合策略研究．医学与社会，2010(1):46—48

35．王成程．人口老龄化对社会政策的影响分析．中国城市经济，2011(29):275—276

36．李晓辉，马宏敏．老年服务体系及相关人才培养模式．中国老年学杂志，2012(24):5648—5649

37．刘晓静，张继良．中国养老服务体系建设的理念、路径及对策．河北学刊，2013(2):123—127

38．孙颖心．老年服务与管理专业人才培养模式的研究与实践．中国职业技术教育，2004(18):24—25

39．史亚明，刘家秀，杨铤等．加快老年卫生服务人才培养满足老年人健康需求．中国初级卫生保健，2002(7):61

40．闫俊．论社会养老服务体系建设与养老文化传承．社会保障研究，2012(2):47—51

41．丁梦茹，张翔，郭慧靓．知识经济时代老年人才资源的开发对策研究．市场论坛，2013(5):10—11

42．鲍志伦，周海霞，陈才佳．人口老龄化背景下老年人才资源的开发．经济论坛，2007(10):61—62

43．陈淑．人性化护理在老年门诊护理中的应用．全科医学，2011，9(9):2415

44．陈延军．论先秦儒家的孝悌观及其社会功能．辽宁师范大学学报(社科版)，1996(6):74—77

45．王二栋．论传统孝悌观的产生及其当代意义．商丘师范学院学报，2011，27(4):74—76

46．康颖蕾，陈嘉旭．试论中国孝文化与养老保障制度．西北人口，2007，28(4):11—13

47．马莉．传承孝文化，建立和谐家庭与社会．兰州学刊，2008(172):170—172

48．李程．论孝悌与社会和谐．前沿，2011(14):46—49

49．陶秀彬，匡霞．国外老年长期护理服务供给体系及启示．中国老年学杂志，2013，33(8):1967—1970

50．翟绍果，郭锦龙．构建和完善老年人长期照料服务体系．中州学刊，2013(9):68—72

51．任罗生．我国老年人才资源开发研究．国防科学技术大学，2008

52．于彩虹．当代中国老年人才资源开发问题研究．大连海事大学，2011

53．张杰伟．我国城镇知识型老年人力资源开发策略研究．湖南师范大学，2009

54．金易．人口老龄化背景下中国老年人力资源开发研究．吉林大学，2012

图书在版编目（CIP）数据

老年服务与管理概论 / 郭清，黄元龙，汪胜主编. —杭州：
浙江大学出版社，2015.5(2024.1 重印)
高等院校老年服务与管理专业规划教材
ISBN 978-7-308-13858-1

Ⅰ.①老… Ⅱ.①郭…②黄…③汪… Ⅲ.①老年人－社会
服务－高等学校－教材 Ⅳ.①C913.6

中国版本图书馆 CIP 数据核字（2014）第 216686 号

老年服务与管理概论

郭　清　黄元龙　汪　胜　主编

丛书策划	阮海潮(ruanhc@zju.edu.cn)
责任编辑	秦　瑕
封面设计	续设计
出版发行	浙江大学出版社
	（杭州市天目山路 148 号　邮政编码 310007）
	（网址：http://www.zjupress.com）
排　版	杭州青翊图文设计有限公司
印　刷	广东虎彩云印刷有限公司绍兴分公司
开　本	787mm×1092mm　1/16
印　张	13.75
字　数	343 千
版 印 次	2015 年 5 月第 1 版　2024 年 1 月第 7 次印刷
书　号	ISBN 978-7-308-13858-1
定　价	34.00 元